浙江省土地质量地质调查行动计划系列成果
浙江省土地质量地质调查成果丛书

湖州市土壤元素背景值

HUZHOU SHI TURANG YUANSU BEIJINGZHI

张 军 陈焕元 徐新泉 郑晓伟 徐正华 朱海洋 等著

图书在版编目(CIP)数据

湖州市土壤元素背景值/张军等著. —武汉:中国地质大学出版社,2023.10
ISBN 978-7-5625-5536-0

Ⅰ.①湖…　Ⅱ.①张…　Ⅲ.①土壤环境-环境背景值-湖州　Ⅳ.①X825.01

中国国家版本馆 CIP 数据核字(2023)第 053208 号

湖州市土壤元素背景值	张 军　陈焕元　徐新泉　郑晓伟　徐正华　朱海洋　等著	
责任编辑:王　敏	选题策划:唐然坤	责任校对:沈婷婷
出版发行:中国地质大学出版社(武汉市洪山区鲁磨路 388 号)		邮政编码:430074
电　　话:(027)67883511	传　　真:(027)67883580	E-mail:cbb @ cug.edu.cn
经　　销:全国新华书店		http://cugp.cug.edu.cn
开本:880 毫米×1230 毫米 1/16	字数:341 千字	印张:10.75
版次:2023 年 10 月第 1 版		印次:2023 年 10 月第 1 次印刷
印刷:湖北新华印务有限公司		
ISBN 978-7-5625-5536-0		定价:158.00 元

如有印装质量问题请与印刷厂联系调换

《湖州市土壤元素背景值》编委会

领导小组

名誉主任	陈铁雄
名誉副主任	黄志平　潘圣明　马　奇　张金根
主　任	陈　龙
副主任	邵向荣　陈远景　胡嘉临　李家银　邱建平　周　艳　张根红
成　员	邱鸿坤　孙乐玲　吴　玮　肖常贵　鲍海君　章　奇　龚日祥
	蔡子华　褚先尧　冯立新　龚西征　熊春才　徐新泉　潘志龙
	张　军　陈焕元　陈齐刚　赵国法　杨海波　黄永亮

编制技术指导组

组　长	王援高
副组长	董岩翔　孙文明　林钟扬
成　员	陈忠大　范效仁　严卫能　何蒙奎　龚新法　陈焕元　叶泽富
	陈俊兵　钟庆华　唐小明　何元才　刘道荣　李巨宝　欧阳金保
	陈红金　朱有为　孔海民　俞　洁　汪庆华　周国华　吴小勇

编辑委员会

主　编	张　军　陈焕元　徐新泉　郑晓伟　徐正华　朱海洋
编　委	赵神祖　汪一凡　贾　飞　潘志龙　李政龙　宁立峰　王胜龙
	杨天森　杨国杏　陈　杰　黄永亮　张福平　林钟扬　解怀生
	郭星强　刘　煜　刘汉光　沈亲亲　龚冬琴　魏迎春　徐明星
	张　翔　殷汉琴　顾往九　王树槐　宋　成　吴天足　吕赟珊
	索　漓　李智亮　张志强　刘　勋　郭先明

《湖州市土壤元素背景值》组织委员会

主办单位：
  浙江省自然资源厅
  浙江省地质院
  自然资源部平原区农用地生态评价与修复工程技术创新中心

协办单位：
  湖州市自然资源和规划局
  湖州市自然资源和规划局吴兴分局
  湖州市自然资源和规划局南浔分局
  德清县自然资源和规划局
  长兴县自然资源和规划局
  安吉县自然资源和规划局
  湖州市自然资源和规划局南太湖新区分局
  浙江省自然资源集团有限公司

承担单位：
  浙江省核工业二六二大队
  核工业井巷建设集团有限公司
  浙江久核地质生态环境规划设计有限公司

序 一

土地质量地质调查,是以地学理论为指导、以地球化学测量为主要技术手段,通过对土壤及相关介质(岩石、风化物、水、大气、农作物等)环境中有益和有害元素含量的测定,进而对土地质量的优劣做出评判的过程。2016年,浙江省国土资源厅(现为浙江省自然资源厅)启动了"浙江省土地质量地质调查行动计划(2016—2020年)",并在"十三五"期间完成了浙江省85个县(市、区)的1∶5万土地质量地质调查(覆盖浙江省耕地全域),获得了20余项元素/指标近500万条土壤地球化学数据。

浙江省的地质工作历来十分重视土壤元素背景值的调查研究。早在20世纪60—70年代,浙江省就开展了全省1∶20万区域地质填图,对土壤中20余项元素/指标进行了分析;20世纪80年代,开展了浙江省1∶20万水系沉积物测量工作,分析了沉积物中30余项元素/指标;20世纪90年代末,开展了1∶25万多目标区域地球化学调查,分析了表层和深层土壤中50余项元素/指标;2016—2020年,开展了浙江省土地质量地质调查,系统部署了1∶5万土壤地球化学测量工作,重点分析了土壤中的有益元素(如N、P、K、Ca、Mg、S、Fe、Mn、Mo、B、Se、Ge等)和有害元素(如Cd、Hg、Pb、As、Cr、Ni、Cu、Zn等)。上述各时期的调查都进行了元素地球化学背景值的统计计算,早期的土壤元素背景值调查为本次开展浙江省土壤元素背景值研究奠定了扎实的基础。

元素地球化学背景值的研究,不仅具有重要的科学意义,同时也具有重要的应用价值。基于本轮土地质量地质调查获得的数百万条高精度土壤地球化学数据,结合1∶25万多目标区域地球化学调查数据,浙江省自然资源厅组织相关单位和人员对不同行政区、土壤母质类型、土壤类型、土地利用类型、水系流域类型、地貌类型和大地构造单元的土壤元素/指标的基准值和背景值进行了统计,编制了浙江省及11个设区市(杭州市、宁波市、温州市、湖州市、嘉兴市、绍兴市、金华市、衢州市、舟山市、台州市、丽水市)的"浙江省土地质量地质调查成果丛书"。

该丛书具有数据基础量大、样本体量大、数据质量高、元素种类多、统计参数齐全的特点,是浙江省土地质量地质调查的一项标志性成果,对深化浙江省土壤地球化学研究、支撑浙江省第三次全国土壤普查工作成果共享、推进相关地方标准制定和成果社会化应用均具有积极的作用。同时该丛书还具有公共服务性的特点,可作为农业、环保、地质等技术工作人员的一套"工具书",能进一步提升各级政府管理部门、科研院所在相关工作中对"浙江土壤"的基本认识,在自然资源、土地科学、农业种植、土壤污染防治、农产品安全追溯等行政管理领域具有广泛的科学价值和指导意义。

值此丛书出版之际,对参加项目调查工作和丛书编写工作的所有地质科技工作者致以崇高的敬意,并表示热烈的祝贺!

中国科学院院士

2023年10月

序 二

2002年,全国首个省部合作的农业地质调查项目落户浙江省,自此浙江省的农业地质工作犹如雨后春笋般不断开拓前行。农业地质调查成果支撑了土地资源管理,也服务了现代农业发展及土壤污染防治等诸多方面。2004—2005年,时任浙江省委书记习近平同志在两年间先后4次对浙江省的农业地质工作做出重要批示指示,指出"农业地质环境调查有意义,要应用其成果指导农业生产""农业地质环境调查有意义,应继续开展并扩大成果"。

近20年来,浙江省坚定不移地贯彻习近平总书记的批示指示精神,积极探索,勇于实践,将农业地质工作不断推向新高度。2016年,在实施最严格耕地保护政策、推动绿色发展和开展生态文明建设的时代背景下,浙江省国土资源厅(现为浙江省自然资源厅)立足于浙江省经济社会发展对地质工作的实际需求,启动了"浙江省土地质量地质调查行动计划(2016—2020年)",旨在通过行动计划的实施,全面查明浙江省的土地质量现状,建立土地质量档案、推进成果应用转化,为实现土地数量、质量和生态"三位一体"管护提供技术支持。

本轮土地质量调查覆盖了浙江省85个县(市、区),历时5年完成,涉及18家地勘单位、10家分析测试单位,有近千名技术人员参加,取得了多方面的成果。一是查明了浙江省耕地土壤养分丰缺状况,土壤重金属污染状况和富硒、富锗土地分布情况,成为全国首个完成1∶5万精度县级全覆盖耕地质量调查的省份;二是采用"文-图-卡-码-库五位一体"表达形式,建成了浙江省1000万亩(1亩≈666.67m^2)永久基本农田示范区土地质量地球化学档案;三是汇集了土壤、水、生物等750万条实测数据,建成了浙江省土地质量地质调查数据库与管理平台;四是初步建立了2000个浙江省耕地质量地球化学监测点;五是圈定了334万亩天然富硒土地、680万亩天然富锗土地,并编制了相关区划图;六是圈出了约2575万亩清洁土地,建立了最优先保护和最优先修复耕地类别清单。

立足于地学优势、以中大比例尺精度开展的浙江省土地质量地质调查在全国尚属首次。此次调查积累了大量的土壤元素含量实测数据和相关基础资料,为全省土壤元素地球化学背景的研究奠定了坚实基础。浙江省及11个设区市的土壤元素背景值研究是浙江省土地质量地质调查行动计划取得的一项重要基础性研究成果,该研究成果的出版将全面更新浙江省的土地(土壤)资料,大大提升浙江省土地科学的研究程度,也将为自然资源"两统一"职责履行、生态安全保障提供重要的基础支撑,从而助力乡村振兴,助推共同富裕示范区建设。

浙江省土地质量地质调查行动计划是迄今浙江省乃至全国覆盖范围最广、调查精度最高的县级尺度土壤地球化学调查行动计划。基于调查成果编写而成的"浙江省土地质量地质调查成果丛书",具有数据样本量大、数据质量高、元素种类多、统计参数全的特点,实现了土壤学与地学的有机融合,是对数十年来浙江省土壤地球化学调查工作的系统总结,也是全面反映浙江省土壤元素环境背景研究的最新成果。该丛书可供地质、土壤、环境、生态、农学等相关专业技术人员以及有关政府管理部门和科研院校参考使用。

原浙江省国土资源厅党组书记、厅长

2023年10月

前 言

土壤元素背景值一直是国内外学者关注的重点。20世纪70年代,国家"七五"重点科技攻关项目建立了全国41个土类60余种元素的土壤背景值,并出版了《中国土壤环境背景值图集》。同期,农业部(现为农业农村部)主持完成了我国13个省(自治区、直辖市)主要农业土壤及粮食作物中几种污染元素的背景值研究,建立了我国主要粮食生产区土壤与粮食作物背景值。21世纪初,国土资源部(现为自然资源部)中国地质调查局与有关省(自治区、直辖市)联合,在全国范围内部署开展了1:25万多目标区域地球化学调查工作,累计完成调查面积260余万平方千米,相继出版了部分省(自治区、直辖市)或重要区域的多目标区域地球化学图集,发布了区域土壤背景值与基准值研究成果。不同时期各地各部门研究学者针对各地区情况陆续开展了大量的背景值调查研究工作,获得的许多宝贵数据资料为区域背景值研究打下了坚实基础。

土壤元素背景值是指在一定历史时期、特定区域内,在不受或者很少受人类活动和现代工业污染影响的条件下(排除局部点源污染影响)的土壤元素与化合物的含量水平,是一种原始状态或近似原始状态下的物质丰度,也代表了地质演化与成土过程发展到特定历史阶段,土壤与各环境要素之间物质和能量交换达到动态平衡时元素及化合物的含量状态。土壤元素背景值是制定土壤环境质量标准的重要依据。元素背景值研究必须具备3个条件:一是要有一定面积区域范围的系统调查资料;二是要有统一的调查采样与测试分析方法;三是要有科学的数理统计方法。多年来,浙江省土地质量地质调查(含1:25万多目标区域地球化学调查)均符合上述元素背景值研究条件,这为浙江省省级、市级土壤元素背景值研究提供了充分必要条件。

2002—2016年,1:25万多目标区域地球化学调查工作实现了对湖州市的全覆盖。项目由浙江省地质调查院承担,共获得1435件表层土壤组合样、360件深层土壤组合样。样品测试由中国地质科学院地球物理地球化学勘查研究所实验测试中心、浙江省地质矿产研究所承担,分析测试了Ag、As、Au、B、Ba、Be、Bi、Br、Cd、Ce、Cl、Co、Cr、Cu、F、Ga、Ge、Hg、I、La、Li、Mn、Mo、N、Nb、Ni、P、Pb、Rb、S、Sb、Sc、Se、Sn、Sr、Th、Ti、Tl、U、V、W、Y、Zn、Zr、SiO_2、Al_2O_3、TFe_2O_3、MgO、CaO、Na_2O、K_2O、TC、Corg、pH共54项元素/指标,获取分析数据9.69万条。2016—2020年,湖州市系统开展了5个县(区)的土地质量地质调查工作,按照平均9~10件/km^2的采样密度,共采集16 369件表层土壤样品,分析测试了As、B、Cd、Co、Cr、Cu、Ge、Hg、Mn、Mo、N、Ni、P、Pb、Se、V、Zn、K_2O、Corg、pH共20项元素/指标,获取分析数据32.73万条。项目分别由浙江省核工业二六二大队、浙江省地质调查院、浙江省有色金属地质勘查局3家单位承担。样品测试由浙江省地质矿产研究所、华北有色(三河)燕郊中心实验室有限公司、承德华勘五一四地矿测试研究有限公司3家单位承担。严格按照相关规范要求,开展样品采集与测试分析,从而确保调查数据质量,通过数据整理、分布形态检验、异常值剔除等,进行了土壤元素背景值参数的统计与计算。

湖州市土壤元素背景值是湖州市土地质量地质调查(含1:25万多目标区域地球化学调查)的集成性、标志性成果之一,而《湖州市土壤元素背景值》的出版不仅为科学研究、地方土壤环境标准制定、环境演化研究与生态修复等提供了最新基础数据,也填补了湖州市土壤元素背景值研究的空白。

本书共分为6章。第一章区域概况,简要介绍了湖州市自然地理与社会经济、区域地质特征、土壤资源与土地利用现状,由张军、陈焕元、朱海洋等执笔;第二章数据基础及研究方法,详细介绍了本次工作的数据来源、质量监控及土壤元素背景值的计算方法,由陈焕元、徐新泉、郑晓伟、朱海洋等执笔;第三章土壤地球化学基准值,介绍了湖州市土壤地球化学基准值,由徐正华、张军、朱海洋、陈焕元等执笔;第四章土壤元素背景值,介绍了湖州市土壤元素背景值,由陈焕元、郑晓伟、徐正华、朱海洋等执笔;第五章土壤碳与特色土地资源评价,介绍了湖州市土壤碳与特色土地资源评价,由郑晓伟、朱海洋、徐正华等执笔;第六章结语由徐正华、朱海洋执笔;全书由张军、陈焕元、徐新泉负责统稿。

本书的编写得到了浙江省生态环境厅、浙江省农业农村厅、浙江省生态环境监测中心、浙江省耕地质量与肥料管理总站、浙江省国土整治中心、浙江省自然资源调查登记中心等单位的大力支持与帮助。中国地质调查局奚小环教授级高级工程师、中国地质科学院地球物理地球化学勘查研究所周国华教授级高级工程师、中国地质大学(北京)杨忠芳教授、浙江大学翁焕新教授等对本书内容提出了诸多宝贵的意见和建议,在此一并表示衷心的感谢!

"浙江省土壤元素背景值"是一项具有公共服务性的基础性研究成果,特点为样本体量大、数据质量高、元素种类多、统计参数齐全,亮点为做到了土壤学与地学的结合。为尽快实现背景值调查研究成果的共享,根据浙江省自然资源厅的要求,本次公开出版不同层级(省级、地级市)的土壤元素背景值研究专著,这也是对浙江省第三次全国土壤普查工作成果共享的支持。《湖州市土壤元素背景值》是地级市的系列成果之一,在编制过程中得到了湖州市及各县(区)自然资源主管部门的积极协助,得到了农业、环保等部门的大力支持。中国地质大学出版社为本书的出版付出了辛勤劳动。

受水平所限,书中难免存在疏漏,敬请各位读者不吝赐教!

著　者

2023年6月

目 录

第一章　区域概况 …………………………………………………………………………………… (1)

第一节　自然地理与社会经济概况 ……………………………………………………………… (1)
一、自然地理 ……………………………………………………………………………………… (1)
二、社会经济概况 ………………………………………………………………………………… (2)

第二节　区域地质特征 ……………………………………………………………………………… (3)
一、岩石地层 ……………………………………………………………………………………… (3)
二、岩浆岩 ………………………………………………………………………………………… (6)
三、区域构造 ……………………………………………………………………………………… (6)
四、矿产资源 ……………………………………………………………………………………… (7)
五、水文地质 ……………………………………………………………………………………… (7)

第三节　土壤资源与土地利用 ……………………………………………………………………… (9)
一、土壤母质类型 ………………………………………………………………………………… (9)
二、土壤类型 ……………………………………………………………………………………… (10)
三、土壤酸碱性 …………………………………………………………………………………… (13)
四、土壤有机质 …………………………………………………………………………………… (15)
五、土地利用现状 ………………………………………………………………………………… (15)

第二章　数据基础及研究方法 …………………………………………………………………… (17)

第一节　1∶25万多目标区域地球化学调查 …………………………………………………… (17)
一、样品布设与采集 ……………………………………………………………………………… (18)
二、分析测试与质量控制 ………………………………………………………………………… (20)

第二节　1∶5万土地质量地质调查 ……………………………………………………………… (22)
一、样点布设与采集 ……………………………………………………………………………… (22)
二、分析测试与质量监控 ………………………………………………………………………… (24)

第三节　土壤元素背景值研究方法 ……………………………………………………………… (26)
一、概念与约定 …………………………………………………………………………………… (26)
二、参数计算方法 ………………………………………………………………………………… (26)
三、统计单元划分 ………………………………………………………………………………… (27)
四、数据处理与背景值确定 ……………………………………………………………………… (27)

第三章　土壤地球化学基准值 …………………………………………………………………… (29)

第一节　各行政区土壤地球化学基准值 ………………………………………………………… (29)

一、湖州市土壤地球化学基准值 …………………………………………………………………………（29）
　　二、安吉县土壤地球化学基准值 …………………………………………………………………………（29）
　　三、德清县土壤地球化学基准值 …………………………………………………………………………（32）
　　四、南浔区土壤地球化学基准值 …………………………………………………………………………（32）
　　五、吴兴区土壤地球化学基准值 …………………………………………………………………………（39）
　　六、长兴县土壤地球化学基准值 …………………………………………………………………………（39）
　第二节　主要土壤母质类型地球化学基准值 …………………………………………………………………（44）
　　一、松散岩类沉积物土壤母质地球化学基准值 …………………………………………………………（44）
　　二、古土壤风化物土壤母质地球化学基准值 ……………………………………………………………（44）
　　三、碎屑岩类风化物土壤母质地球化学基准值 …………………………………………………………（44）
　　四、碳酸盐岩类风化物土壤母质地球化学基准值 ………………………………………………………（51）
　　五、紫色碎屑岩类风化物土壤母质地球化学基准值 ……………………………………………………（51）
　　六、中酸性火成岩类风化物土壤母质地球化学基准值 …………………………………………………（51）
　第三节　主要土壤类型地球化学基准值 ………………………………………………………………………（58）
　　一、黄壤土壤地球化学基准值 ……………………………………………………………………………（58）
　　二、红壤土壤地球化学基准值 ……………………………………………………………………………（58）
　　三、粗骨土土壤地球化学基准值 …………………………………………………………………………（58）
　　四、石灰岩土土壤地球化学基准值 ………………………………………………………………………（65）
　　五、紫色土土壤地球化学基准值 …………………………………………………………………………（65）
　　六、水稻土土壤地球化学基准值 …………………………………………………………………………（65）
　　七、潮土土壤地球化学基准值 ……………………………………………………………………………（72）
　第四节　主要土地利用类型地球化学基准值 …………………………………………………………………（72）
　　一、水田土壤地球化学基准值 ……………………………………………………………………………（72）
　　二、旱地土壤地球化学基准值 ……………………………………………………………………………（72）
　　三、园地土壤地球化学基准值 ……………………………………………………………………………（79）
　　四、林地土壤地球化学基准值 ……………………………………………………………………………（79）

第四章　土壤元素背景值 ……………………………………………………………………………………（84）

　第一节　各行政区土壤元素背景值 ……………………………………………………………………………（84）
　　一、湖州市土壤元素背景值 ………………………………………………………………………………（84）
　　二、安吉县土壤元素背景值 ………………………………………………………………………………（84）
　　三、德清县土壤元素背景值 ………………………………………………………………………………（89）
　　四、南浔区土壤元素背景值 ………………………………………………………………………………（89）
　　五、吴兴区土壤元素背景值 ………………………………………………………………………………（94）
　　六、长兴县土壤元素背景值 ………………………………………………………………………………（94）
　第二节　主要土壤母质类型元素背景值 ………………………………………………………………………（99）
　　一、松散岩类沉积物土壤母质元素背景值 ………………………………………………………………（99）
　　二、古土壤风化物土壤母质元素背景值 …………………………………………………………………（99）
　　三、碎屑岩类风化物土壤母质元素背景值 ………………………………………………………………（104）
　　四、碳酸盐岩类风化物土壤母质元素背景值 ……………………………………………………………（104）
　　五、紫色碎屑岩类风化物土壤母质元素背景值 …………………………………………………………（104）

六、中酸性火成岩类风化物土壤母质元素背景值 ……………………………………………… (111)

第三节　主要土壤类型元素背景值 ……………………………………………………………… (111)
一、黄壤土壤元素背景值 ……………………………………………………………………… (111)
二、红壤土壤元素背景值 ……………………………………………………………………… (116)
三、粗骨土土壤元素背景值 …………………………………………………………………… (116)
四、石灰岩土土壤元素背景值 ………………………………………………………………… (116)
五、紫色土土壤元素背景值 …………………………………………………………………… (121)
六、水稻土土壤元素背景值 …………………………………………………………………… (121)
七、潮土土壤元素背景值 ……………………………………………………………………… (121)

第四节　主要土地利用类型元素背景值 ………………………………………………………… (128)
一、水田土壤元素背景值 ……………………………………………………………………… (128)
二、旱地土壤元素背景值 ……………………………………………………………………… (128)
三、园地土壤元素背景值 ……………………………………………………………………… (135)
四、林地土壤元素背景值 ……………………………………………………………………… (135)

第五章　土壤碳与特色土地资源评价 ……………………………………………………………… (140)

第一节　土壤碳储量估算 ………………………………………………………………………… (140)
一、土壤碳与有机碳的区域分布 ……………………………………………………………… (140)
二、单位土壤碳量与碳储量计算方法 ………………………………………………………… (141)
三、土壤碳密度分布特征 ……………………………………………………………………… (143)
四、土壤碳储量分布特征 ……………………………………………………………………… (145)

第二节　特色土地资源评价 ……………………………………………………………………… (149)
一、天然富硒土地资源评价 …………………………………………………………………… (149)
二、天然富锗土地资源评价 …………………………………………………………………… (154)

第六章　结　语 ……………………………………………………………………………………… (158)

主要参考文献 ………………………………………………………………………………………… (159)

第一章　区域概况

第一节　自然地理与社会经济概况

一、自然地理

1. 地理区位

湖州市位于浙江省北部,东邻嘉兴市,南接杭州市,西依天目山,北濒太湖市,与无锡市、苏州市隔湖相望,是环太湖地区唯一因湖而得名的城市。湖州市域介于东经119°14′—120°29′、北纬30°22′—31°11′之间,东西长约126km,南北宽约90km,土地面积为5820km²。

2. 地形地貌

湖州市西倚势若奔马的天目山脉。境内重岗叠岭,群山逶迤,异峰突起,海拔千米以上的山峰有15座,其中龙王山高1587m,比临安区境内的天目山主峰还高出80m,山势磅礴,奇峰异石与悬崖陡壁相间,有仙人桥、龙门瀑布、龙门坎等自然景观。天目山周围云雾变幻,溪谷深切,水流湍急,叠瀑壮观,覆盖着生态完好的原始森林。在海拔700m以上,森林呈现出黄红相间的暖温带夏绿林景观,森林面积达2063km²,素有"极目千里秀,林木十里深"之美誉。

天目山向湖州市东北延伸,与杭州市为邻,有一座秀丽挺拔的且与庐山、北戴河、鸡石山并称为"中国四大避暑胜地"的山峰——莫干山。莫干山主峰海拔720.2m,山以竹海流泉、烟岚云雾为胜,形成独特的"清凉世界"。

3. 行政区划

湖州市为浙江省辖地级市,下置吴兴区、南浔区2个区,管辖长兴县、德清县、安吉县3个县。据《2022年湖州市国民经济和社会发展统计公报》,截至2022年末,全市常住人口为341.3万人,与2021年末常住人口340.7万人相比,增加0.6万人。其中,城镇人口为226.5万人,农村人口为114.8万人。城镇人口占总人口的比例(即城镇化率)为66.4%,与2021年相比,上升0.4个百分点。

4. 气候与水文

湖州市地处北亚热带季风气候区。气候总的特点是:季风显著,四季分明;雨热同季,降水充沛;光温同步,日照较少;气候温和,空气湿润;地形起伏高差大,垂直气候较明显。全市年平均气温12.2~17.3℃,最冷月为1月,平均气温-0.4~5.5℃,最热月为7月,平均气温24.4~30.8℃,无霜期224~246d,年日照时数1613~2430h,年降水量761~1780mm,年降水日数116~156d,年平均相对湿度均在80%以上。全市

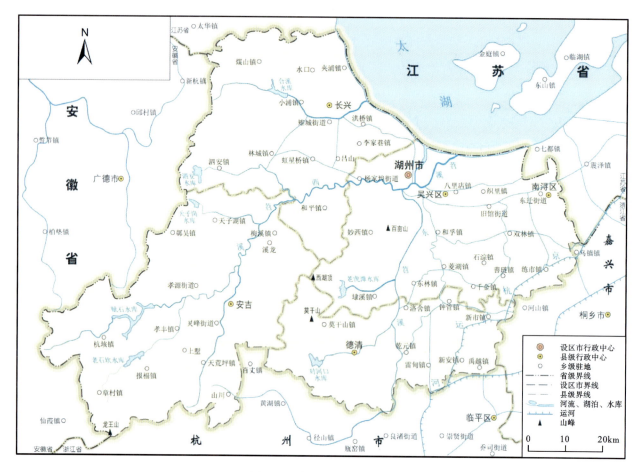

图 1-1 湖州市行政区划图

注：图中区界未表示，地图审核号为浙 S(2021)41 号

风向季节变化明显，冬半年盛行西北风，夏半年盛行东南风，3月和9月是季风转换的过渡时期，一般以东北风和东风为主。年平均风速 1.7～3.2m/s。

湖州市是一座具有 2300 多年历史的江南古城。域内河流属长江下游太湖流域水系，境内主要河流有西苕溪、东苕溪、荻塘、双林塘、泗安塘等。境边南接东苕溪上游，北濒太湖，东连大运河及黄浦江。平原河网密布，山区建有山塘水库，库容 10m³ 以上的水库 149 座。域内水面面积 536km²，河道密度 2.6～3.8km/km²，其中河流、湖泊面积 496km²。

京杭大运河和源于天目山麓的东苕溪、西苕溪纵穿横贯湖州市全境。苕溪东经由页塘（申湖航道，被称为"中国莱茵河"），流入黄浦江，北经 56 条溇港注入烟波浩渺的太湖。境内水系密如蛛网交织在一起。流经湖州市区的苕溪，分布在浙江省北部，是太湖流域的重要支流，由东苕溪、西苕溪组成，两条溪因大小相仿，又称姐妹溪。

二、社会经济概况

2020 年湖州市的"在湖州看见美丽中国"城市品牌全面打响，实现了"美丽浙江"考核九连优。同时，湖州市也入选"中国美好生活城市十大秀美之城"，城乡风貌进一步提升，率先实现省级美丽乡村示范县、市级美丽乡村全覆盖，获批成为全国文明典范城市创建试点。首批 10 个高标准建设新时代美丽乡村样板片区、高水平打造组团式"未来乡村"基本建成。湖州市安吉县余村被联合国世界旅游组织评为"最佳旅游乡村"。湖州市社会治理水平进一步提高，推进智慧城市建设，实现了平安湖州建设"十四连冠"，群众安全感满意率居浙江省前列。

2022年湖州市实现地区生产总值3 850.0亿元,按可比价计算,比上年增长3.3%。其中,第一产业增加值161.1亿元,增长4.6%;第二产业增加值1 966.2亿元,增长2.7%;第三产业增加值1 722.7亿元,增长3.8%。三次产业增加值结构调整为4.2∶51.1∶44.7。按常住人口计算的人均GDP为112 902元,增长2.7%。

2022年全年财政总收入674.5亿元,其中一般公共预算收入387.3亿元,同口径分别比上年增长7.5%和1.4%。一般公共预算收入中的税收收入343.5亿元,比上年下降0.9%。从主要税种看,增值税114.8亿元,比上年增长14.6%;企业所得税70.1亿元,比上年增长19.5%;个人所得税32.3亿元,比上年增长21.6%。全年财政支出601.9亿元,比上年增长14.8%,其中民生改善支出443.6亿元,比上年增长16.0%。

2022年全年实现社会消费品零售总额1 594.7亿元,比上年增长2.5%。限额以上批发零售业销售额5 140.9亿元,比上年增长12.6%;限额以上住宿餐饮业营业额63.1亿元,比上年增长1.0%。城市居民消费价格总水平比上年上涨2.3%,其中服务项目价格上涨0.5%,消费品价格上涨3.6%。从八大类商品和服务价格看,食品、烟酒上涨3.6%,衣着上涨0.9%,居住上涨0.7%,生活用品及服务上涨2.3%,交通通信上涨4.8%,教育文化和娱乐上涨1.0%,医疗保健上涨1.6%,其他用品及服务上涨1.2%。

第二节 区域地质特征

一、岩石地层

1. 前第四系地层

湖州市属江南地层区的江山-临安地层分区。前第四系地层主要为震旦系、寒武系、奥陶系、志留系、泥盆系、石炭系、二叠系、三叠系和白垩系。

震旦系在区内主要沉积蓝田组/陡山沱组、皮园村组/板桥山组,主要分布于安吉县唐舍村和上墅乡、德清县乾元镇等地。安吉县上墅乡地区早震旦世沉积了一套以碳酸盐岩为主的地层,称为陡山沱组,安吉县唐舍村地区早震旦世沉积的泥岩、碳质页岩-碳酸盐岩组合称为蓝田组,二者为同时异相沉积;晚震旦世—早寒武世初期沉积了皮园村组硅质岩及板桥山组石英砂岩、砂质白云岩夹白云岩。

在区域上寒武系主要属于江南地层分区。该区主要分布于安吉县杭垓镇—天荒坪镇—余杭区黄湖镇—德清县一线,总体呈近东西向展布,自黄湖镇向北东方向延伸至德清县。它总体上夹于马鞍山岩体与唐舍岩体之间、莫干山火山岩盆地与天目山火山岩盆地之间,自下而上分为荷塘组、大陈岭组、杨柳岗组、华严寺组和西阳山组。

奥陶系一般分布于寒武系的两侧,隶属于江南地层分区的广德-临安地层小区,总体为一套泥砂质碎屑沉积夹少量泥质碳酸盐岩沉积,自下而上分为印渚埠组、宁国组、胡乐组、砚瓦山组、黄泥岗组、长坞组、文昌组。

志留系出露下统和中统,下统包括霞乡组、河沥溪组、康山组,中统为唐家坞组。岩性主要为粉砂岩、细砂岩。

泥盆系主要分布于安吉县韦山村—鸡笼山地区、东爷庙—龙潭山地区、长兴县李家巷镇地区。

石炭系—三叠系主要分布于长兴县李家巷镇—黄芝山地区、安吉县横涧村—千家村地区。

白垩纪,受燕山运动的强烈影响,区内广泛发生了强烈的火山喷发,并在构造运动的共同影响下形成了较多的火山盆地。本区白垩系主要出露下白垩统劳村组、黄尖组。

具体地层层序及岩性特征见表1-1。

表 1－1　湖州市前第四系地层简表

界	系	统	组	代号	主要岩性及厚度
中生界	白垩系	上统	金华组	K_2j	紫红色薄—中厚层状砾岩、砂砾岩、砂岩夹沉凝灰岩、玄武岩，厚284m
		下统	寿昌组	K_1s	下部为紫红色英安质凝灰岩，上部为泥（页）岩夹粉砂岩，厚70m
			黄尖组	K_1h	厚层块状流纹质熔结凝灰岩、流纹（斑）岩夹安山岩、流纹质凝灰岩，厚2298m
			劳村组	K_1l	中厚—块状砾岩、砂砾岩、流纹质凝灰岩、沉凝灰岩夹粉砂岩，厚260~503m
	三叠系	下统	青龙组	T_1q	灰色薄—中层状微晶灰岩、泥晶灰岩，偶夹钙质泥岩，厚345m
上古生界	二叠系	上统	长兴组	P_3c	主要为微晶灰岩、生物屑灰岩、白云质灰岩，厚119~212m
			龙潭组	$P_{2-3}l$	上段为长石砂岩、长石石英砂岩、细砂岩、粉砂岩、页岩夹砂质灰岩及煤层；下段为粉砂岩、页岩、细砂岩，厚291~158m
		中统	孤峰组	P_2g	硅质泥岩、硅质岩互层，厚度大于15m
			栖霞组	P_2q	深灰色厚层状灰岩、燧石灰岩，厚度大于50m
		下统	船山组	C_2P_1c	灰色微晶灰岩，厚44~150m
	石炭系	上统	黄龙组	C_2h	上部为生物屑灰岩、微晶灰岩，上部的底部为粗晶灰岩，厚34~73m；下部为白云岩夹含砂燧石条带白云岩，厚度大于10m
		下统	叶家塘组	C_1y	砂砾岩、砂岩、泥岩夹碳质泥岩，厚度大于50m
	泥盆系	上统	珠藏坞组	D_3C_1z	黄绿色、灰白色薄—中厚层状石英砂岩夹粉砂岩、粉砂质页岩，厚56m
			西湖组	D_3x	灰白色中厚—厚层状石英砾岩、石英砂岩夹粉砂岩、砂质页岩，厚117m
下古生界	志留系	中统	唐家坞组	S_2t	中厚—厚层块状岩屑砂岩、石英砂岩夹粉砂岩、粉砂质泥岩，厚2134m
		下统	康山组	$S_{1-2}k$	中厚—厚层状长石石英砂岩与粉砂岩、粉砂质泥岩互层，厚2073m
			河沥溪组	S_1h	中厚—厚层状细砂岩与泥质粉砂岩互层，夹泥岩、砾岩，厚981m
			霞乡组	S_1x	中厚—厚层状细砂岩、泥质粉砂岩、粉砂质泥岩互层，厚1590m
	奥陶系	上统	文昌组	O_3w	中厚—厚层块状细砂岩与泥质粉砂岩、泥岩互层，厚167m
			长坞组	O_3c	薄—中厚层状粉砂岩与泥岩、粉砂质泥岩互层，厚度大于400m
			黄泥岗组	O_3h	中厚—厚层状钙质泥岩夹瘤状泥灰岩，厚89m
			砚瓦山组	O_3y	中厚层状瘤状灰岩、泥灰岩，厚9m
		中统	胡乐组	$O_{2-3}h$	灰黑色薄层状硅质页岩夹硅质岩、泥灰岩，厚34m
			宁国组	$O_{1-2}n$	薄层状泥（页）岩、碳质泥岩、硅质页岩夹硅质岩、泥灰岩，厚195m
		下统	印渚埠组	O_1y	薄层状钙质泥（页）岩夹含钙质结核泥岩，厚96m
	寒武系	上统	西阳山组	ϵ_3O_1x	薄—中厚层状透镜状灰岩、泥质灰岩互层夹瘤状灰岩，厚259m
			华严寺组	ϵ_3h	薄—中厚层状条带状灰岩，厚130m
		中统	杨柳岗组	ϵ_2y	薄—中厚层状透镜状灰岩、泥质灰岩互层，厚202m
		下统	大陈岭组	ϵ_1d	薄—中厚层状碳硅质页岩与白云质灰岩互层，厚150~210m
			荷塘组	ϵ_1h	薄—中厚层状碳质灰岩、碳质硅质岩、硅质页岩夹石煤层和磷结核层，厚230m

续表1-1

界	系	统	组		代号	主要岩性及厚度	
新元古界	震旦系	上统	皮园村组	板桥山组	Z_2p Z_2b	白云岩、白云质灰岩、含锰白云岩夹硅质岩、白云质砂岩、石英砂岩、碳质泥岩,厚262m	
		下统	蓝田组	陡山沱组	$Z_{1-2}l$ Z_1d	含砾砂质页岩、粉砂岩,厚200m	粉砂岩页岩泥岩夹硅质白云岩、含锰白云岩,厚196m
	南华系	上统	南沱组		Nh_2n	灰绿色、黄绿色含砾粉砂岩、含砾泥岩,厚152～383m	
		下统	休宁组		Nh_1x	砂岩、凝灰质砂岩、粉砂岩及粉砂质泥岩,底部为砾岩,厚989～1246m	

2. 第四系

区内第四系发育一般,主要分布于湖州市东部及北西部,由以更新统冲积、洪积、冲洪积、冲湖积为主的砾石层、砂层、黏土等组成,厚2.0～10.0m。其中,全新统由冲积、冲湖积砂砾层、砾石层及砂层等组成,厚2.5～15.0m(表1-2)。

表1-2 湖州市第四系地层划分简表

地质时代			成因类型	代号	岩性描述
系	统	组			
第四系	全新统	上组	冲湖积	Qh_3^{al-l}	黄褐色、灰黄色粉质黏土,软塑—可塑
			冲海积	Qh_3^{al-m}	
		中组	海积	Qh_2^m	灰色粉细砂淤泥质粉质黏土、淤泥质黏土,流塑,局部为粉砂、粉土
			冲海积	Qh_2^{al-m}	
		下组	冲湖积	Qh_1^{al-l}	褐黄色黏土、粉质黏土,可塑
			海积	Qh_1^m	灰色淤泥质土,流塑;灰色黏性土,软塑
	上更新统	上组	冲湖积	$Qp_3^{2-2al-l}$	褐黄色、灰绿色黏性土,可塑;局部灰黄色粉细砂
			海积	Qp_3^{2-2m}	灰色黏性土,软塑,局部为灰绿色粉土
			冲湖积	$Qp_3^{2-1al-l}$	褐黄色、灰绿色黏性土,可塑—硬塑
			湖沼积	Qp_3^{2-1lh}	
			海积	Qp_3^{2-1m}	灰色黏性土,粉砂与黏性土互层,可塑
		下组	冲湖积	Qp_3^{1al-l}	褐黄色、灰绿色黏性土,可塑—硬塑;灰黄色、灰色黏性土夹粉砂
			湖沼积	Qp_3^{1lh}	灰黄色、黄灰色中细砂互层;灰黄色黏性土,可塑
	中更新统	上组	冲湖积	Qp_2^{2al-l}	蓝灰色、棕黄色黏性土,可塑—硬塑
			冲(洪)积	$Qp_2^{2al(pl)}$	褐黄色黏性土、砂砾石,中密—密实
		下组	冲湖积	Qp_2^{1al-l}	杂色黏性土层,可塑—硬塑,局部含砾
			冲(洪)积	$Qp_2^{1al(pl)}$	灰黄色含砾中粗砂夹褐黄色黏性土透镜体,灰褐色、灰色黏质砂砾石
	下更新统	上组	冲湖积	Qp_1^{3al-l}	灰蓝色、灰绿色黏性土,可塑
			冲(洪)积	$Qp_1^{3al(pl)}$	灰蓝色、灰绿色黏性土,可塑
		下组	冲湖积	Qp_1^{1al-l}	绿灰色黏性土层,可塑,局部相变为粉质砂砾石层,砾石多为燧石,浑圆、光洁

二、岩浆岩

1. 侵入岩

区内岩浆侵入活动较弱，侵入岩以燕山期的中酸性岩类为主，主要分布在安吉县西部、南部和德清县西部区域。其余的酸性、基性岩体规模均很小，零星分布。

安吉县西部及南部侵入岩成岩时代为晚侏罗世，分布于西北部鄣吴镇大河口，杭垓镇文岱村、岭西村一带和西南部杭垓镇唐舍村、章村镇、上墅乡董岭村、报福镇、统里村及山川乡一线。主要岩石类型有花岗闪长岩、黑云母二长花岗岩、中细粒花岗岩、花岗斑岩和石英正长斑岩等。其中，鄣吴镇一带由老至新依次为花岗闪长岩、二长花岗岩、细粒花岗岩和花岗斑岩。统里村一带侵入岩由老至新依次为浅灰色中细粒花岗闪长岩、浅灰红色中细粒花岗岩、浅红色石英正长斑岩。

德清县西部侵入岩以燕山期的中酸性岩为主，零星分布于庾村、兰树坑村、城山等地，多呈岩株、小岩株产出。岩性主要为燕山期花岗岩、花岗闪长岩、花岗斑岩等。

2. 火山岩

区内火山活动较强烈，火山岩主要分布在安吉县南部，吴兴区妙西镇—长兴县和平镇—德清县莫干山一带。岩石分布面积占总基岩面积的20%以上，形成时代以中生代为主。出露的岩石类型较齐全，酸性、中酸性的火山碎屑岩类占绝对优势。

三、区域构造

湖州市位于扬子准地台钱塘台褶带，三级构造单元为安吉-长兴陷褶带，四级构造单元大部地域属武康-湖州隆断褶束，西北角属泗安长兴拗断褶束。

湖州市的区域不整合、沉积建造和岩浆活动等特征，揭示出市内曾经历过多次构造运动，按发展过程可分为印支运动、燕山运动和喜马拉雅运动3个阶段。

1. 褶皱与断块

湖州市大的构造轮廓总体上以梅峰-南皋桥断裂为界，北西侧为由古生代地层构成的云峰顶断隆，南东侧为白垩纪地层构成的太湖南缘断陷和中生代、古生代地层构成的湖州-升山断隆。南东侧两个单元以湖州-南浔东西向断裂为界，前者处于北，后者位于南。

云峰顶断隆主体为一复背斜，即云峰顶-小梅山背斜，轴向北东，背斜核部主要为上志留统茅山组。小梅山一带因受北西向断层组切割，背斜北东端呈阶梯状地堑式下落，轴部也依次变为五通组、高骊山组。背斜主轴面倾向北西，受北东向逆断层影响，背斜核部和北西翼茅山组、五通组多次重复出现。背斜翼部边缘与次级褶皱相接。

太湖南缘断陷上覆第四系，厚40~120m，第四系之下为上白垩统金华组。断层南东盘钻探资料显示，白垩系基底埋深大于951m。

湖州-升山断隆地表除有下白垩统黄尖组出露外，尚见个别由上志留统茅山组砂岩构成的残丘，但绝大部分地段仍为第四系所覆。基底西部为下白垩统黄尖组及上白垩统金华组，东部为上侏罗统及古生代地层。

2. 断裂

湖州市断裂大致有4组，即北东向、北西向、近东西向及北北东向。从基岩出露区地层切割情况来看，断裂主要发育在加里东期—印支期构造层中,说明印支期是区内断裂主要成生期。但从大量物探及钻探资料分析验证结果来看,相当部分断裂也切穿燕山构造层,说明燕山期也是区内断裂的重要成生期和继承性活动期。

(1)北东向断裂主要有洪桥隐伏断裂、白雀-小梅口逆断层、陈湾逆断层等。它们是区内的骨干断裂,构成区内主要构造骨架。成生时期较早,活动时期较长,始于印支期,结束于燕山晚期。

(2)东西向断裂主要有云峰顶逆断层、黑龙洞逆断层、松鼠岭逆断层、湖州-南浔隐伏断裂等,多为逆断层。

(3)北西向断裂有苍山-腊山断层、小梅山断层组等,多为正断层。

(4)东西向、北西向断裂成生时期晚于北东向而早于北北东向,两组断裂交会处有后期小岩枝侵入,并伴有一定范围的蚀变和矿化。

(5)北北东向断裂区内比较有代表性的是梅峰-南皋桥隐伏断裂。

四、矿产资源

湖州市蕴藏着非金属、能源、金属和水气四大类矿产资源,其构成特点是:建材及黏土类非金属矿产资源较丰富,能源矿产资源匮乏,金属矿产资源短缺,水气矿产尚有潜力。湖州市已知矿产61种,主要有石灰岩、建筑石料(包括沉积岩类、火山岩类和岩浆岩类)、膨润土、硅灰石、方解石、石英砂岩、饰面石材、透辉石和矿泉水,其次有萤石、页岩、水泥用黏土、陶土、砖瓦黏土和黄砂。

湖州市矿业以建筑石料开采加工、水泥生产、粉体和膨润土加工等为主。近年来,采选业总产值达75.04亿元(其中采选业直接生产总值21.3亿元),非金属矿物制品业总产值为282.10亿元,两者分别占规模以上工业总产值的1.84%和6.91%。全市规模以上非金属矿采选业利税12.26亿元,利润6.18亿元,分别占规模以上工业利税和利润的3.1%和2.44%,均高于浙江省平均水平。此外,矿业还带动了湖州市船舶、矿山机械等制造业及物流等服务业的发展,在湖州市国民经济中具有重要的地位。

五、水文地质

按地下水的赋存条件、含水组的覆盖埋藏状况以及富水性、介质性质、水力特征等,湖州市地下水类型主要有第四系松散岩类孔隙水、碳酸盐岩类裂隙溶洞水、基岩裂隙水三大类型,其中松散岩类孔隙水可以分为潜水和承压水,碳酸盐岩类裂隙溶洞水可以分为裸露型、覆盖型,基岩裂隙水可分为层状岩类裂隙水、块状岩类裂隙水、风化带网状裂隙水。

1. 松散岩类孔隙水

(1)全新统冲积砂砾石含水层:含水层岩性以砂、砂砾石为主,结构松散,上覆不稳定的亚砂土薄层,厚度为6~10m,大口径井单井涌水量一般为1000~1500m^3/d。静水位埋深为1~2m,年变幅为1~3m。水质良好,溶解性总固体(TDS)含量为0.08~0.4g/L,水化学类型以HCO_3-Ca型为主,少量$HCO_3 \cdot SO_4$-Ca·Na型。

河谷孔隙潜水主要接受大气降水和地表水补给,属"补给型"地下水资源。在丰水期,河水水位高于地下水水位,补给地下水;在枯水期,地下水补给地表水。含水层由于水量大、水质好,可作为小型集中供水水源地。

(2)上更新统坡洪积黏性土夹砂砾石含水层:分布于河谷上游及山麓沟谷,含水层岩性为含黏性土砂砾石,厚度一般小于10m,水量贫乏,单井涌水量小于100m^3/d,泉流量一般小于0.1L/s,水质为低矿化淡水,TDS为0.05~0.2g/L,水化学类型为HCO_3-Ca型。含水层水量少,仅可作为分散居民生活用水。

(3)全新统湖沼积亚黏土含水层:广泛分布于平原表部,厚度为4~6m。岩性以亚黏土、黏土为主。含水层水量极贫乏,单井涌水量一般小于10m³/d,水位埋深为1~3m,水质大部分为淡水,TDS为0.3~0.8g/L,含水层上部、平原西部及湖申运河两侧含量较低,一般小于0.5g/L,水化学类型为$HCO_3-Ca \cdot Na$、$HCO_3 \cdot Cl-Ca \cdot Na$型。

(4)上更新统冲积粉细砂、砂砾石孔隙承压水(Ⅰ):广泛分布于平原区,含水组由上(Ⅰ₁)、下(Ⅰ₂)两层组成。

Ⅰ₁层为上更新统上组河流相沉积,岩性以粉砂、细砂为主,结构稍密。顶板埋深为20~35m,厚度为10~20m,原始水位埋深接近地表,含水层透水性及富水性较差,水量贫乏,单井涌水量小于100m³/d。水质基本为微咸水,仅轧村、塘南、吴溇等局部地段为淡水,水化学类型为$Cl-Na \cdot Ca$、$Cl-Ca \cdot Na$型。

Ⅰ₂层为上更新统下组河流相沉积,岩性为砂砾石、中粗砂。顶板埋深为35~70m,由西往东加深,西部近山前地带埋深为35~54m,平原中心埋深可达50~70m。水化学类型为$HCO_3-Na \cdot Ca$、$Cl \cdot HCO_3-Na$、$Cl-Na$型。

(5)中更新统冲积砂砾石孔隙承压水(Ⅱ):广泛分布于平原区,含水组可分上(Ⅱ₁)、下(Ⅱ₂)两层。

Ⅱ₁层为中更新统上组河流相沉积,岩性以砂砾石为主,结构松散。顶板埋深为50~90m,由西往东逐渐加深。厚度为5~25m,由西往东逐渐增厚。单井涌水量以100~1000m³/d为主,原始水位埋深接近地表,现状水位为-15~25m。水质为淡水,水化学类型为HCO_3-Ca、$HCO_3-Na \cdot Ca$型。

Ⅱ₂层为中更新统下组河流相沉积,岩性以砂砾石、细砂为主,结构较密实,顶板埋深为75~120m,厚度为10~20m,往东逐渐加深、增厚。单井涌水量一般为100~1000m³/d。水质为淡水。

2. 碳酸盐岩类裂隙溶洞水

碳酸盐岩类裂隙溶洞水又称喀斯特水(岩溶水),主要分布于西苕溪以北的丘陵山区,可分为裸露型和覆盖型两类。含水层富水性受岩溶发育程度控制,其中栖霞组、黄龙组和船山组灰岩及北西向、近东西向断裂带附近岩溶发育,富水性较好。各岩溶带总体富水性中等,单井涌水量(降深以20m计)一般为150~1000m³/d。

岩溶水主要接受大气降水补给,属"补给型"地下水资源,水质良好,TDS为0.15~0.4g/L,水化学类型以HCO_3-Ca型为主。该类水是生活饮用水的良好水源,也是湖州市地下水的主要开采类型。

3. 基岩裂隙水

基岩裂隙水主要接受大气降水补给,属"补给型"地下水资源,可分为层状岩类裂隙水、块状岩类裂隙水和风化带网状裂隙水3类。

(1)层状岩类裂隙水:含水组岩性以石英砂岩、砂岩等碎屑岩为主,富水性差,水量较贫乏,单井涌水量(降深以20m计)小于100m³/d,泉流量小于0.1L/s,在构造破碎带可形成储水构造。层状岩类裂隙水TDS为0.1~0.4g/L,水化学类型以HCO_3-Ca型为主。

(2)块状岩类裂隙水:含水组岩性以火山碎屑岩为主,富水性差,水量较贫乏,泉点出露少,泉流量为0.1~0.5L/s,水质好,为低矿化软水,TDS为0.05~0.2g/L,水化学类型以$HCO_3-Ca \cdot Na$型为主。

(3)风化带网状裂隙水:含水组岩性为钾长花岗岩、花岗岩等侵入岩类,分化裂隙窄小,富水性差,水量贫乏,泉流量一般小于0.05L/s,单井涌水量(降深以20m计)小于100m³/d,但在构造破碎带中易形成储水构造,水量较大。该含水组水质为弱酸性—中性极软水,TDS为0.05~0.2g/L,水化学类型为$HCO_3-Ca \cdot Na$型,为良好的饮用水源。

第三节　土壤资源与土地利用

一、土壤母质类型

地质背景决定了成土母质或母岩,是除气候、地貌、生物等因素之外,对土壤形成类型、分布及其地球化学特征有影响的关键因素。土壤母质,即成土母质,是指母岩(基岩)经风化剥蚀、搬运及堆积等作用后于地表形成的松散风化壳的表层。因此,成土母质对母岩具有较强的承袭性。成土母质又是形成土壤的物质基础,对土壤的形成和发育具有特别重要的意义,在一定的生物、气候条件下,成土母质的差异性往往成为土壤分异的主要因素。

按岩石的地质成因及地球化学特征,湖州市成土母质可划分为2种成因类型6种母质类型(表1-3,图1-2)。

表1-3　湖州市主要成土母质分类表

成因类型	母质类型	地形地貌	主要岩性与岩石类型特征
运积型	松散岩类沉积物	水网平原	粉砂质淤泥、砂(粉砂)等沉积物
			湖沼相淤泥、碳质淤泥、粉砂质淤泥等沉积物
		河谷平原	河口相淤泥、粉砂沉积物
			河流相冲积、冲(洪)积沉积物
残坡积型	古土壤风化物	山地丘陵区	红土、网纹红土等古土壤风化物
	碎屑岩类风化物		泥页岩、粉砂质泥岩、砂(砾)岩风化物
			硅质岩、石英砂(砾)岩风化物
	碳酸盐岩类风化物		石灰岩、泥质灰岩、白云质灰岩等风化物
			白云岩风化物
	紫色碎屑岩类风化物		钙质紫色泥岩、粉砂质泥岩风化物
			非钙质紫色泥岩、粉砂质泥岩、砂(砾)岩风化物
	中酸性火成岩类风化物		花岗岩、花岗闪长岩、中酸性次火山岩类等风化物
			中酸性火山碎屑岩类风化物

运积型成土母质主要类型为松散岩类沉积物。在区域上,该类成土母质主要分布于平原区和山间河流谷地与河口平原区。受流水作用,成土母质经基岩风化后,存在一定的搬运距离,按搬运距离由近到远,沉积物颗粒逐渐由粗变细,岩石物质成分混杂。在地形地貌上,该类成土母质主要涉及区内的水网平原、河谷平原等地貌类型,主要岩性特征包括河流相冲积、冲(洪)积沉积物,河口相淤泥、粉砂沉积物,粉砂质淤泥、砂(粉砂)等沉积物,以及湖沼相淤泥、碳质淤泥、粉砂质淤泥等沉积物。

残坡积型成土母质经基岩风化形成后,未出现明显搬运或搬运距离有限,母质中砾石岩性成分可识别,并与周边基岩有一定的对应性。湖州市岩石根据地球化学性质,总体划分为古土壤风化物、碎屑岩类风化物、碳酸盐岩类风化物、紫色碎屑岩类风化物、中酸性火成岩类风化物五大类。该类成土母质主要分

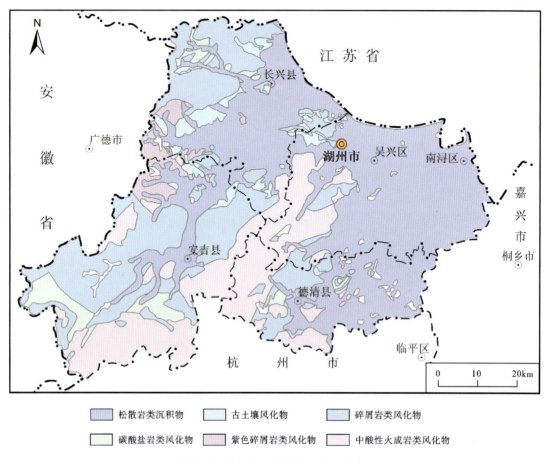

图 1-2 湖州市不同土壤母质分布图

布于山地丘陵区,表现为质地较粗,所形成土壤对原岩具有明显的续承性。

二、土壤类型

湖州市地形西南高、东北低,低山、丘陵、平原、河流、湖泊均有,农业种植历史悠久,形成的土壤类型相对单一、集中。随着地形地貌、土地利用的变化,土壤类型出现规律性的变化。区内土壤类型分为7种,总体来说,低山丘陵区一般分布有红壤,局部分布有黄壤、石灰岩土和粗骨土,平原区和沟谷地带分布有水稻土,水网平原局部出露潮土(表1-4,图1-3)。

1. 红壤

红壤是地带性土壤,面积占全市土壤总面积的32.97%。由于地形、母质、成土时间等的差异,全市红壤可分为黄红壤、棕红壤和红壤性土3个亚类。红壤广泛分布于海拔600m以下的低山、丘陵以及缓坡岗地,是发展农业种植多种经营的重要土壤资源,占山地和旱地的大多数。成土母质中有中酸性火山岩、砂岩、泥页岩、灰岩、花岗岩风化物。红壤是在湿热的亚热带生物气候条件下形成的。在湿润温暖的气候条件下,原生矿物分化彻底,土体中除石英等矿物以外,其余的原生矿物均被风化,盐基物质和硅酸受到强烈淋溶,矿物质养分贫乏,铁铝氧化物积聚,导致土壤呈红色、黄红色、黄色等,普遍呈酸性反应。

表 1-4　湖州土壤类型分类表

土类	亚类	分布与母岩母质类型	占比/%
红壤	黄红壤	大面积分布于区内低山丘陵区,成土母岩母质类型多样,主要为火山岩、碎屑岩、侵入岩等风化形成的残坡积物及山间谷口的冲洪积物等	32.97
	棕红壤		
	红壤性土		
黄壤	黄壤	分布于安吉县南部,成土母岩母质类型多为侵入岩等风化形成的残坡积物	1.77
紫色土	酸性紫色土	分布于安吉县西北部—长兴县西南部,成土母岩母质类型为紫红色碎屑岩类风化的残坡积物	1.93
石灰岩土	棕色石灰土	分布于区内碳酸盐岩风化物分布区	2.46
潮土	潮土	分布于东部、北部平原区主要水体边部,为湖沼相松散岩类沉积物	6.59
	灰潮土		
粗骨土	酸性粗骨土	分布于低山丘陵陡坡地段,为火山岩、碎屑岩等风化的残坡积物	9.57
水稻土	脱潜水稻土	分布于东北部平原区、河流两侧及山地狭谷区,成土母质为湖沼相沉积物、河流冲洪积物,局部为残坡积物等	44.71
	渗育水稻土		
	潴育水稻土		
	潜育水稻土		

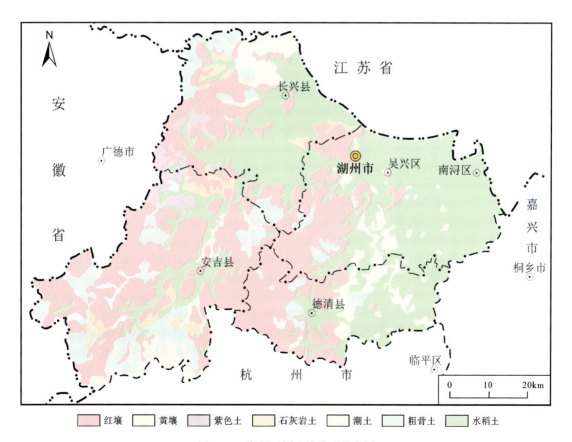

图 1-3　湖州不同土壤类型分布图

(1)黄红壤:是分布最广的土壤亚类。黄红壤亚类是红壤土类向黄壤土类过渡的产物,广泛分布在低山丘陵区。在山地垂直带中,黄红壤分布高度在红壤亚类之上、黄壤土类之下。黄红壤亚类的母质以酸性岩浆岩和砂页岩、泥岩等风化的坡、残积物为主,另有部分发育在第四系上更新统红土上。该亚类土壤红化作用较弱,赤铁矿聚积不明显,土体呈黄红色,微酸性反应,pH 为 5.5～6.0。该亚类土壤所处地形破碎,坡度较陡,侵蚀扰动较大,土体内常有较多的岩石风化碎屑,土层较薄,显示出砾质性和薄层性,剖面分化不明显,质地多为重石质黏壤—壤黏土。

(2)棕红壤:具有红壤属性,是红壤向黄棕壤的过渡亚类。棕红壤受红壤成土条件和成土过程的控制,具有与红壤类似的特性。总体来看,土壤质地黏重,结构差,呈酸性—强酸性反应,养分含量较低。它主要分布在低丘缓坡或坡麓地带,成土母质主要为第四系红色黏土。该亚类土壤土层深厚,多达 1m 以上,地表土壤颜色鲜红,剖面中可见大量的铁锰胶膜和网纹层,富铝化作用强烈。土体呈强酸性反应,pH 为 5.0 左右,质地黏重,多为壤黏土—黏土。

(3)红壤性土:为红壤土类中红化作用最弱的亚类。母质分两大类,一类是凝灰岩等的风化物,另一类是灰岩的风化物。两者在土层厚度、质地等方面截然不同,但在酸碱度、阳离子交换量(CEC)及盐基饱和度等理化性质方面都颇为相似。

2. 黄壤

黄壤主要分布在安吉县南部的山地,面积占全市土壤总面积的 1.77%。成土母质以火山岩类风化物为主。质地中壤—轻黏,土层厚度为 40～80cm,有机质含量在 4% 以上,pH 为 5～6,适合竹、茶等生长。

3. 紫色土

紫色土主要分布在白垩系暗紫色泥岩、页岩和红紫色砂砾岩出露的丘陵山地,面积占全市土壤总面积的 1.93%,分布较少。紫色土因母岩的物理风化强烈,其上植被稀疏,水土流失现象十分严重,成土环境很不稳定,致使土壤发育一直滞留在较年幼阶段。全剖面继承了母岩色泽,呈紫色或红紫色。土层厚度受地形影响较大,一般山坡中、上部土层很薄,坡麓处土层稍厚。根据母质特性,全市紫色土亚类主要为酸性紫色土。

4. 石灰岩土

石灰岩土出露较少,面积占全市土壤总面积的 2.46%,零星分布在长兴县西北部、安吉县少部分地区、湖州市弁山一带。石灰岩土是发育于石灰岩的风化残留体,至今仍受母岩风化物强烈影响,盐基饱和,残留的成土矿物如铁、锰、铝氧化物和黏土等在钙、镁离子参与下,发生凝聚作用,形成质地黏重、颗粒状的石灰岩土壤。一般土层浅薄,土体易滑坡、侵蚀,含有基岩碎片,呈棕色、红棕色,微酸性—中性。

5. 潮土

潮土主要分布在水网平原,面积占全市土壤总面积的 6.59%,位于长兴县北部、南浔区中南部、德清县中东部。潮土成土母质为湖沼相沉积物、湖相沉积物,土体深厚,多在 1m 以上,土层含砂粒较多,质地多为砂质黏壤土。由于母质常发生干湿交替,氧化还原交替频繁,逐步形成含铁锰斑纹或结核的潮土剖面。潮土大多为桑树、果树、薯类、萝卜、花生、油菜等的旱生农作物用地。

6. 粗骨土

粗骨土在安吉县、长兴县西部、德清县西部山区、吴兴区西南丘陵山区零星分布,面积占全市土壤总面积的 9.57%。粗骨土是酸性火山岩和砂岩的风化产物,所发育的土壤具显著的薄层性和粗骨性,剖面风化极差,土壤肥力较差。

7. 水稻土

水稻土广泛分布于平原区,在沟谷平原也有分布,面积占全市土壤总面积的44.71%。水稻土是在各种自然土壤的基础上,由于人们长期耕作、施肥和灌排,促进了土体内物质转化或淋溶和沉积特别是氧化还原交替过程,而形成的各种特殊的土壤剖面发育型。其中,水分因素的活动与剖面形态和性状有密切关系,因而在形态上呈现多样化。根据水分活动的特点,水稻土类分为渗育、潴育、脱潜和潜育4个亚类。

(1)渗育水稻土:主要分布在河谷平原、水网平原和滨海平原中河流两岸或地势较高处。土壤发育主要受地表水影响。剖面中犁底层下发育一厚度超过20cm的渗育层,具棱块状结构,有明显的灰色胶膜和铁锰物质淀积,并具铁上、锰下的分层淀积现象。该层之下即为原自然土壤土层或母质半风化体,一般无潴育层发育,剖面构型为A-Ap-P-C型。

(2)潴育水稻土:广泛分布于河谷、水网平原和低山丘陵的沟谷中。该亚类不仅面积大,而且土壤性质好,耕作管理方便,农作物产量高。因此,潴育水稻土是全市最重要的水稻土亚类。该亚类土壤受地表水和地下水的双重影响,土壤排灌条件好,冬季地下水埋深一般在50cm以下。土体中氧化淀积作用和还原淋溶作用交替进行,土壤层次发育明显,剖面构型为A-Ap-W-C(或G)型。犁底层下发育厚度超过20cm的潴育层,具良好的棱柱状结构。潴育水稻土局部氧化还原特征明显,有橘红色锈斑和青灰色(或灰白色)条纹及铁锰新生体交错淀积,色杂且较紧实。

(3)脱潜水稻土:主要分布在水网平原地势较低平处。母质为古湖沼或湖海相沉积物,是介于潴育和潜育两个水稻土亚类之间的过渡性亚类。土体曾经历潜育化过程,地下水埋深较浅。随着土壤排灌条件的改善及实行水旱轮作后地下水水位的下降,土体上段出现了较明显的干湿交替,潴育层开始发育,具棱块状结构,结构体表面有铁锰斑纹和灰色的黏土胶膜;土体下段则仍为青灰色或青蓝色,呈微弱亚铁反应,显示出古潜体的残遗特征。剖面构型为A-Ap-(P)-GW-G(C)型。对该亚类土壤如坚持实行合理的水旱轮作,继续改善农田水利设施,便能使土壤发育加速向潴育化方向发展,逐渐演变成高产、稳产良田。

(4)潜育水稻土:零星分布在河谷平原、水网平原及山地峡谷、丘陵山垄的低洼处。土体中潜水或上层滞水接近地表,致使整个土体始终为水所饱和,土体糊软,土粒分散。潜育水稻土还原性强,亚铁反应剧烈,土体呈青灰色。剖面构型为A-(Ap)-G或A-G型。

三、土壤酸碱性

土壤酸碱度是土壤理化性质的一项重要指标,也是影响土壤肥力、重金属活性等的重要因素。土壤碱度是由土壤成因、母质来源、地貌类型及土地利用方式等因素决定的。

湖州市表层土壤酸碱度统计主要依据1∶5万土地质量地质调查的数据,按照强酸性、酸性、中性、碱性和强碱性5个等级的分级标准进行统计分析,结果如表1-5和图1-4所示。

表1-5 湖州市表层土壤酸碱度分布情况统计表

土壤酸碱度等级	强酸性	酸性	中性	碱性	强碱性
pH 分级	pH<5.0	5.0≤pH<6.5	6.5≤pH<7.5	7.5≤pH<8.5	pH≥8.5
样本数/件	2405	11 036	3438	908	17
占比/%	13.51	61.99	19.31	5.10	0.09

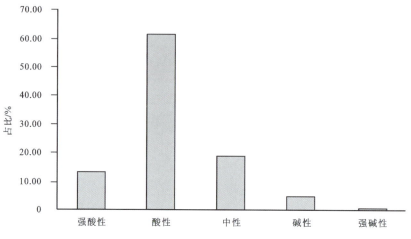

图 1-4　湖州市表层土壤酸碱度占比统计柱状图

湖州市表层土壤pH总体变化范围为3.47～8.87,平均值为5.29。全市土壤以酸性、中性为主,两者样本数占比之和达81.30%,覆盖了湖州市大部分区域;其次为强酸性土壤,碱性土壤面积较少,强碱性土壤分布极少。由图1-5可知,碱性、强碱性土壤(pH≥7.5)主要分布在长兴县东部、吴兴区西北部及南浔区南部一带,整体呈北西向不连续带状展布,该类土壤与河流相沉积物及碳酸盐岩类风化物关系密切;中性土壤主要分布在东部平原,在其他区域仅有零星分布,该类土壤母质类型主要为松散岩类风化物;强酸性土壤集中分布在林地区,母质以中酸性火成岩类风化物、碎屑岩类风化物为主。

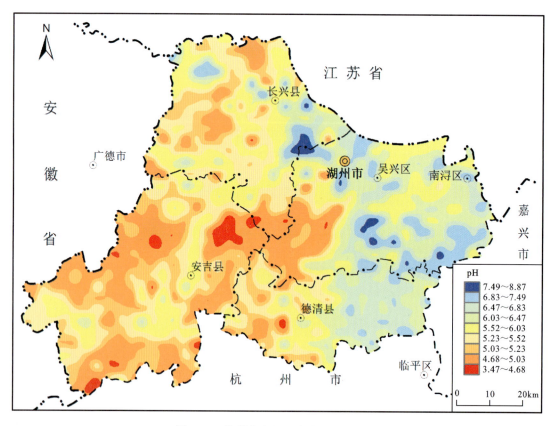

图 1-5　湖州市表层土壤酸碱度分布图

四、土壤有机质

土壤有机质是指土壤中各种动植物残体在土壤生物作用下形成的一种化合物,具有矿化作用和腐殖化作用。它可以促进土壤结构形成,改善土壤物理性质。因此,土壤有机质是土壤质量评价的一项重要指标。

湖州市表层土壤有机质总体变化范围为0.22%~6.14%,平均值为2.76%,变异系数为0.41,空间分布差异较明显。如图1-6所示,全市有机质空间分布较分散,高值区主要集中分布在安吉县南部与杭州市接壤处,另有长兴县东部、南浔区东部区域较高;有机质含量较低的区域主要分布在安吉县中部—长兴县西北部一带、德清县中部—东部地区,含量普遍低于1.59%。

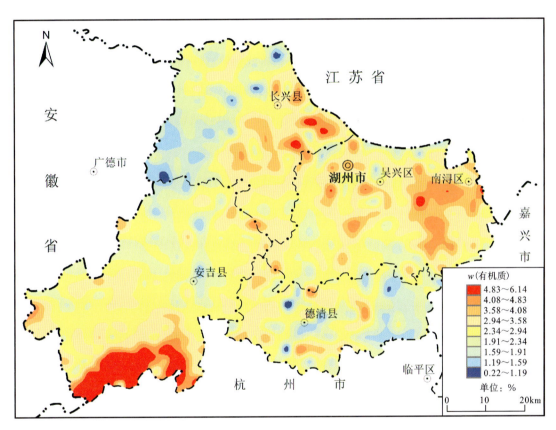

图1-6 湖州市表层土壤有机质地球化学图

从土壤有机质的空间分布来看,有机质分布特征与成土母质类型关系密切;中酸性火成岩类风化物中有机质相对丰富,而松散岩类沉积物、紫色碎屑岩类风化物中有机质明显贫乏。

五、土地利用现状

根据湖州市第三次全国国土调查(2018—2021)结果,湖州市域土地总面积为580 415.16 hm²。其中,耕地面积为81 670.49 hm²,占比14.07%;园地面积为71 239.26 hm²,占比12.27%;林地面积为231 646.32 hm²,占比39.91%;草地面积为2 352.21 hm²,占比0.41%;湿地面积为478.91 hm²,占比0.08%;城镇村及工矿用地面积为91 806.65 hm²,占比15.82%;交通运输用地面积为19 757.12 hm²,占比3.40%;水域及水利设施用地面积为81 464.20 hm²,占比14.04%。湖州市土地利用现状统计见表1-6。

表 1-6 湖州市土地利用现状(利用结构)统计表

地类		面积/hm²		占比/%
		分项面积	小计	
耕地	水田	73 349.09	81 670.49	14.07
	旱地	8 321.40		
园地	果园	6 898.38	71 239.26	12.27
	茶园	27 560.21		
	其他园地	36 780.67		
林地	乔木林地	73 897.97	231 646.32	39.91
	竹林地	122 924.22		
	灌木林地	6 184.13		
	其他林地	28 640.00		
草地	其他草地	2 352.21	2 352.21	0.41
湿地	森林沼泽	0.48	478.91	0.08
	沼泽草地	3.72		
	内陆滩涂	474.71		
城镇村及工矿用地	城市用地	8 924.93	91 806.65	15.82
	建制镇用地	18 420.97		
	村庄用地	59 103.49		
	采矿用地	3 955.60		
	风景名胜及特殊用地	1 401.66		
交通运输用地	铁路用地	801.77	19 757.12	3.40
	公路用地	11 699.08		
	农村道路	7 056.92		
	机场用地	70.60		
	港口码头用地	107.26		
	管道运输用地	21.49		
水域及水利设施用地	河流水面	28 496.71	81 464.20	14.04
	湖泊水面	326.33		
	水库水面	4 925.44		
	坑塘水面	44 816.29		
	沟渠	878.71		
	水工建筑用地	2 020.72		
土地总面积		580 415.16	580 415.16	100.00

第二章　数据基础及研究方法

自2002年至2022年,20年间湖州市相继开展了1∶25万多目标区域地球化学调查、1∶5万土地质量地质调查工作,积累了大量的土壤元素含量实测数据和相关基础资料,为该地区土壤元素背景值研究奠定了坚实的基础。

第一节　1∶25万多目标区域地球化学调查

多目标区域地球化学调查是一项基础性地质调查工作,通过系统的"双层网格化"土壤采集分析获得了高精度、高质量的地球化学数据,为基础地质、农业生产、土地利用规划与管护、生态环境保护等多领域研究、多部门应用提供多层级的基础资料。

湖州市1∶25万多目标区域地球化学调查始于2002年,于2016年结束(图2-1,表2-1)。

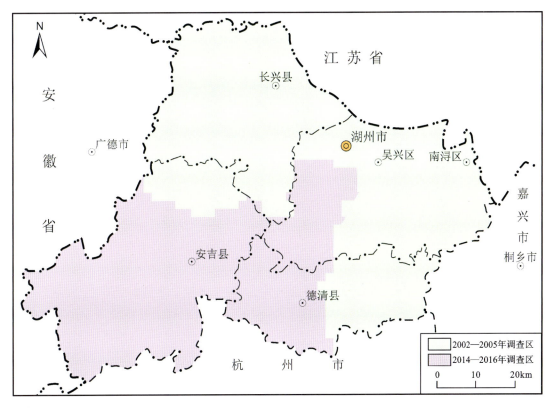

图2-1　湖州市1∶25万多目标区域地球化学调查工作程度图

表 2-1　湖州市 1∶25 万多目标区域地球化学调查工作统计表

时间	项目名称	主要负责人	调查区域
2002—2005 年	浙江省 1∶25 万多目标区域地球化学调查	吴小勇	东部、北部平原
2014—2016 年	浙西北地区 1∶25 万多目标区域地球化学调查	解怀生、黄春雷	安吉县、德清县等低山丘陵区

2002—2005 年,在省部合作的"浙江省农业地质环境调查"项目中,浙江省地质调查院组织开展了"浙江省 1∶25 万多目标区域地球化学调查"项目,完成了湖州市东部及北部平原区的调查工作。2014—2016 年,"浙西北地区 1∶25 万多目标区域地球化学调查"项目是继"浙江省农业地质环境调查"之后的又一次区域地球化学调查工作,覆盖了安吉县、德清县等低山丘陵区一带。

一、样品布设与采集

调查的方法技术主要依据中国地质调查局《多目标区域地球化学调查规范(1∶250 000)》(DZ/T 0258—2014)、《区域地球化学勘查规范》(DZ/T 0167—2006)、《土壤地球化学测量规范》(DZ/T 0145—2017)、《区域生态地球化学评价规范》(DZ/T 0289—2015)等。

(一)样品布设和采集

1∶25 万多目标区域地球化学调查采用"网格+图斑"双层网格化方式布设,样点布设以代表性为首要原则,兼顾均匀性、特殊性。代表性原则指按规定的基本密度,将样点布设在网格单元内主要土地利用、主要土壤类型或地质单元的最大图斑内。均匀性原则是指样点与样点之间应保持相对固定的距离,以规定的基本密度形成网格。一般情况下,样点应布设于网格中心部位,每个网格均应有样点控制,不得出现连续 4 个或以上的空白小格。特殊性原则是指水库、湖泊等采样难度较大的区域,按照最低采样密度要求进行布设,一般选择沿水域边部采集水下淤泥物质。城镇、居民区等区域样点布设可适当放宽均匀性原则,一般布设于公园、绿化地等"老土"区域。

表层土壤样采集深度为 0～20cm,平原区深层土壤采集深度为 150cm 以下,低山丘陵区深层土壤采集深度为 120cm 以下。

1. 表层土壤样

表层土壤样布设以 1∶5 万标准地形图 4km² 的方里网格为采样大格,以 1km² 为采样单元格,布设并采集样品,再按 1 件/4km² 的密度组合成分析样品。样品自左向右、自上而下依次编号。

在平原区及山间盆地区,样点通常布设于单元格中间部位附近,以耕地为主要采样对象。在野外现场根据实际情况,选择具代表性的地块 100m 范围内,采用"X"形或"S"形进行多点组合采样,注意远离村庄、主干交通线、矿山、工厂等点污染源,严禁采集人工搬运堆积土,避开田间堆肥区及养殖场等受人为影响的局部位置。

在丘陵坡地区,样点通常布设于沟谷下部、平缓坡地、山间平坝等土壤易于汇集处,原则上选择单元格内大面积分布的土地利用类型区,如林地区、园地区等,同时兼顾面积较大的耕地区。在布设的采样点周边 100m 范围内多点采集子样组合成 1 件样品。

在湖泊、水库及宽大的河流水域区,当水域面积超过 2/3 单元格面积时,于单元格中间近岸部位采集水底沉积物样品;当水域面积较小时,采集岸边土壤样品。

在中低山林地区,由于通行困难,局部地段土层较薄,可在山脊、鞍部或相对平坦、土层较厚、土壤发育成熟地段进行多点组合样品采集。

表层土壤样采集深度为 0～20cm,采集过程中去除表层枯枝落叶及样品中的砾石、草根等杂物,上下均匀采集。土壤样品原始质量大于1000g，确保筛分后质量不低于500g。

野外采样时，原则上在预布点位采样，不得随意移动采样点位，以保证样点分布的均匀性、代表性。实际采样时，可根据通行条件或者矿点、工厂等污染源分布情况，适当合理地移动采样点位，并在备注栏中说明，同时该采样点与四临样点间距离不小于500m。

2. 深层土壤样

深层土壤样品采样点以1件/4km^{2}的密度布设，再按1件/16km^2（4km×4km）的密度组合成分析样。样品采样点布设以1∶10万标准地形图16km^{2}的方里网格为采样大格，以4km^{2}为采样单元格，自左向右、自上而下依次编号。

在平原及山间盆地区，采样点通常布设于单元格中间部位，采集深度为150cm以下，样品为10～50cm的长土柱。

在山地丘陵及中低山区，样品通常布设于沟谷下部平缓部位或是山脊、鞍部土层较厚部位。由于土层通常较薄，采样深度控制在120cm以下；当反复尝试发现土壤厚度达不到要求时，可将采集深度放松至100cm以下。当单孔样品量不足时，可在周边合适地段多孔采集。

深层土壤样品原始质量大于1000g，要求采集发育成熟的土壤，避开山区河谷中的砂砾石层及山坡上残坡积物下部（半）风化的基岩层。

样品采集原则同表层土壤，按照预布点位进行采集，不得随意移动采样点位。实际采样时，可根据土层厚度、土壤成熟度等情况适当合理地移动采样点位，并在备注栏中说明，同时要求该采样点与四临样点间距离不小于1000m。

（二）样品加工与组合

选择在干净、通风、无污染场地进行样品加工，加工时对加工工具进行全面清洁，防止发生人为玷污。样品采用日光晒干和自然风干，干燥后采用木槌敲打达到自然粒级，用20目尼龙筛全样过筛。在加工过程中，表层、深层样加工工具分开专用，样品加工好后保留副样500～550g，分析测试子样质量达70g以上，认真核对填写标签，并装瓶、装袋。装瓶样品及分析子样按（表层1∶5万、深层1∶10万）图幅排放整理，填写副样单或子样清单，移交样品库管理人员，做好交接手续。

在样品库管理人员的监督指导下开展分析样品组合工作，组合分析样质量不少于200g。每次只取4件需组合的分析子样，等量取样称重后进行组合，充分混合均匀后装袋。填写送样单并核对，在技术人员检查清点后，送往实验室进行分析。

（三）样品库建设

区域土壤地球化学调查采集的土壤实物样品将长期保存。样品按图幅号存放，并根据表层土壤和深层土壤样品编码图建立样品资料档案。样品库保持定期通风、干燥、防火、防虫。建立定期检查制度，发现样品标签不清、样品瓶破损等情况要及时处理。样品出入库时办理交接手续。

（四）样品采集质量控制

质量检查组对样品采集、加工、组合、副样入库等进行全过程质量跟踪监管，从采样点位的代表性，采样深度，野外标记，记录的客观性、全面性等方面抽查。野外检查内容主要包括：①样品采集质量，样品防玷污措施，记录卡填写内容的完整性、准确性，记录卡、样品、点位图的一致性；②GPS航点航迹资料的完整性及存储情况等；③样品加工检查，主要核对野外采样组移交样品的一致性，要求样袋完好、编号清楚、原始质量满足要求，样本数与样袋数一致，样品编号与样袋编号对应；④填写野外样品加工日常检查登记表，组合与副样入库等过程符合规范要求。

二、分析测试与质量控制

1. 分析指标

湖州市1:25万多目标区域地球化学调查土壤样品测试由中国地质科学院地球物理地球化学勘查研究所实验测试中心、浙江省地质矿产研究所承担,共分析54项元素/指标:银(Ag)、砷(As)、金(Au)、硼(B)、钡(Ba)、铍(Be)、铋(Bi)、溴(Br)、碳(C)、镉(Cd)、铈(Ce)、氯(Cl)、钴(Co)、铬(Cr)、铜(Cu)、氟(F)、镓(Ga)、锗(Ge)、汞(Hg)、碘(I)、镧(La)、锂(Li)、锰(Mn)、钼(Mo)、氮(N)、铌(Nb)、镍(Ni)、磷(P)、铅(Pb)、铷(Rb)、硫(S)、锑(Sb)、钪(Sc)、硒(Se)、锡(Sn)、锶(Sr)、钍(Th)、钛(Ti)、铊(Tl)、铀(U)、钒(V)、钨(W)、钇(Y)、锌(Zn)、锆(Zr)、硅(SiO_2)、铝(Al_2O_3)、铁(Fe_2O_3)、镁(MgO)、钙(CaO)、钠(Na_2O)、钾(K_2O)、有机碳(Corg)、pH。

2. 分析方法及检出限

优化选择以X射线荧光光谱法(XRF)、电感耦合等离子体质谱法(ICP-MS)为主,以发射光谱法(ES)、原子荧光光谱法(AFS)、催化分光光度法(COL)以及离子选择性电极法(ISE)等为辅的分析方法配套方案。该套分析方案技术参数均满足中国地质调查局规范要求。分析测试方法和要求方法的检出限列于表2-2。

表2-2 各元素/指标分析方法及检出限

元素/指标		分析方法	检出限	元素/指标		分析方法	检出限
Ag	银	ES	0.02μg/kg	Mn	锰	ICP-OES	10mg/kg
Al_2O_3	铝	XRF	0.05%	Mo	钼	ICP-MS	0.2mg/kg
As	砷	HG-AFS	1mg/kg	N	氮	KD-VM	20mg/kg
Au	金	GF-AAS	0.2μg/kg	Na_2O	钠	ICP-OES	0.05%
B	硼	ES	1mg/kg	Nb	铌	ICP-MS	2mg/kg
Ba	钡	ICP-OES	10mg/kg	Ni	镍	ICP-OES	2mg/kg
Be	铍	ICP-OES	0.2mg/kg	P	磷	ICP-OES	10mg/kg
Bi	铋	ICP-MS	0.05mg/kg	Pb	铅	ICP-MS	2mg/kg
Br	溴	XRF	1.5mg/kg	Rb	铷	XRF	5mg/kg
C	碳	氧化热解-电导法	0.1%	S	硫	XRF	50mg/kg
CaO	钙	XRF	0.05%	Sb	锑	ICP-MS	0.05mg/kg
Cd	镉	ICP-MS	0.03mg/kg	Sc	钪	ICP-MS	1mg/kg
Ce	铈	ICP-MS	2mg/kg	Se	硒	HG-AFS	0.01mg/kg
Cl	氯	XRF	20mg/kg	SiO_2	硅	XRF	0.1%
Co	钴	ICP-MS	1mg/kg	Sn	锡	ES	1mg/kg
Cr	铬	ICP-MS	5mg/kg	Sr	锶	ICP-OES	5mg/kg
Cu	铜	ICP-MS	1mg/kg	Th	钍	ICP-MS	1mg/kg
F	氟	ISE	100mg/kg	Ti	钛	ICP-OES	10mg/kg
Fe_2O_3	铁	XRF	0.1%	Tl	铊	ICP-MS	0.1mg/kg

续表 2-2

元素/指标		分析方法	检出限	元素/指标		分析方法	检出限
Ga	镓	ICP-MS	2mg/kg	U	铀	ICP-MS	0.1mg/kg
Ge	锗	HG-AFS	0.1mg/kg	V	钒	ICP-OES	5mg/kg
Hg	汞	CV-AFS	3μg/kg	W	钨	ICP-MS	0.2mg/kg
I	碘	COL	0.5mg/kg	Y	钇	ICP-MS	1mg/kg
K_2O	钾	XRF	0.05%	Zn	锌	ICP-OES	2mg/kg
La	镧	ICP-MS	1mg/kg	Zr	锆	XRF	2mg/kg
Li	锂	ICP-MS	1mg/kg	Corg	有机碳	氧化热解-电导法	0.1%
MgO	镁	ICP-OES	0.05%	pH		电位法	0.1

注：ICP-MS 为电感耦合等离子体质谱法；XRF 为 X 射线荧光光谱法；ICP-OES 为电感耦合等离子体光学发射光谱法；HG-AFS 为氢化物发生-原子荧光光谱法；GF-AAS 为石墨炉原子吸收光谱法；ISE 为离子选择性电极法；CV-AFS 为冷蒸气-原子荧光光谱法；ES 为发射光谱法；COL 为催化分光光度法；KD-VM 为凯氏蒸馏-容量法。

3. 实验室内部质量控制

（1）报出率（P）：土壤分析样品各元素报出率均为 99.99% 以上，满足《多目标区域地球化学调查规范（1∶250 000）》（DZ/T 0258—2014）不低于 95% 的要求，说明所采用的分析方法能完全满足分析要求。

（2）准确度和精密度：按《多目标区域地球化学调查规范（1∶250 000）》（DZ/T 0258—2014）中"土壤地球化学样品分析测试质量要求及质量控制"的有关规定，根据国家一级土壤地球化学标准物质 12 种分析值，统计测定平均值与标准值之间的对数误差（$\Delta lgC=|lgC_i-lgC_s|$）和相对标准偏差（RSD），结果表明对数误差（ΔlgC）和相对标准偏差（RSD），均满足规范要求。

Au 采用国家一级痕量金标准物质的 12 次 Au 元素分析值，统计得到 $|\Delta lgC|\leqslant 0.026$，RSD≤10.0%，满足规范要求。

pH 参照《生态地球化学评价样品分析技术要求（试行）》（DD 2005-03）要求，经过国家一级土壤有效态标准物质 pH 指标的 6 种分析值计算，绝对偏差的绝对值不大于 0.1，满足规范要求。

（3）异常点检验：每批次样品分析测试工作完成后，检查各项指标的含量范围，对部分指标特高含量试样进行了异常点重复性分析，异常点检验合格率均为 100%。

（4）重复性检验监控：土壤测试分析按不低于 5.0% 的比例进行重复性检验，计算两次分析之间的相对偏差（RD），对照规范允许限，统计合格率，其中 Au 重复性检验比例为 10%。重复性检验合格率满足《多目标区域地球化学调查规范（1∶250 000）》（DZ/T 0258—2014）一次重复性检验合格率 90% 的要求。

4. 用户方数据质量检验

（1）重复样检验：在区域地球化学调查中，为了对野外调查采样质量及分析测试质量进行监控，一般均按不低于 2% 的比例要求插入重复样。重复样与基本样品一样，以密码的形式连续编号进行送检分析。在收到分析测试数据之后，计算相对偏差（RD），根据相对偏差允许限量要求进行合格率统计，元素合格率要求在 90% 以上。

（2）元素地球化学图检验：依据实验室提供的样品分析数据，按照《多目标区域地球化学调查规范（1∶250 000）》（DZ/T 0258—2014）相关要求绘制地球化学图。地球化学图采用累积频率方法成图，等值线含量及色阶分级按累积频率的 0.5%、1.5%、4%、8%、15%、25%、40%、60%、75%、85%、92%、96%、98.5%、99.5%、100% 来统计划分。各元素地球化学图所反映的背景和异常情况与地质背景基本吻合，图面结构"协调"，未出现阶梯状、条带状或区块状图形。

5. 分析数据质量检查验收

根据中国地质调查局有关区域地球化学样品测试要求,中国地质调查局区域化探样品质量检查组对全部样品测试分析数据进行了质量检查验收。检查组重点对测试分析中配套方法的选择,实验室内、外部质量监控,标准样插入比例,异常点复检、外检、日常准确度、精密度复核等进行了仔细检查。检查组认为,各项测试分析数据质量指标达到规定要求,检查组同意通过验收。

第二节 1∶5万土地质量地质调查

2016年8月5日,浙江省国土资源厅发布了《浙江省土地质量地质调查行动计划(2016—2020年)》(浙土资发〔2016〕15号),在全省范围内全面部署实施"711"土地质量调查工程。根据文件要求,湖州市自然资源和规划局于2016—2019年相继落实完成了全市范围的1∶5万土地质量地质调查工作。

全市以各县(区)行政辖区为调查范围,共分5个土地质量地质调查项目,选择3家项目承担单位、3家测试单位共同完成,具体工作情况见表2-3。

表2-3 湖州市土地质量地质调查工作情况一览表

序号	工作区	承担单位	项目负责人	样品测试单位
1	吴兴区	浙江省核工业二六二大队	李政龙、徐正华	浙江省地质矿产研究所
2	南浔区	浙江省地质调查院	解怀生	浙江省地质矿产研究所
3	德清县	浙江省核工业二六二大队	陈杰、刘汉光、贾飞	华北有色(三河)燕郊中心实验室有限公司
4	长兴县	浙江省有色金属地质勘查局	刘煜、朱勇峰	承德华勘五一四地矿测试研究有限公司
5	安吉县	浙江省核工业二六二大队	徐正华、宁立峰	华北有色(三河)燕郊中心实验室有限公司

湖州市土地质量地质调查严格按照《土地质量地球化学评价规范》(DZ/T 0295—2016)等技术规范要求,开展土壤地球化学调查采样点的布设和样品采集、加工、分析测试等工作。湖州市1∶5万土地质量地质调查土壤采样点分布如图2-2所示。

一、样点布设与采集

1. 样点布设

以"二调"图斑为基本调查单元,根据市内地形地貌、地质背景、成土母质、土地利用方式、地球化学异常、工矿企业分布以及种植结构特点等(遥感影像图及踏勘情况),将调查区划分为地球化学异常区、重要农业产区、低山丘陵区及一般耕地区。按照不同分区采样密度布设样点,异常区为11~12件/km²,农业产区为9~10件/km²,低山丘陵区为7~8件/km²,一般耕地区为4~6件/km²;控制全市平均采样密度约为9件/km²。在地形地貌复杂、土地利用方式多样、人为污染强烈、元素及污染物含量空间变异性大的地区,根据实际情况适当增加采样密度。

样品主要布设在耕地中,对调查范围内园地、林地以及未利用地等进行有效控制。样品布设时,避开沟渠、田埂、路边、人工堆土及微地形高低不平等无代表性地段。每件样品均由5件分样等量均匀混合而

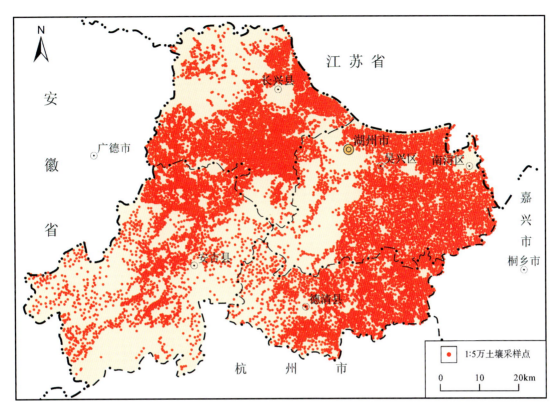

图2-2 湖州市1∶5万土地质量地质调查土壤采样点分布图

成,采样深度为0～20cm。

样品由左至右、自上而下连续顺序编号,每50件样品随机取1个号码为重复采样号。样品编号时将县(区)名称汉语拼音的第一字母缩写(大写)作为样品编号的前缀,如吴兴区样品编号为WX0001,便于成果资料供县级使用。

2. 样品采集与记录

选择种植现状具有代表性的地块,在采样图斑中央采集样品。采样时避开人为干扰较大地段,用不锈钢小铲一点多坑(5个点以上)均匀采集地表至20cm深处的土柱组合成1件样品。样品装于干净布袋中,湿度大的样品在布袋外套塑料密封袋隔离,防止样品间相互污染。土壤样品质量要达到1500g以上。野外利用GPS定位仪确定地理坐标,以布设的采样点为主采样坑,定点误差均小于10m,保存所有采样点航点与航迹文件。

现场用2H铅笔填写土壤样品野外采集记录卡,根据设计要求,主要采用代码和简明文字记录样品的各种特征。记录卡填写的内容要真实、正确、齐全,字迹要清晰、工整,不得涂擦,对于需要修改的文字先需轻轻划掉后,再将正确内容填写好。

3. 样品保存与加工

保存当日野外调查航迹文件,收队前清点采集的样本数量,与布样图进行编号核对,并在野外手图中汇总;晚上对信息采集记录卡、航点、航迹等进行检查,完成当天自检和互检工作,资料由专人管理。

从野外采回的土壤样品及时清理登记后,由专人进行晾晒和加工处理,并按要求填写样品加工登记表。加工场地和加工处理均严格按照下列要求进行。

样品晾晒场地应确保无污染。将样品置于干净整洁的室内通风场地晾晒,或悬挂在样品架上自然风干,严禁暴晒和烘烤,并注意防止雨淋以及酸、碱等气体和灰尘污染。在风干过程中,适时翻动,并将大土块用木棒敲碎以防止固结,加速干燥,同时剔除土壤以外的杂物。

将风干后的样品平铺在制样板上,用木棍或塑料棍碾压,并将植物残体、石块等侵入体和新生体剔除干净,细小已断的植物须根可采用静电吸附的方法清除。压碎的土样要全部通过2mm(10目)的孔径筛;未过筛的土粒必须重新碾压过筛,直至全部样品通过2mm孔径筛为止。

过筛后土壤样品充分混匀、缩分、称重,分为正样、副样两件样品。正样送实验室分析,用塑料瓶或纸袋盛装(质量一般在500g左右)。副样(质量不低于500 g)装入干净塑料瓶,送样品库长期保存。

4. 质量管理

野外各项工作严格按照质量管理要求开展小组自(互)检、二级部门抽检、单位抽检等三级质量检查,并在全部野外工作结束前,由当地自然资源部门组织专家进行野外工作检查验收,确保各项野外工作系统、规范、质量可靠。

二、分析测试与质量监控

1. 分析实验室及资质

湖州市各县(区)5个土地质量地质调查项目的样品测试由华北有色(三河)燕郊中心实验室有限公司、浙江省地质矿产研究所、承德华勘五一四地矿测试研究有限公司3家单位承担,以上各测试单位均具有省级检验检测机构资质认定证书,并得到中国地质调查局的资质认定,完全满足本次土地质量地质调查项目的样品检测工作要求。

2. 分析测试指标

根据技术规范要求,本次土地质量地质调查土壤全量测试砷(As)、硼(B)、镉(Cd)、钴(Co)、铬(Cr)、铜(Cu)、锗(Ge)、汞(Hg)、锰(Mn)、钼(Mo)、氮(N)、镍(Ni)、磷(P)、铅(Pb)、硒(Se)、钒(V)、锌(Zn)、钾(K_2O)、有机碳(Corg)、pH共20项元素/指标。

3. 分析方法配套方案

依据国家标准方法和相关行业标准分析方法,制订了以X射线荧光光谱法(XRF)、电感耦合等离子体质谱法(ICP - MS)为主,以发射光谱法(ES)、原子荧光光谱法(AFS)以及容量法(VOL)等为辅的分析方法配套方案,提供以下指标的分析数据,具体见表2-4。

表2-4 土壤样品元素/指标全量分析方法配套方案

分析方法	简称	项数/项	测定元素/指标
电感耦合等离子体质谱法	ICP - MS	6	Cd、Co、Cu、Mo、Ni、Ge
X射线荧光光谱法	XRF	8	Cr、Cu、Mn、P、Pb、V、Zn、K_2O
发射光谱法	ES	1	B
氢化物-原子荧光光谱法	HG - AFS	2	As、Se
冷蒸气-原子荧光光谱法	CV - AFS	1	Hg
容量法	VOL	1	N
玻璃电极法	—	1	pH
重铬酸钾容量法	VOL	1	Corg

4. 分析方法的检出限

本配套方案各分析方法检出限见表2-5,满足《多目标区域地球化学调查规范(1∶250 000)》(DZ/T 0258—2014)和《生态地球化学评价样品分析技术要求(试行)》(DD 2005-03)的要求。

表2-5 各元素/指标分析方法检出限要求

元素/指标	单位	要求检出限	方法检出限	元素/指标	单位	要求检出限	方法检出限
pH		0.1	0.1	Cu②	mg/kg	1	0.5
Cr	mg/kg	5	3	Mo	mg/kg	0.3	0.2
Cu①	mg/kg	1	0.1	Ni	mg/kg	2	0.2
Mn	mg/kg	10	10	Ge	mg/kg	0.1	0.1
P	mg/kg	10	10	B	mg/kg	1	1
Pb	mg/kg	2	2	K₂O	%	0.05	0.01
V	mg/kg	5	5	As	mg/kg	1	0.5
Zn	mg/kg	4	1	Hg	mg/kg	0.000 5	0.000 5
Cd	mg/kg	0.03	0.02	Se	mg/kg	0.01	0.01
Corg	mg/kg	250	200	N	mg/kg	20	20
Co	mg/kg	1	0.1				

注:Cu①和Cu②采用不同检测方法,Cu①为X射线荧光光谱法,Cu②为电感耦合等离子体质谱法。

5. 分析测试质量控制

(1)实验室资质能力条件:选择的实验室均具备相应资质要求,软硬件、人员技术能力等方面均具备相关分析测试条件,均制订了工作实施方案,并严格按照方案要求开展各类样品测试工作。

(2)实验室内部质量监控:实验室在接受委托任务后,制订了行之有效的工作方案,并严格按照方案进行各类样品分析测试;各类样品分析选择的分析方法、检出限、准确度、精密度等均满足相关规范要求;内部质量监控各环节均有效运行,均满足规范要求。

(3)实验室外部质量监控:主要通过密码样和外检样的形式进行监控,各批次监控样品相对偏差均符合规范要求。

(4)土壤元素/指标含量分布与土壤环境背景吻合状况:依据实验室提供的样品分析数据,按照规范的要求,绘制了各元素/指标的地球化学图。各元素土壤地球化学评价图所反映的背景和异常情况与地质、土壤和地貌等基本吻合;未发现明显成图台阶,不存在明显的非地质条件引起的条带异常;依据土壤元素含量评价得出的土壤环境质量、养分等级分布规律与地质背景、土地利用、人类活动影响等情况基本一致。

6. 测试分析数据质量检查验收

在完成样品测试分析提交用户验收使用之前,由浙江省自然资源厅项目管理办公室邀请国内权威专家,对每个县区数据进行测试分析数据质量检查验收。验收专家认为各项目样品分析质量和质量监控已达到《多目标区域地球化学调查规范(1∶250 000)》(DZ/T 0258—2014)和《生态地球化学评价样品分析技术要求(试行)》(DD 2005-03)等要求,一致同意予以验收通过。

第三节 土壤元素背景值研究方法

一、概念与约定

土壤元素地球化学基准值是土壤地球化学本底的量值,反映在一定范围内深层土壤地球化学特征,是指在未受人为影响(污染)条件下,原始沉积环境中的元素含量水平;通常以深层土壤地球化学元素含量来表征,其含量水平主要受地形地貌、地质背景、成土母质来源与类型等因素影响,以区域地球化学调查中的深层样品作为元素基准值统计的样品。

土壤元素背景值是指在不受或少受人类活动影响及现代工业污染情况下的土壤化学组成或元素含量水平。但人类活动与现代工业发展的影响已遍布全球,现在很难找到绝对不受人类活动影响的土壤,严格意义上的土壤自然背景已很难确定。因此,土壤元素背景值只能是一个相对的概念,即土壤在一定自然历史时期、一定地域内元素(或化合物)的丰度或含量水平。目前,一般以区域地球化学调查获取的表层样品作为元素背景值统计的样品。

基准值和背景值的求取必须同时满足以下条件:样品要有足够的代表性;样品的分析方法技术先进,分析质量可靠,数据具有权威性;进行地球化学分布形态检验,并进行相关系列参数统计与基准值、背景值确定。

二、参数计算方法

土壤元素地球化学基准值、背景值统计参数主要有样本数(N)、极大值(X_{max})、极小值(X_{min})、算术平均值($\overline{X}$)、几何平均值($\overline{X}_g$)、中位数(X_{me})、众值(X_{mo})、算术标准差(S)、几何标准差(S_g)、变异系数(CV)、分位值($X_{5\%}$、$X_{10\%}$、$X_{25\%}$、$X_{50\%}$、$X_{75\%}$、$X_{90\%}$、$X_{95\%}$)等。

算术平均值($\overline{X}$):$\overline{X} = \dfrac{1}{N}\sum_{i=1}^{N}X_i$

几何平均值($\overline{X}_g$):$\overline{X}_g = \sqrt[N]{\prod_{i=1}^{N}X_i} = \dfrac{1}{N}\sum_{i=1}^{N}\ln X_i$

算术标准差(S):$S = \sqrt{\dfrac{\sum_{i=1}^{N}(X_i - \overline{X})^2}{N}}$

几何标准差(S_g):$S_g = \exp\left(\sqrt{\dfrac{\sum_{i=1}^{N}(\ln X_i - \ln \overline{X}_g)^2}{N}}\right)$

变异系数(CV):$CV = \dfrac{S}{\overline{X}} \times 100\%$

中位数(X_{me}):将一组数据排序后,处于中间位置的数值。当样本数为奇数时,中位数为第$(N+1)/2$位的数值;当样本数为偶数时,中位数为第$N/2$位与第$(N+1)/2$位数的平均值。

众值(X_{mo}):一组数据中出现频率最高的那个数值。

pH平均值计算方法:在进行pH参数统计时,先将土壤pH换算为$[H^+]$平均浓度进行统计计算,然后换算成pH。换算公式为:$[H^+]=10^{-pH}$,$[H^+]_{平均浓度}=\sum 10^{-pH}/N$,$pH=-\lg[H^+]_{平均浓度}$。

三、统计单元划分

科学合理的统计单元划分是统计土壤元素地球化学参数、确定土壤元素地球化学基准值和背景值的前提性工作。

本次湖州市土壤元素地球化学基准值、背景值参数统计，参照区域土壤元素地球化学基准值和背景值研究的通用方法，按照行政区、土壤母质类型、土壤类型、土地利用类型等划分统计单元，分别进行地球化学参数统计。

1. 行政区

根据湖州市行政区及最新统计数据划分情况，分别按照湖州市（全市）、安吉县、德清县、南浔区、吴兴区、长兴县进行统计单元划分。

2. 土壤母质类型

基于湖州市的岩石地层地质成因及地球化学特征，湖州市土壤母质类型将按照松散岩类沉积物、古土壤风化物、碎屑岩类风化物、碳酸盐岩类风化物、紫色碎屑岩类风化物、中酸性火成岩类风化物6种类型划分统计单元。

3. 土壤类型

湖州市地貌类型多样，成土环境复杂，土壤性质差异较大，全市共有7个土类13个亚类。本次土壤元素地球化学基准值和背景值研究按照黄壤、红壤、粗骨土、石灰岩土、紫色土、水稻土、潮土7种土壤类型进行统计单元划分。

4. 土地利用类型

由于本次调查主要涉及农用地，因此根据土地利用类型分类，结合第三次全国国土调查情况，土地利用类型按照水田、旱地、园地（茶园、果园、其他园地）、林地（林地、草地、湿地）4类划分统计单元。

四、数据处理与背景值确定

基于统计单元内样本数据，进行数据分布类型检验、异常值判别与剔除及区域土壤地球化学参数统计、地球化学基准值与背景值的确定。

1. 数据分布形态检验

依据《数据的统计处理和解释正态性检验》（GB/T 4882—2001）进行样本数据的分布形态检验。利用SPSS 19对原始数据频率分布进行正态分布检验，不符合正态分布的数据进行对数转换后再进行对数正态分布检验。当数据不服从正态分布或对数正态分布时，采用箱线图法判别并剔除异常值，再进行正态分布或对数正态分布检验。注意：部分统计单元（或部分元素/指标）因样品较少无法进行正态分布检验。

2. 异常值判别与剔除

对于明显来源于局部受污染场所的数据，或者由样品采集、分析检测等导致的异常值，必须进行判别和剔除。由于本次湖州市土壤地球化学基准值、背景值研究的数据样本量较大，采用箱线图法判别并剔除异常值。

根据收集整理的原始数据各项元素/指标分别计算第一四分位数（Q_1）、第三四分位数（Q_3），以及四分位距(IQR＝Q_3－Q_1)、Q_3＋1.5IQR 值、Q_1－1.5IQR 内限值。根据计算结果对内限值以外的异常数据,结合频率分布直方图与点位区域分布特征逐个甄别并剔除。

3. 参数表征与背景值确定

(1)参数表征主要包括统计样本数(N)、极大值(X_{max})、极小值(X_{min})、算术平均值($\overline{X}$)、几何平均值($\overline{X}_g$)、中位数(X_{me})、众值(X_{mo})、算术标准差(S)、变异系数(CV)、分位值($X_{5\%}$、$X_{10\%}$、$X_{25\%}$、$X_{50\%}$、$X_{75\%}$、$X_{90\%}$、$X_{95\%}$)、数据分布类型等。

(2)基准值、背景值确定,分为以下几种情况:①当数据为正态分布或剔除异常值后正态分布时,取算术平均值作为基准值、背景值;②当数据为对数正态分布或剔除异常值后对数正态分布时,取几何平均值作为基准值、背景值;③当数据经反复剔除后,仍不服从正态分布或对数正态分布时,取众值作为基准值、背景值,有2个众值时取靠近中位数的众值,3个众值时取中间位众值;④对于样本数少于30件的统计单元,则取中位数作为基准值、背景值。

(3)数值有效位数确定原则:参数统计结果取值原则,数值小于或等于50的小数点后保留2位,数值大于50小于等于100的小数点后保留1位,数值大于100的取整数。注:极个别数据保留了3位小数。

说明:本书中样本数单位统一为"件";变异系数(CV)为无量纲,按照计算公式结果用百分数表示,为方便表示本书统一换算成小数,且小数点后保留2位;氧化物、TC、Corg 单位为％,N、P 单位为 g/kg,Au、Ag 单位为 μg/kg,pH 为无量纲,其他元素/指标单位为 mg/kg。

第三章 土壤地球化学基准值

第一节 各行政区土壤地球化学基准值

一、湖州市土壤地球化学基准值

湖州市土壤地球化学基准值数据经正态分布检验,结果表明,原始数据中Co、Cr、F、Ga、Ge、La、Li、Ni、Rb、Sr、Tl、V、Zr、SiO_2、Al_2O_3、TFe_2O_3、K_2O符合正态分布,As、Au、Be、Bi、Cl、Cu、I、Mn、Mo、N、Nb、P、Sc、Se、U、W、MgO、CaO符合对数正态分布,Ag、Cd、Ce、Pb、Sb、Sn、Th、Ti、Y、Zn、Corg剔除异常值后符合正态分布(简称剔除后正态分布),Hg剔除异常值后符合对数正态分布(简称剔除后对数分布),其他元素/指标不符合正态分布或对数正态分布(表3-1)。

湖州市深层土壤总体呈酸性,土壤pH基准值为5.21,极大值为8.53,极小值为4.71,基本接近于浙江省基准值,略低于中国基准值。

深层土壤各元素/指标中,大多数元素/指标变异系数小于0.40,分布相对均匀;As、Au、Bi、Br、Cl、Cu、I、Mn、Mo、S、Se、MgO、CaO、Na_2O、TC、pH共16项元素/指标变异系数大于0.40,其中pH、CaO、Mo、Bi变异系数大于0.80,空间变异性较大。

与浙江省土壤基准值相比,湖州市土壤基准值中S基准值明显偏低,为浙江省基准值的44%,I、Sr基准值略低于浙江省基准值,是浙江省基准值的60%~80%;As、Au、Co、Sb、Sn基准值略高于浙江省基准值,是浙江省基准值的1.2~1.4倍;Bi、Cl、Cu、P、MgO、CaO、Na_2O基准值明显高于浙江省基准值,是浙江省基准值的1.4倍以上,其中Ni、CaO、Na_2O基准值为浙江省基准值的2.0倍以上;其他元素/指标基准值则与浙江省基准值基本接近。

与中国土壤基准值相比,湖州市土壤基准值中S、Sr、CaO、Na_2O、TC基准值明显偏低,均不足中国基准值的60%,其中Na_2O、CaO基准值仅分别为中国基准值的18%和21%;MgO、P基准值略低于中国基准值,是中国基准值的60%~80%;Au、Bi、Ce、Co、Cr、La、Li、Mn、N、Ni、Pb、Rb、Se、Ti、Tl、U、V、W、Zr、TFe_2O_3基准值略高于中国基准值,是中国基准值的1.2~1.4倍;B、Hg、I、Th、Nb、Corg基准值明显高于中国基准值,是中国基准值的1.4倍以上,其中I、Hg明显相对富集,基准值是中国基准值的2.0倍以上;其他元素/指标基准值则与中国基准值基本接近。

二、安吉县土壤地球化学基准值

安吉县土壤地球化学基准值数据经正态分布检验,结果表明,原始数据中仅B、Be、Co、Cr、Ga、Ge、La、Li、Nb、P、Rb、Sc、Sr、Ti、Tl、U、Zr、SiO_2、TFe_2O_3、K_2O符合正态分布,Ag、As、Au、Ba、Bi、Br、Cd、Cl、Cu、Hg、I、Mo、N、Ni、Se、Sn、Th、W、Y、Zn、Al_2O_3、MgO、CaO、Na_2O、pH符合对数正态分布,F、Mn、Pb、S、V、

表 3-1 湖州市土壤地球化学基准值参数统计表

元素/指标	N	$X_{5\%}$	$X_{10\%}$	$X_{25\%}$	$X_{50\%}$	$X_{75\%}$	$X_{90\%}$	$X_{95\%}$	$\bar{X}$	S	$\bar{X}_g$	S_g	X_{max}	X_{min}	CV	X_{me}	X_{mo}	分布类型	湖州市基准值	浙江省基准值	中国基准值
Ag	325	32.00	41.40	53.0	67.0	81.0	97.0	112	68.7	22.38	65.1	11.67	131	27.00	0.33	67.0	32.00	剔除后正态分布	68.7	70.0	70.0
As	360	3.79	4.61	5.99	8.14	11.39	17.22	23.13	10.26	8.02	8.56	3.85	76.1	1.20	0.78	8.14	5.42	对数正态分布	8.56	6.83	9.00
Au	360	0.73	0.88	1.09	1.43	1.86	2.39	2.87	1.60	0.82	1.45	1.63	8.83	0.46	0.51	1.43	1.05	对数正态分布	1.45	1.10	1.10
B	357	25.16	30.66	48.20	65.0	74.0	81.0	85.0	60.4	18.77	56.7	11.05	105	13.10	0.31	65.0	73.0	偏峰分布	73.0	73.0	41.00
Ba	318	339	389	438	476	540	628	694	494	102	484	34.97	797	242	0.21	476	472	偏峰分布	472	482	522
Be	360	1.61	1.75	2.01	2.41	2.70	3.07	3.31	2.44	0.72	2.36	1.72	10.35	1.06	0.29	2.41	2.65	对数正态分布	2.36	2.31	2.00
Bi	360	0.20	0.22	0.26	0.33	0.43	0.54	0.60	0.41	0.70	0.35	2.12	13.20	0.14	1.72	0.33	0.30	对数正态分布	0.35	0.24	0.27
Br	346	1.50	1.50	1.60	2.38	3.27	4.00	4.75	2.61	1.08	2.41	1.84	6.10	0.91	0.42	2.38	1.50	其他分布	1.50	1.50	1.80
Cd	328	0.04	0.05	0.07	0.09	0.11	0.13	0.15	0.09	0.03	0.08	4.31	0.19	0.02	0.36	0.09	0.11	剔除后正态分布	0.09	0.11	0.11
Ce	344	60.2	63.3	72.0	80.0	87.0	96.4	103	80.3	12.66	79.3	12.35	114	48.00	0.16	80.0	80.0	对数正态分布	80.3	84.1	62.0
Cl	360	37.00	39.80	46.10	56.0	72.1	94.0	104	63.7	30.80	59.3	11.20	391	31.50	0.48	56.0	64.0	对数正态分布	59.3	39.00	72.0
Co	360	8.50	9.81	12.47	14.60	17.10	19.71	20.51	14.75	3.88	14.22	4.75	33.80	5.40	0.26	14.60	14.40	正态分布	14.75	11.90	11.0
Cr	360	27.19	33.18	49.33	64.2	86.0	101	111	67.2	25.63	62.0	11.74	142	17.50	0.38	64.2	75.0	对数正态分布	67.2	71.0	50.0
Cu	360	10.10	12.00	15.58	20.43	27.08	34.40	40.77	22.60	10.40	20.64	6.08	83.3	5.27	0.46	20.43	22.40	对数正态分布	20.64	11.20	19.00
F	360	228	312	419	507	617	705	786	515	166	486	35.13	1156	126	0.32	507	617	正态分布	515	431	456
Ga	360	10.18	12.70	15.57	17.45	20.10	21.60	22.70	17.41	3.69	16.96	5.10	28.60	5.90	0.21	17.45	16.10	正态分布	17.41	18.92	15.00
Ge	360	1.21	1.26	1.38	1.51	1.61	1.68	1.73	1.50	0.16	1.49	1.28	1.93	1.01	0.11	1.51	1.46	正态分布	1.50	1.50	1.30
Hg	328	0.02	0.03	0.03	0.04	0.05	0.07	0.08	0.05	0.02	0.04	6.49	0.10	0.01	0.37	0.04	0.04	剔除后对数正态分布	0.04	0.048	0.018
I	360	1.00	1.21	1.80	3.16	4.52	6.25	7.26	3.47	2.12	2.87	2.33	14.10	0.22	0.61	3.16	1.69	对数正态分布	2.87	3.86	1.00
La	360	31.89	33.70	37.48	41.95	45.57	49.80	53.1	41.95	6.79	41.41	8.45	78.5	21.80	0.16	41.95	43.50	正态分布	41.95	41.00	32.00
Li	360	25.70	28.29	32.85	39.75	46.98	53.3	57.1	40.54	10.42	39.27	8.47	110	19.10	0.26	39.75	40.50	对数正态分布	40.54	37.51	29.00
Mn	360	369	437	567	713	865	1073	1289	747	307	692	44.40	2757	156	0.41	713	808	正态分布	692	713	562
Mo	360	0.34	0.36	0.43	0.60	1.01	1.54	2.32	0.95	1.33	0.70	2.05	15.20	0.26	1.41	0.60	0.39	对数正态分布	0.70	0.62	0.70
N	360	0.31	0.35	0.43	0.52	0.64	0.80	0.92	0.56	0.21	0.53	1.64	1.88	0.24	0.37	0.52	0.66	对数正态分布	0.53	0.49	0.399
Nb	360	11.20	13.29	15.60	18.60	21.20	24.20	25.91	18.74	5.37	18.04	5.21	65.8	5.00	0.29	18.60	17.40	正态分布	18.04	19.60	12.00
Ni	360	13.18	15.59	20.18	26.65	35.45	41.81	44.80	28.06	10.71	26.09	7.03	97.5	7.91	0.38	26.65	26.90	对数正态分布	28.06	11.00	22.00
P	360	0.20	0.23	0.29	0.40	0.54	0.61	0.67	0.42	0.15	0.39	1.93	0.98	0.12	0.37	0.40	0.24	对数正态分布	0.39	0.24	0.488
Pb	350	18.54	19.60	22.02	25.85	28.80	31.62	33.57	25.66	4.74	25.22	6.46	39.40	12.80	0.18	25.85	24.50	剔除后正态分布	25.66	30.00	21.00

续表 3-1

元素/指标	N	$X_{5\%}$	$X_{10\%}$	$X_{25\%}$	$X_{50\%}$	$X_{75\%}$	$X_{90\%}$	$X_{95\%}$	$\overline{X}$	S	$\overline{X}_g$	S_g	X_{max}	X_{min}	CV	X_{me}	X_{mo}	分布类型	湖州市基准值	浙江省基准值	中国基准值
Rb	360	73.1	82.9	98.9	118	142	162	175	121	33.25	117	15.37	314	40.00	0.27	118	118	正态分布	121	128	96.0
S	307	50.00	50.00	85.0	123	168	278	352	145	89.3	123	16.57	481	47.00	0.62	123	50.00	其他分布	50.00	114	166
Sb	332	0.35	0.40	0.51	0.65	0.83	1.00	1.11	0.68	0.23	0.64	1.56	1.41	0.24	0.34	0.65	0.85	剔除后正态分布	0.68	0.53	0.67
Sc	360	7.30	7.90	9.00	10.30	12.00	13.90	15.00	10.60	2.32	10.35	3.95	17.10	4.80	0.22	10.30	10.10	对数正态分布	10.35	9.70	9.00
Se	360	0.09	0.11	0.14	0.18	0.25	0.32	0.40	0.21	0.15	0.18	3.06	1.95	0.02	0.70	0.18	0.21	对数正态分布	0.18	0.21	0.13
Sn	333	2.27	2.51	3.00	3.42	4.01	4.58	4.96	3.51	0.79	3.43	2.12	5.78	1.74	0.22	3.42	3.65	剔除后正态分布	3.51	2.60	3.00
Sr	360	37.95	44.58	56.4	81.2	109	129	139	84.2	32.86	77.5	2.25	213	16.00	0.39	81.2	89.0	正态分布	84.2	112	197
Th	342	10.71	11.80	12.80	14.40	15.88	17.20	18.30	14.40	2.25	14.22	13.02	20.50	8.50	0.16	14.40	14.60	剔除后正态分布	14.40	14.50	10.00
Ti	344	3673	3926	4305	4686	5183	5730	6001	4743	684	4694	129	6451	2864	0.14	4686	4741	正态分布	4743	4602	3406
Tl	360	0.45	0.50	0.60	0.74	0.87	0.99	1.11	0.75	0.21	0.72	1.43	1.83	0.29	0.28	0.74	0.83	正态分布	0.75	0.82	0.60
U	360	2.00	2.17	2.48	3.07	4.00	5.00	5.51	3.38	1.28	3.18	2.04	10.10	1.56	0.38	3.07	4.00	对数正态分布	3.18	3.14	2.40
V	360	52.9	63.0	74.5	88.0	106	117	126	90.5	25.67	87.2	13.45	255	39.00	0.28	88.0	110	正态分布	90.5	110	67.0
W	360	1.27	1.39	1.65	1.94	2.26	2.74	3.29	2.07	0.77	1.96	1.62	7.34	0.92	0.37	1.94	2.09	对数正态分布	2.07	1.93	1.50
Y	344	19.00	22.00	24.68	27.00	30.00	32.80	34.00	27.06	4.22	26.72	6.62	37.60	17.00	0.16	27.00	25.00	剔除后正态分布	27.06	26.13	23.00
Zn	349	41.00	47.82	58.0	70.0	80.8	94.1	102	70.2	17.68	67.9	11.41	117	26.00	0.25	70.0	71.0	剔除后正态分布	70.2	77.4	60.0
Zr	360	205	217	245	285	322	357	377	288	56.9	282	25.79	590	177	0.20	285	292	正态分布	288	287	215
SiO_2	360	61.3	62.9	65.9	69.6	72.4	75.0	77.6	69.4	4.78	69.2	11.54	81.0	56.4	0.07	69.6	68.6	正态分布	69.4	70.5	67.9
Al_2O_3	360	11.00	11.77	12.81	14.07	15.56	16.69	17.38	14.19	2.05	14.04	4.59	23.10	8.49	0.14	14.07	14.41	正态分布	14.19	14.82	11.90
TFe_2O_3	360	3.23	3.61	4.34	5.06	5.73	6.31	6.91	5.04	1.10	4.92	2.54	8.74	2.07	0.22	5.06	5.11	正态分布	5.04	4.70	4.10
MgO	360	0.48	0.57	0.74	0.98	1.50	1.96	2.15	1.15	0.63	1.02	1.63	5.76	0.25	0.54	0.98	0.81	对数正态分布	1.02	0.67	1.36
CaO	360	0.17	0.20	0.27	0.48	0.99	1.92	2.32	0.76	0.67	0.53	2.42	3.05	0.06	0.88	0.48	0.39	对数正态分布	0.53	0.22	2.57
Na_2O	360	0.23	0.31	0.44	0.74	1.26	1.62	1.76	0.86	0.50	0.71	1.95	2.08	0.07	0.58	0.74	0.33	偏峰分布	0.33	0.16	1.81
K_2O	360	1.57	1.67	1.97	2.41	2.81	3.18	3.43	2.41	0.57	2.35	1.69	3.98	1.21	0.24	2.41	2.63	正态分布	2.41	2.99	2.36
TC	351	0.35	0.40	0.44	0.52	0.81	1.11	1.23	0.64	0.28	0.59	1.62	1.47	0.25	0.43	0.52	0.49	其他分布	0.49	0.43	0.90
Corg	334	0.24	0.27	0.35	0.43	0.52	0.62	0.70	0.44	0.14	0.42	1.85	0.83	0.10	0.31	0.43	0.30	剔除后正态分布	0.44	0.42	0.30
pH	360	5.10	5.18	5.46	6.42	7.29	8.08	8.23	5.68	5.52	6.47	3.01	8.53	4.71	0.97	6.42	5.21	其他分布	5.21	5.12	8.10

注：氧化物、TC、Corg 单位为 %；N、P 单位为 g/kg；Au、Ag 单位为 μg/kg；pH 为无量纲，其他元素/指标单位为 mg/kg。浙江省基准值引自《浙江省土壤元素背景值》(黄春雷等，2023)；中国基准值引自《全国地球化学基准网建立与土壤地球化学基准值特征》(王学求等，2016)；后表单位和资料来源相同。

Corg剔除异常值后符合正态分布，Ce、Sb剔除异常值后符合对数正态分布，TC不符合正态分布或对数正态分布（表3-2）。

安吉县深层土壤总体呈酸性，土壤pH基准值为5.80，极大值为7.54，极小值为4.71，与湖州市基准值及浙江省基准值基本接近。

深层土壤各元素/指标中，多数元素/指标变异系数在0.40以下，在全县分布较为均匀；Ag、As、Ba、Bi、Cd、Mo、Se、Zn、CaO、pH变异系数大于0.80，空间变异性较大。

与湖州市土壤基准值相比，安吉县土壤基准值中无明显偏低的元素/指标；B、Sr、CaO略低于湖州市基准值，是湖州市基准值的60%~80%；Ba、Hg、I、U基准值略高于湖州市基准值，是湖州市基准值的1.2~1.4倍；Na_2O、Mo、Br、S基准值明显高于湖州市基准值，是湖州市基准值的1.4倍以上，Br、S基准值是湖州市基准值的2.0倍以上；其他元素/指标基准值则与湖州市基准基值本接近。

与浙江省土壤基准值相比，安吉县土壤基准值中Sr、B、V基准值略低于浙江省基准值，是浙江省基准值的60%~80%；U、Ba、Cl、Sb、Sn、MgO基准值略高于浙江省基准值，是浙江省基准值的1.2~1.4倍；As、Br、Mo、Bi、Cu、P、CaO、Ni、Na_2O基准值明显高于浙江省基准值，是浙江省基准值的1.4倍以上，其中Br、Ni、Na_2O基准值是浙江省基准值的2.0倍以上；其他元素/指标基准值则与浙江省基准值基本接近。

三、德清县土壤地球化学基准值

德清县土壤地球化学基准值数据经正态分布检验，结果表明，原始数据中Ag、B、Bi、Br、Cd、Ce、Co、Cr、Cu、F、Ga、Ge、La、Li、Mn、N、Ni、P、Pb、Rb、Sb、Sc、Se、Sr、Ti、Tl、V、Y、Zn、Zr、SiO_2、Al_2O_3、TFe_2O_3、MgO、Na_2O、K_2O、pH符合正态分布，As、Au、Be、Cl、Hg、I、Mo、Nb、S、Sn、U、W、CaO、TC、Corg符合对数正态分布，Ba、Th剔除异常值后符合正态分布（表3-3）。

德清县深层土壤总体呈酸性，土壤pH基准值为5.68，极大值为8.53，极小值为4.82，与湖州市基准值及浙江省基准值基本接近。

各元素/指标中，多数元素/指标变异系数在0.40以下，说明分布较为均匀；Hg、S、Sn、CaO、pH变异系数大于0.80，空间变异性较大。

与湖州市土壤基准值相比，德清县土壤基准值中多数元素/指标与湖州市基准值基本接近；B基准值略低于湖州市基准值，为湖州市基准值的75%；Hg、P、MgO、CaO、TC基准值略高于湖州市基准值，是湖州市基准值的1.2~1.4倍；Br、S、Na_2O基准值明显高于湖州市基准值，是湖州市基准值的1.4倍以上。

与浙江省土壤基准值相比，德清县土壤基准值中多数元素/指标基准值与浙江省基准值基本接近；B、I、V基准值略低于浙江省基准值，为浙江省基准值的60%~80%；Au、Co、F、Sb基准值略高于浙江省基准值，是浙江省基准值的1.2~1.4倍；Bi、Br、Cl、Cu、P、S、Sn、Ni、TC、CaO、MgO、Na_2O基准值明显高于浙江省基准值，是浙江省基准值的1.4倍以上，其中Ni、CaO、Na_2O基准值是浙江省基准值的2.0倍以上，Na_2O基准值是浙江省基准值的6.38倍。

四、南浔区土壤地球化学基准值

南浔区土壤地球化学基准值数据经正态分布检验，结果表明，原始数据中Ag、As、Au、B、Ba、Be、Bi、Br、Cd、Ce、Cl、Co、Cr、Cu、F、Ga、Ge、I、La、Li、Mn、Nb、Ni、Pb、Rb、Sb、Sc、Sn、Sr、Th、Ti、Tl、U、V、W、Y、Zn、Zr、SiO_2、Al_2O_3、TFe_2O_3、MgO、CaO、Na_2O、K_2O、TC符合正态分布，Hg、Mo、N、Se、Corg符合对数正态分布，P、S剔除异常值后符合正态分布，pH不符合正态分布或对数正态分布（表3-4）。

南浔区深层土壤总体呈碱性，土壤pH基准值为8.14，极大值为8.42，极小值为6.43，明显高于湖州市基准值及浙江省基准值。

各元素/指标中，多数元素/指标变异系数在0.40以下，说明分布较为均匀；pH变异系数大于0.80，空间变异性较大。

第三章 土壤地球化学基准值

表 3-2 安吉县土壤地球化学基准值参数统计表

元素/指标	N	$X_{5\%}$	$X_{10\%}$	$X_{25\%}$	$X_{50\%}$	$X_{75\%}$	$X_{90\%}$	$X_{95\%}$	$\overline{X}$	S	$\overline{X}_g$	S_g	X_{max}	X_{min}	CV	X_{me}	X_{mo}	分布类型	分布分类	安吉县基准值	湖州市基准值	浙江省基准值
Ag	126	32.00	33.50	47.25	61.5	120	205	328	129	308	77.2	13.84	3180	32.00	2.39	61.5	32.00	对数正态分布	77.2	68.7	70.0
As	126	4.56	5.08	6.64	9.39	13.45	23.20	35.40	12.76	11.06	10.20	4.39	76.1	3.09	0.87	9.39	12.80	对数正态分布	10.20	8.56	6.83
Au	126	0.65	0.72	0.96	1.17	1.55	2.20	2.70	1.37	0.66	1.25	1.55	4.06	0.51	0.48	1.17	1.05	对数正态分布	1.25	1.45	1.10
B	126	21.85	26.55	38.55	55.1	67.8	82.1	90.2	54.9	22.72	50.1	10.32	144	13.10	0.41	55.1	57.0	正态分布	54.9	73.0	73.0
Ba	126	402	424	467	544	770	1238	1666	776	784	645	42.33	7424	317	1.01	544	544	对数正态分布	645	472	482
Be	126	1.68	1.77	2.00	2.38	2.71	3.02	3.36	2.43	0.60	2.37	1.72	5.22	1.31	0.25	2.38	2.65	正态分布	2.43	2.36	2.31
Bi	126	0.20	0.22	0.26	0.31	0.41	0.56	0.69	0.47	1.17	0.34	2.21	13.20	0.18	2.47	0.31	0.26	对数正态分布	0.34	0.35	0.24
Br	126	1.50	1.50	2.36	3.08	4.27	5.83	8.63	3.78	2.58	3.24	2.29	17.26	1.50	0.68	3.08	1.50	对数正态分布	3.24	1.50	1.50
Cd	126	0.03	0.04	0.06	0.08	0.14	0.36	0.58	0.17	0.27	0.10	4.70	2.60	0.02	1.63	0.08	0.11	剔除后对数正态分布	0.10	0.09	0.11
Ce	115	72.2	75.9	79.5	83.9	93.4	103	109	86.6	10.99	86.0	12.98	117	63.0	0.13	83.9	85.0	正态分布	86.0	80.3	84.1
Cl	126	36.30	37.50	43.67	48.00	57.9	71.8	78.4	54.7	33.11	51.3	9.96	391	31.80	0.61	48.00	47.40	对数正态分布	51.3	59.3	39.00
Co	126	8.56	10.50	12.50	14.50	16.70	19.20	20.75	14.67	3.75	14.18	4.73	30.00	6.00	0.26	14.50	16.40	正态分布	14.67	14.75	11.90
Cr	126	30.05	32.95	42.60	57.1	68.5	79.5	91.5	57.4	18.59	54.4	10.58	119	19.70	0.32	57.1	62.0	对数正态分布	57.4	67.2	71.0
Cu	126	11.00	12.55	15.40	19.60	25.27	34.85	45.05	22.49	11.76	20.36	6.08	83.3	8.20	0.52	19.60	21.50	对数正态分布	20.36	20.64	11.20
F	115	323	367	432	503	566	650	693	499	110	487	35.51	786	241	0.22	503	473	剔除后对数正态分布	499	515	431
Ga	126	12.85	14.25	15.93	17.55	20.18	21.80	23.25	17.97	3.11	17.69	5.22	26.70	10.60	0.17	17.55	16.10	正态分布	17.97	17.41	18.92
Ge	126	1.32	1.38	1.45	1.53	1.62	1.68	1.71	1.53	0.13	1.53	1.30	1.89	1.01	0.09	1.53	1.47	正态分布	1.53	1.50	1.50
Hg	126	0.02	0.03	0.03	0.05	0.06	0.09	0.11	0.05	0.03	0.05	6.48	0.25	0.01	0.59	0.05	0.03	对数正态分布	0.05	0.04	0.048
I	126	1.76	2.33	3.13	3.99	5.01	6.34	8.14	4.30	2.11	3.87	2.44	14.10	0.73	0.49	3.99	3.26	对数正态分布	3.87	2.87	3.86
La	126	37.12	39.05	42.10	44.20	47.45	52.1	54.4	45.10	5.75	44.75	8.89	71.1	29.80	0.13	44.20	43.50	正态分布	45.10	41.95	41.00
Li	126	27.23	29.70	32.43	37.75	42.92	48.15	50.4	38.01	7.50	37.29	8.15	62.6	20.70	0.20	37.75	40.00	正态分布	38.01	40.54	37.51
Mn	120	389	442	557	658	759	891	932	662	165	640	41.21	1089	254	0.25	658	660	剔除后正态分布	662	692	713
Mo	126	0.43	0.50	0.67	1.01	1.53	2.50	4.22	1.54	2.06	1.07	2.08	15.20	0.29	1.34	1.01	0.67	对数正态分布	1.07	0.70	0.62
N	126	0.33	0.36	0.43	0.49	0.63	0.76	0.89	0.55	0.21	0.52	1.65	1.81	0.26	0.37	0.49	0.52	对数正态分布	0.52	0.53	0.49
Nb	126	14.65	17.10	18.62	20.15	22.27	24.55	27.67	20.47	3.58	20.14	5.58	31.70	9.10	0.18	20.15	20.70	正态分布	20.47	18.04	19.60
Ni	126	14.00	15.60	19.20	24.00	29.85	36.95	41.45	25.86	11.30	24.09	6.60	97.5	9.85	0.44	24.00	29.10	对数正态分布	24.09	28.06	11.00
P	126	0.21	0.24	0.28	0.35	0.44	0.55	0.59	0.38	0.14	0.35	1.99	0.98	0.18	0.37	0.35	0.30	正态分布	0.38	0.39	0.24
Pb	123	19.31	20.02	22.40	25.10	28.55	31.44	32.68	25.55	4.42	25.18	6.44	38.10	15.90	0.17	25.10	25.50	剔除后正态分布	25.55	25.66	30.00

续表 3-2

元素/指标	N	$X_{5\%}$	$X_{10\%}$	$X_{25\%}$	$X_{50\%}$	$X_{75\%}$	$X_{90\%}$	$X_{95\%}$	$\overline{X}$	S	$\overline{X}_g$	S_g	X_{max}	X_{min}	CV	X_{me}	X_{mo}	分布类型	安吉县基准值	湖州市基准值	浙江省基准值
Rb	126	83.7	92.0	101	123	152	175	182	128	30.96	124	16.01	207	73.4	0.24	123	118	正态分布	128	121	128
S	120	50.00	50.00	101	124	149	179	188	124	41.46	116	15.39	226	50.00	0.34	124	50.00	剔除后正态分布	124	50.00	114
Sb	110	0.45	0.48	0.59	0.72	0.87	1.19	1.34	0.77	0.28	0.73	1.46	1.77	0.29	0.36	0.72	0.85	剔除后对数分布	0.73	0.68	0.53
Sc	126	7.93	8.25	8.90	9.70	10.57	12.05	13.53	9.96	1.66	9.84	3.78	16.10	6.50	0.17	9.70	10.10	正态分布	9.96	10.35	9.70
Se	126	0.10	0.12	0.15	0.21	0.26	0.38	0.53	0.25	0.21	0.21	2.88	1.95	0.04	0.85	0.21	0.23	对数正态分布	0.21	0.18	0.21
Sn	126	2.23	2.40	2.81	3.37	4.02	5.56	6.26	3.78	1.85	3.52	2.24	14.90	1.74	0.49	3.37	3.65	对数正态分布	3.52	3.51	2.60
Sr	126	40.75	44.10	48.85	63.5	79.0	104	110	67.2	22.58	63.8	11.26	133	31.80	0.34	63.5	81.0	正态分布	67.2	84.2	112
Th	126	11.90	12.30	13.50	14.95	16.27	19.15	21.47	15.39	2.97	15.14	4.83	27.40	10.40	0.19	14.95	13.50	对数正态分布	15.14	14.40	14.50
Ti	126	3747	3949	4533	5176	5705	6022	6162	5118	876	5041	136	8339	2343	0.17	5176	5140	正态分布	5118	4743	4602
Tl	126	0.52	0.57	0.64	0.79	0.94	1.04	1.14	0.80	0.21	0.78	1.36	1.83	0.32	0.26	0.79	0.73	正态分布	0.80	0.75	0.82
U	126	2.39	2.56	3.01	3.65	4.61	5.64	6.73	4.01	1.43	3.80	2.27	10.10	1.95	0.36	3.65	4.21	对数正态分布	4.01	3.18	3.14
V	116	54.2	64.8	71.0	80.2	95.0	110	115	83.1	18.14	81.2	12.85	134	44.00	0.22	80.2	67.1	剔除后正态分布	83.1	90.5	110
W	126	1.20	1.35	1.66	1.95	2.31	2.77	3.47	2.09	0.82	1.98	1.66	7.34	1.00	0.39	1.95	1.72	对数正态分布	1.98	1.96	1.93
Y	126	22.70	23.85	25.32	27.35	30.00	33.60	36.90	28.39	5.99	27.89	6.81	66.6	18.00	0.21	27.35	26.00	对数正态分布	27.89	27.06	26.13
Zn	126	46.25	49.85	60.3	71.0	84.2	101	118	79.8	66.6	72.5	12.00	768	33.00	0.83	71.0	79.4	对数正态分布	72.5	70.2	77.4
Zr	126	223	237	262	303	324	354	371	299	51.5	295	26.43	590	198	0.17	303	304	正态分布	299	288	287
SiO_2	126	62.7	65.2	68.2	71.3	73.3	74.6	75.5	70.5	3.96	70.3	11.64	80.4	58.9	0.06	71.3	68.6	正态分布	70.5	69.4	70.5
Al_2O_3	126	11.81	12.07	12.79	13.68	15.34	16.85	18.16	14.19	2.01	14.05	4.57	21.00	9.87	0.14	13.68	12.71	对数正态分布	14.05	14.19	14.82
TFe_2O_3	126	3.79	4.12	4.64	5.13	5.69	6.30	7.12	5.22	0.93	5.14	2.60	8.65	3.19	0.18	5.13	4.70	正态分布	5.22	5.04	4.70
MgO	126	0.57	0.61	0.76	0.84	1.09	1.44	1.66	1.03	0.69	0.93	1.49	5.76	0.42	0.67	0.84	0.81	对数正态分布	0.93	1.02	0.67
CaO	126	0.17	0.19	0.23	0.33	0.45	0.70	0.84	0.41	0.35	0.35	2.21	3.05	0.14	0.86	0.33	0.41	对数正态分布	0.35	0.53	0.22
Na_2O	126	0.23	0.26	0.34	0.45	0.66	0.94	1.13	0.55	0.31	0.48	1.89	1.96	0.18	0.57	0.45	0.33	对数正态分布	0.48	0.33	0.16
K_2O	126	1.67	1.83	2.02	2.49	3.02	3.29	3.45	2.53	0.57	2.46	1.74	3.75	1.41	0.23	2.49	1.95	其他分布	2.53	2.41	2.99
TC	116	0.39	0.42	0.44	0.48	0.51	0.60	0.64	0.49	0.08	0.48	1.58	0.73	0.27	0.16	0.48	0.44	剔除后正态分布	0.44	0.49	0.43
Corg	107	0.35	0.39	0.41	0.45	0.48	0.55	0.59	0.45	0.07	0.45	1.64	0.63	0.28	0.15	0.45	0.30	正态分布	0.45	0.44	0.42
pH	126	5.08	5.15	5.27	5.55	6.28	6.83	7.08	5.48	5.49	5.80	2.78	7.54	4.71	1.00	5.55	5.84	对数正态分布	5.80	5.21	5.12

第三章 土壤地球化学基准值

表 3-3 德清县土壤地球化学基准值参数统计表

元素/指标	N	$X_{5\%}$	$X_{10\%}$	$X_{25\%}$	$X_{50\%}$	$X_{75\%}$	$X_{90\%}$	$X_{95\%}$	$\overline{X}$	S	$\overline{X}_g$	S_g	X_{max}	X_{min}	CV	X_{me}	X_{mo}	分布类型	德清县基准值	湖州市基准值	浙江省基准值
Ag	61	32.00	36.00	51.0	67.0	82.0	110	130	72.5	30.81	66.6	11.87	180	27.00	0.43	67.0	32.00	正态分布	72.5	68.7	70.0
As	61	3.59	3.97	5.42	6.69	10.79	14.40	17.60	8.49	4.78	7.45	3.43	26.60	2.80	0.56	6.69	6.87	对数正态分布	7.45	8.56	6.83
Au	61	0.73	0.84	1.05	1.42	1.84	2.39	2.92	1.63	1.13	1.42	1.69	8.83	0.46	0.70	1.42	1.70	对数正态分布	1.42	1.45	1.10
B	61	21.00	26.30	41.80	60.8	71.0	74.0	76.0	55.0	18.62	50.7	10.52	85.0	7.98	0.34	60.8	67.0	剔除后正态分布	55.0	73.0	73.0
Ba	50	378	414	445	468	515	584	631	483	76.0	478	34.53	715	352	0.16	468	490	对数正态分布	483	472	482
Be	61	1.75	1.93	2.22	2.48	2.84	3.34	4.36	2.73	1.19	2.59	1.84	10.35	1.65	0.44	2.48	2.28	正态分布	2.73	2.36	2.31
Bi	61	0.18	0.20	0.28	0.35	0.43	0.55	0.60	0.38	0.18	0.35	2.06	1.15	0.14	0.47	0.35	0.30	正态分布	0.38	0.35	0.24
Br	61	1.50	1.70	2.00	2.50	3.42	4.00	5.67	2.91	1.26	2.69	1.94	7.34	1.49	0.43	2.50	2.40	正态分布	2.91	1.50	1.50
Cd	61	0.03	0.04	0.07	0.10	0.12	0.14	0.15	0.09	0.04	0.08	4.16	0.22	0.03	0.41	0.10	0.11	对数正态分布	0.09	0.09	0.11
Ce	61	61.0	63.0	71.0	78.4	86.0	96.1	106	79.8	13.76	78.7	12.09	126	53.0	0.17	78.4	78.7	正态分布	79.8	80.3	84.1
Cl	61	36.50	39.60	46.50	52.5	79.0	102	109	65.3	29.56	60.2	11.52	188	31.50	0.45	52.5	86.0	对数正态分布	65.3	59.3	39.00
Co	61	7.47	9.04	11.90	14.80	17.50	18.20	19.20	14.37	3.82	13.77	4.72	21.40	5.40	0.27	14.80	14.10	正态分布	14.37	14.75	11.90
Cr	61	23.10	26.00	47.20	62.5	88.0	100.0	111	65.1	28.72	58.2	11.59	134	17.50	0.44	62.5	47.20	正态分布	65.1	67.2	71.0
Cu	61	9.92	10.70	14.74	20.43	25.45	30.80	33.18	20.83	7.71	19.32	5.83	40.44	6.19	0.37	20.43	20.43	正态分布	20.83	20.64	11.20
F	61	403	447	506	581	663	739	767	593	125	580	38.82	1034	366	0.21	581	608	正态分布	593	515	431
Ga	61	14.40	16.10	16.90	19.20	20.70	22.20	23.90	18.99	3.12	18.71	5.39	28.60	9.70	0.16	19.20	20.60	正态分布	18.99	17.41	18.92
Ge	61	1.26	1.30	1.48	1.56	1.64	1.75	1.81	1.55	0.16	1.54	1.30	1.93	1.20	0.10	1.56	1.56	正态分布	1.55	1.50	1.50
Hg	61	0.03	0.03	0.04	0.04	0.06	0.08	0.12	0.06	0.05	0.05	6.20	0.32	0.02	0.83	0.04	0.04	对数正态分布	0.05	0.04	0.048
I	61	1.04	1.32	1.72	2.62	4.38	6.62	6.79	3.25	1.98	2.72	2.17	8.32	0.86	0.61	2.62	2.24	对数正态分布	3.25	2.87	3.86
La	61	32.50	34.70	39.00	42.40	47.50	50.6	54.2	43.10	7.86	42.46	8.49	78.5	28.70	0.18	42.40	42.80	正态分布	43.10	41.95	41.00
Li	61	26.00	28.30	32.40	40.80	49.60	55.2	63.0	42.45	14.18	40.49	8.73	110	20.00	0.33	40.80	45.50	正态分布	42.45	40.54	37.51
Mn	61	408	484	614	748	885	976	1019	755	263	711	45.12	1875	194	0.35	748	748	正态分布	755	692	713
Mo	61	0.34	0.35	0.39	0.71	0.97	1.47	1.71	0.81	0.55	0.68	1.90	3.54	0.31	0.67	0.71	0.34	对数正态分布	0.68	0.70	0.62
N	61	0.34	0.37	0.44	0.51	0.67	0.78	0.87	0.57	0.21	0.54	1.61	1.34	0.27	0.37	0.51	0.44	正态分布	0.57	0.53	0.49
Nb	61	15.30	16.30	17.60	20.10	23.70	28.80	36.70	22.03	8.14	20.99	5.77	65.8	8.90	0.37	20.10	21.00	对数正态分布	20.99	18.04	19.60
Ni	61	11.60	12.30	20.00	26.60	36.40	41.30	45.30	28.04	11.18	25.49	7.19	50.3	7.91	0.40	26.60	26.60	正态分布	28.04	28.06	11.00
P	61	0.21	0.27	0.34	0.49	0.57	0.64	0.65	0.47	0.15	0.44	1.77	0.86	0.16	0.32	0.49	0.46	正态分布	0.47	0.39	0.24
Pb	61	18.20	20.90	22.80	26.50	29.70	31.20	33.70	26.24	4.94	25.74	6.44	37.00	12.80	0.19	26.50	30.70	正态分布	26.24	25.66	30.00

35

续表 3-3

元素/指标	N	$X_{5\%}$	$X_{10\%}$	$X_{25\%}$	$X_{50\%}$	$X_{75\%}$	$X_{90\%}$	$X_{95\%}$	$\overline{X}$	S	$\overline{X}_g$	S_g	X_{max}	X_{min}	CV	X_{me}	X_{mo}	分布类型	德清县基准值	湖州市基准值	浙江省基准值
Rb	61	92.9	101	118	134	150	173	218	141	40.94	136	16.80	314	77.5	0.29	134	144	正态分布	141	121	128
S	61	80.0	99.0	116	154	351	571	935	309	387	209	26.22	2653	56.0	1.25	154	142	对数正态分布	209	50.00	114
Sb	61	0.30	0.36	0.47	0.55	0.78	0.97	1.04	0.64	0.27	0.59	1.69	1.83	0.25	0.43	0.55	0.47	正态分布	0.64	0.68	0.53
Sc	61	7.50	8.20	9.10	10.80	12.90	14.50	15.00	11.05	2.50	10.77	4.09	17.10	5.80	0.23	10.80	8.20	正态分布	11.05	10.35	9.70
Se	61	0.08	0.10	0.13	0.17	0.22	0.28	0.32	0.18	0.08	0.17	3.18	0.42	0.06	0.42	0.17	0.14	对数正态分布	0.18	0.18	0.21
Sn	61	2.45	2.74	3.09	3.40	4.05	5.58	6.81	5.37	12.64	3.80	2.50	102	2.30	2.35	3.40	3.50	正态分布	3.80	3.51	2.60
Sr	61	46.90	52.5	70.2	88.5	119	130	136	92.1	30.91	86.6	13.85	155	31.70	0.34	88.5	112	正态分布	92.1	84.2	112
Th	54	10.30	11.35	12.43	13.80	14.90	15.90	16.23	13.74	2.10	13.58	4.54	20.10	8.50	0.15	13.80	13.80	剔除后正态分布	13.74	14.40	14.50
Ti	61	3418	3960	4483	4739	5097	5611	6005	4742	727	4683	128	6451	2595	0.15	4739	4739	正态分布	4742	4743	4602
Tl	61	0.58	0.60	0.66	0.80	0.89	1.04	1.29	0.82	0.24	0.79	1.37	1.71	0.38	0.30	0.80	0.81	正态分布	0.82	0.75	0.82
U	61	1.94	2.16	2.41	2.81	3.77	5.11	7.00	3.36	1.59	3.10	2.07	9.00	1.56	0.47	2.81	4.00	对数正态分布	3.10	3.18	3.14
V	61	51.5	56.0	74.3	88.0	100.0	115	123	86.4	21.61	83.6	13.19	136	39.30	0.25	88.0	76.0	正态分布	86.4	90.5	110
W	61	1.50	1.57	1.85	2.12	2.58	3.65	4.37	2.40	1.11	2.22	1.76	7.12	1.01	0.46	2.12	1.85	对数正态分布	2.22	1.96	1.93
Y	61	23.00	25.00	26.40	28.10	31.20	37.20	39.30	29.47	5.77	28.98	6.89	55.6	19.00	0.20	28.10	28.00	正态分布	29.47	27.06	26.13
Zn	61	52.2	55.3	63.3	76.2	86.6	95.0	108	76.6	16.85	74.8	12.28	128	49.00	0.22	76.2	78.0	正态分布	76.6	70.2	77.4
Zr	61	201	215	232	277	341	373	392	287	69.1	279	25.11	500	182	0.24	277	292	正态分布	287	288	287
SiO_2	61	60.2	62.3	65.1	68.2	70.5	71.9	73.0	67.6	4.05	67.5	11.21	75.6	56.6	0.06	68.2	65.8	正态分布	67.6	69.4	70.5
Al_2O_3	61	11.92	12.36	13.71	14.69	15.70	17.13	17.48	14.83	2.02	14.70	4.70	23.10	10.53	0.14	14.69	14.32	正态分布	14.83	14.19	14.82
TFe_2O_3	61	3.25	3.85	4.43	5.26	5.76	6.43	6.63	5.19	1.07	5.08	2.59	8.63	2.91	0.21	5.26	5.10	正态分布	5.19	5.04	4.70
MgO	61	0.58	0.63	0.74	1.13	1.75	2.07	2.17	1.27	0.57	1.14	1.65	2.26	0.48	0.45	1.13	0.74	正态分布	1.27	1.02	0.67
CaO	61	0.21	0.24	0.29	0.62	1.34	2.32	2.46	0.94	0.79	0.65	2.43	2.66	0.18	0.84	0.62	0.25	对数正态分布	0.65	0.53	0.22
Na_2O	61	0.38	0.40	0.59	0.96	1.45	1.65	1.77	1.02	0.49	0.89	1.71	2.00	0.32	0.48	0.96	0.70	正态分布	1.02	0.33	0.16
K_2O	61	1.98	2.16	2.47	2.63	3.07	3.57	3.76	2.74	0.52	2.69	1.81	3.98	1.75	0.19	2.63	2.66	正态分布	2.74	2.41	2.99
TC	61	0.41	0.42	0.45	0.57	0.97	1.18	1.27	0.72	0.32	0.66	1.59	1.46	0.34	0.44	0.57	0.50	对数正态分布	0.66	0.49	0.43
Corg	61	0.25	0.31	0.40	0.46	0.57	0.74	0.95	0.52	0.22	0.48	1.76	1.29	0.21	0.43	0.46	0.53	对数正态分布	0.48	0.44	0.42
pH	61	5.10	5.25	5.42	6.51	8.01	8.29	8.37	5.68	5.53	6.62	3.07	8.53	4.82	0.97	6.51	5.10	正态分布	5.68	5.21	5.12

第三章 土壤地球化学基准值

表 3-4 南浔区土壤地球化学基准值参数统计表

元素/指标	N	$X_{5\%}$	$X_{10\%}$	$X_{25\%}$	$X_{50\%}$	$X_{75\%}$	$X_{90\%}$	$X_{95\%}$	$\overline{X}$	S	$\overline{X}_g$	S_g	X_{max}	X_{min}	CV	X_{me}	X_{mo}	分布类型	正态类型	南浔区基准值	湖州市基准值	浙江省基准值
Ag	40	59.0	61.0	66.2	75.5	85.0	91.2	94.9	76.8	14.42	75.5	11.89	122	49.00	0.19	75.5	79.0	正态分布	正态分布	76.8	68.7	70.0
As	40	3.85	4.83	5.57	7.73	9.35	11.36	14.55	8.02	3.26	7.39	3.41	17.33	1.85	0.41	7.73	7.61	正态分布	正态分布	8.02	8.56	6.83
Au	40	1.04	1.16	1.30	1.56	1.83	2.19	2.41	1.61	0.43	1.56	1.43	2.82	0.90	0.27	1.56	1.25	正态分布	正态分布	1.61	1.45	1.10
B	40	65.8	68.9	70.8	75.0	80.0	81.1	83.0	74.5	6.10	74.2	11.73	86.0	57.0	0.08	75.0	75.0	正态分布	正态分布	74.5	73.0	73.0
Ba	40	423	438	445	460	473	487	496	461	22.98	460	33.73	523	418	0.05	460	443	正态分布	正态分布	461	472	482
Be	40	1.90	1.95	2.08	2.33	2.59	2.70	2.75	2.34	0.31	2.32	1.64	3.13	1.75	0.13	2.33	2.64	正态分布	正态分布	2.34	2.36	2.31
Bi	40	0.24	0.26	0.28	0.33	0.42	0.45	0.48	0.35	0.08	0.34	1.93	0.51	0.22	0.23	0.33	0.33	正态分布	正态分布	0.35	0.35	0.24
Br	40	1.50	1.50	1.50	2.40	3.02	3.61	3.82	2.47	0.97	2.31	1.78	6.10	1.50	0.39	2.40	1.50	正态分布	正态分布	2.47	1.50	1.50
Cd	40	0.07	0.08	0.10	0.11	0.12	0.13	0.13	0.11	0.02	0.10	3.78	0.15	0.05	0.20	0.11	0.11	正态分布	正态分布	0.11	0.09	0.11
Ce	40	56.9	58.9	62.8	67.5	72.2	74.2	80.2	67.9	8.10	67.5	11.34	95.0	54.0	0.12	67.5	66.0	正态分布	正态分布	67.9	80.3	84.1
Cl	40	49.00	59.0	66.8	88.5	102	161	180	94.2	39.65	87.4	13.27	212	39.00	0.42	88.5	94.0	正态分布	正态分布	94.2	59.3	39.00
Co	40	10.76	11.53	13.43	14.40	17.40	19.14	19.80	15.13	2.92	14.85	4.77	20.30	9.30	0.19	14.40	14.40	正态分布	正态分布	15.13	14.75	11.90
Cr	40	58.0	60.9	69.8	83.5	97.0	105	108	83.2	17.05	81.4	12.47	125	51.0	0.21	83.5	85.0	正态分布	正态分布	83.2	67.2	71.0
Cu	40	13.40	17.71	21.88	27.10	31.94	34.76	35.45	26.45	7.24	25.35	6.57	43.43	10.48	0.27	27.10	26.35	正态分布	正态分布	26.45	20.64	11.20
F	40	401	447	499	598	669	729	794	590	124	578	38.72	905	367	0.21	598	618	正态分布	正态分布	590	515	431
Ga	40	14.23	14.49	15.55	16.80	19.73	21.02	21.32	17.41	2.52	17.24	5.16	22.30	12.90	0.14	16.80	16.00	正态分布	正态分布	17.41	17.41	18.92
Ge	40	1.23	1.28	1.34	1.46	1.56	1.61	1.68	1.45	0.14	1.45	1.26	1.73	1.18	0.10	1.46	1.56	正态分布	正态分布	1.45	1.50	1.50
Hg	40	0.03	0.04	0.04	0.05	0.06	0.08	0.12	0.06	0.04	0.05	5.84	0.27	0.03	0.69	0.05	0.05	对数正态分布	对数正态分布	0.06	0.04	0.048
I	40	0.80	1.00	1.37	1.80	2.70	3.00	3.16	2.02	0.90	1.79	1.85	4.91	0.22	0.45	1.80	1.96	正态分布	正态分布	2.02	2.87	3.86
La	40	30.38	32.07	34.53	36.60	38.52	41.34	44.27	37.06	4.96	36.77	8.02	56.7	29.40	0.13	36.60	37.40	正态分布	正态分布	37.06	41.95	41.00
Li	40	31.89	35.89	40.03	44.35	54.0	56.1	57.6	45.52	8.93	44.66	8.86	67.7	28.20	0.20	44.35	43.10	正态分布	正态分布	45.52	40.54	37.51
Mn	40	368	474	606	723	827	1096	1232	749	262	703	43.73	1402	217	0.35	723	668	正态分布	正态分布	749	692	713
Mo	40	0.35	0.35	0.37	0.39	0.46	0.60	0.66	0.44	0.12	0.43	1.72	0.90	0.32	0.27	0.39	0.39	对数正态分布	对数正态分布	0.44	0.70	0.62
N	40	0.44	0.44	0.55	0.60	0.66	0.88	0.99	0.64	0.20	0.62	1.47	1.37	0.39	0.30	0.60	0.55	对数正态分布	对数正态分布	0.64	0.53	0.49
Nb	40	13.47	14.24	14.85	15.85	17.40	18.71	19.64	16.16	1.94	16.05	4.92	20.60	12.70	0.12	15.85	15.20	正态分布	正态分布	16.16	18.04	19.60
Ni	40	25.50	26.87	30.43	35.25	42.08	44.82	45.34	36.00	6.91	35.34	7.77	52.1	22.50	0.19	35.25	34.60	正态分布	正态分布	36.00	28.06	11.00
P	35	0.47	0.48	0.50	0.53	0.58	0.61	0.63	0.54	0.06	0.54	1.46	0.69	0.37	0.11	0.53	0.51	正态分布	正态分布	0.54	0.39	0.24
Pb	40	19.29	19.40	20.88	23.00	26.78	28.81	29.40	23.71	3.58	23.45	6.17	29.80	16.70	0.15	23.00	24.40	剔除后正态分布	剔除后正态分布	23.71	25.66	30.00

续表 3-4

元素/指标	N	$X_{5\%}$	$X_{10\%}$	$X_{25\%}$	$X_{50\%}$	$X_{75\%}$	$X_{90\%}$	$X_{95\%}$	$\overline{X}$	S	$\overline{X}_g$	S_g	X_{max}	X_{min}	CV	X_{mc}	X_{mo}	分布类型	南浔区基准值	湖州市基准值	浙江省基准值
Rb	40	89.3	95.0	103	115	135	144	145	118	19.02	116	15.30	162	82.9	0.16	115	112	正态分布	118	121	128
S	37	115	212	387	578	1029	1326	1679	708	479	550	40.21	1967	73.0	0.68	578	716	剔除后正态分布	708	50.00	114
Sb	40	0.31	0.34	0.40	0.45	0.52	0.63	0.66	0.47	0.13	0.46	1.64	0.94	0.29	0.27	0.45	0.45	正态分布	0.47	0.68	0.53
Sc	40	9.87	10.28	10.97	12.05	13.65	14.80	14.82	12.24	1.75	12.12	4.21	15.30	9.00	0.14	12.05	12.10	正态分布	12.24	10.35	9.70
Se	40	0.10	0.11	0.14	0.16	0.18	0.28	0.33	0.17	0.07	0.16	3.00	0.36	0.07	0.39	0.16	0.15	对数正态分布	0.16	0.18	0.21
Sn	40	3.23	3.38	3.51	4.06	4.66	5.28	5.93	4.22	0.87	4.14	2.29	6.60	3.01	0.21	4.06	4.00	正态分布	4.22	3.51	2.60
Sr	40	96.7	107	117	128	138	141	152	126	16.56	125	15.95	163	89.0	0.13	128	141	正态分布	126	84.2	112
Th	40	11.56	11.87	12.28	13.20	14.50	15.51	16.05	13.40	1.58	13.31	4.48	17.20	10.60	0.12	13.20	13.40	正态分布	13.40	14.40	14.50
Ti	40	4061	4110	4227	4416	4588	4836	5045	4451	321	4440	124	5384	3793	0.07	4416	4460	正态分布	4451	4743	4602
Tl	40	0.51	0.55	0.60	0.65	0.74	0.84	0.87	0.67	0.11	0.66	1.33	0.87	0.49	0.17	0.65	0.61	正态分布	0.67	0.75	0.82
U	40	1.90	1.93	2.06	2.25	2.41	2.74	2.88	2.30	0.35	2.27	1.64	3.43	1.82	0.15	2.25	2.31	正态分布	2.30	3.18	3.14
V	40	76.9	81.6	85.0	97.0	110	115	117	97.8	14.72	96.8	13.79	136	69.0	0.15	97.0	110	正态分布	97.8	90.5	110
W	40	1.42	1.51	1.56	1.69	2.01	2.15	2.25	1.78	0.27	1.76	1.43	2.33	1.39	0.15	1.69	1.68	正态分布	1.78	1.96	1.93
Y	40	22.00	22.00	23.00	25.00	28.00	29.00	29.05	25.32	2.46	25.21	6.41	30.00	22.00	0.10	25.00	25.00	正态分布	25.32	27.06	26.13
Zn	40	56.9	58.0	67.8	78.0	92.5	101	106	79.5	16.38	77.9	12.17	117	53.0	0.21	78.0	78.0	正态分布	79.5	70.2	77.4
Zr	40	199	202	213	243	266	296	315	245	36.77	242	23.47	332	187	0.15	243	207	正态分布	245	288	287
SiO₂	40	60.4	61.1	62.2	65.5	68.5	70.5	71.7	65.6	3.76	65.5	11.05	72.9	58.1	0.06	65.5	65.5	正态分布	65.6	69.4	70.5
Al₂O₃	40	11.63	12.13	13.34	14.16	15.72	16.00	16.18	14.27	1.50	14.19	4.58	17.11	11.42	0.11	14.16	14.41	正态分布	14.27	14.19	14.82
TFe₂O₃	40	3.75	3.85	4.45	4.88	5.72	6.19	6.30	5.01	0.91	4.93	2.53	7.47	3.03	0.18	4.88	4.57	正态分布	5.01	5.04	4.70
MgO	40	1.13	1.20	1.69	1.93	2.09	2.25	2.28	1.84	0.38	1.79	1.49	2.32	1.03	0.20	1.93	1.84	正态分布	1.84	1.02	0.67
CaO	40	0.79	0.94	1.29	1.83	2.12	2.35	2.50	1.74	0.56	1.64	1.59	2.84	0.66	0.32	1.83	1.82	正态分布	1.74	0.53	0.22
Na₂O	40	1.16	1.20	1.31	1.52	1.65	1.76	1.79	1.49	0.20	1.48	1.30	1.84	1.10	0.14	1.52	1.54	正态分布	1.49	0.33	0.16
K₂O	40	2.02	2.10	2.23	2.48	2.80	2.90	2.92	2.48	0.32	2.46	1.69	3.10	1.84	0.13	2.48	2.48	正态分布	2.48	2.41	2.99
TC	40	0.65	0.78	0.93	1.08	1.15	1.30	1.55	1.09	0.31	1.05	1.30	2.03	0.53	0.28	1.08	1.12	正态分布	1.09	0.49	0.43
Corg	40	0.34	0.36	0.41	0.56	0.65	0.93	1.55	0.63	0.34	0.57	1.72	1.89	0.26	0.54	0.56	0.38	对数正态分布	0.57	0.44	0.42
pH	39	6.67	7.25	7.46	8.08	8.21	8.29	8.35	7.40	7.08	7.84	3.26	8.42	6.43	0.96	8.08	8.14	偏峰正态分布	8.14	5.21	5.12

与湖州市土壤基准值相比，南浔区土壤基准值中I、Mo、Sb、U基准值略低于湖州市基准值，是湖州市基准值的60%～80%；Cd、Cr、Cu、Hg、Ni、P、Sn、Corg基准值略高于湖州市基准值，是湖州市基准值的1.2～1.4倍；S、Na_2O、CaO、TC、Br、Cl、Sr、MgO基准值明显高于湖州市基准值，是湖州市基准值的1.4倍以上，S基准值达到湖州市基准值的14倍；其他元素/指标基准值则与湖州市基准值基本接近。

与浙江省土壤基准值相比，南浔区土壤基准值中I基准值明显偏低，仅为浙江省基准值的52%；Mo、Pb、Se、U基准值略低于浙江省基准值，为浙江省基准值的60%～80%；Co、F、Li、N、Sc、Corg基准值略高于浙江省基准值，是浙江省基准值的1.2～1.4倍；Au、Bi、Br、Sn、Cl、Cu、Ni、P、S、MgO、CaO、Na_2O、TC基准值明显高于浙江省基准值，是浙江省基准值的1.4倍以上，其中Na_2O基准值是浙江省基准值的9.31倍；其他元素/指标基准值则与浙江省基准值基本接近。

五、吴兴区土壤地球化学基准值

吴兴区土壤地球化学基准值数据经正态分布检验，结果表明，原始数据中As、B、Be、Bi、Br、Ce、Cl、Co、Cr、Cu、F、Ga、Ge、La、Li、Mn、Mo、N、Nb、Ni、P、Rb、Sc、Se、Sr、Th、Ti、Tl、U、V、W、Y、Zn、Zr、SiO_2、Al_2O_3、TFe_2O_3、MgO、CaO、Na_2O、K_2O、TC、pH符合正态分布，Ag、Au、Hg、I、Pb、S、Sb、Sn、Corg符合对数正态分布，Ba、Cd剔除异常值后符合正态分布（表3-5）。

吴兴区深层土壤总体呈酸性，土壤pH基准值为5.85，极大值为8.52，极小值为5.01，与湖州市基准值及浙江省基准值基本接近。

各元素/指标中，多数元素/指标变异系数在0.40以下，分布较为均匀；Hg、S、pH变异系数大于0.80，空间变异性较大。

与湖州市土壤基准值相比，吴兴区土壤基准值中绝大多数元素/指标基准值与湖州市基准值接近；Hg、Sr基准值略高于湖州市基准值，是湖州市基准值的1.2～1.4倍；Br、S、CaO、Na_2O、TC基准值明显高于湖州市基准值，是湖州市基准值的1.4倍以上。

与浙江省土壤基准值相比，吴兴区土壤基准值中绝大多数元素/指标基准值与浙江省基准值接近；I基准值略低于浙江省基准值，是浙江省基准值的64%；Co、Li、Sb基准值略高于浙江省基准值，是浙江省基准值的1.2～1.4倍；Au、Bi、Br、Cl、P、Sn、MgO、TC、Cu、Ni、Na_2O、S、CaO基准值明显高于浙江省基准值，是浙江省基准值的1.4倍以上，其中Na_2O基准值是浙江省基准值的6.75倍。

六、长兴县土壤地球化学基准值

长兴县土壤地球化学基准值数据经正态分布检验，结果表明，原始数据中As、Au、B、Ba、Be、Bi、Ce、Cl、Co、Cr、Cu、F、Ga、Ge、I、La、Li、Mn、Nb、Ni、P、Pb、Rb、Sc、Se、Sn、Sr、Th、Tl、U、V、W、Y、Zn、Zr、SiO_2、Al_2O_3、TFe_2O_3、MgO、Na_2O、K_2O、pH共42项元素/指标符合正态分布，Ag、Cd、Hg、Mo、N、S、Sb、CaO、TC、Corg符合对数正态分布，Ti剔除异常值后符合正态分布，Br不符合正态分布或对数正态分布（表3-6）。

长兴县深层土壤总体呈酸性，土壤pH基准值为5.82，极大值为8.45，极小值为4.86，与湖州市基准值及浙江省基准值基本接近。

各元素/指标中，多数元素/指标变异系数在0.40以下，分布较为均匀；S、pH、CaO变异系数大于0.80，空间变异性较大。

与湖州市土壤基准值相比，长兴县土壤基准值中大多数元素/指标基准值与湖州市基准值接近；F、Mo、Nb、Rb、CaO、K_2O基准值略低于湖州市基准值，为湖州市基准值的60%～80%；As、Au、Hg基准值略高于湖州市基准值，是湖州市基准值的1.2～1.4倍；S、Na_2O基准值明显高于湖州市基准值，是湖州市基准值的1.4倍以上。

与浙江省土壤基准值相比，长兴县土壤基准值中Cd、Mo、Nb、Rb、Tl、Zn、Ga、Sr、V、K_2O基准值略低于浙江省基准值，是浙江省基准值的60%～80%；Co、Sn、MgO、TC基准值略高于浙江省基准值，是浙江省

湖州市土壤元素背景值

表 3-5 吴兴区土壤地球化学基准值参数统计表

元素/指标	N	$X_{5\%}$	$X_{10\%}$	$X_{25\%}$	$X_{50\%}$	$X_{75\%}$	$X_{90\%}$	$X_{95\%}$	$\bar{X}$	S	$\bar{X}_g$	S_g	X_{max}	X_{min}	CV	X_{me}	X_{mo}	分布类型	吴兴区基准值	湖州市基准值	浙江省基准值
Ag	54	43.60	48.50	58.2	73.5	90.5	115	135	82.2	45.05	75.1	12.18	338	33.00	0.55	73.5	56.0	对数正态分布	75.1	68.7	70.0
As	54	3.67	4.35	5.02	6.88	8.78	9.97	10.38	6.99	2.37	6.59	3.14	13.61	2.80	0.34	6.88	5.42	正态分布	6.99	8.56	6.83
Au	54	0.93	1.01	1.16	1.58	1.99	2.63	3.72	1.78	0.97	1.61	1.68	6.39	0.79	0.54	1.58	1.59	对数正态分布	1.61	1.45	1.10
B	54	26.44	31.33	49.37	68.0	76.1	80.7	87.0	62.7	19.62	58.9	11.45	98.0	21.00	0.31	68.0	79.0	正态分布	62.7	73.0	73.0
Ba	49	408	423	459	517	578	655	729	530	100	522	35.65	816	368	0.19	517	655	剔除后正态分布	530	472	482
Be	54	1.97	2.06	2.37	2.65	3.03	3.23	3.40	2.67	0.46	2.63	1.75	3.70	1.70	0.17	2.65	2.65	正态分布	2.67	2.36	2.31
Bi	54	0.22	0.24	0.32	0.39	0.49	0.58	0.67	0.42	0.19	0.39	1.94	1.40	0.15	0.46	0.39	0.40	正态分布	0.42	0.35	0.24
Br	54	1.38	1.49	1.50	1.96	2.60	3.19	3.50	2.17	0.79	2.05	1.69	5.08	0.91	0.36	1.96	1.50	正态分布	2.17	1.50	1.50
Cd	52	0.06	0.07	0.08	0.10	0.12	0.15	0.15	0.10	0.03	0.10	3.91	0.17	0.04	0.29	0.10	0.10	剔除后正态分布	0.10	0.09	0.11
Ce	54	67.7	69.0	75.0	81.0	88.0	96.4	102	82.4	11.53	81.6	12.42	121	62.0	0.14	81.0	80.0	正态分布	82.4	80.3	84.1
Cl	54	36.97	38.67	44.03	58.0	81.0	93.4	101	62.9	23.60	59.0	11.35	145	33.20	0.38	58.0	59.0	正态分布	62.9	59.3	39.00
Co	54	10.45	11.46	12.45	14.70	16.98	19.57	20.51	14.90	3.18	14.57	4.80	22.20	8.50	0.21	14.70	14.60	正态分布	14.90	14.75	11.90
Cr	54	25.55	28.10	44.62	71.0	88.8	112	119	70.6	30.19	63.5	12.45	142	23.10	0.43	71.0	112	正态分布	70.6	67.2	71.0
Cu	54	11.80	13.53	16.81	21.50	28.76	35.93	42.24	23.48	9.53	21.64	6.37	49.80	5.27	0.41	21.50	24.20	正态分布	23.48	20.64	11.20
F	54	325	373	430	477	573	645	721	502	117	489	35.61	842	267	0.23	477	451	正态分布	502	515	431
Ga	54	14.20	14.68	16.12	18.30	20.48	21.80	23.33	18.42	2.91	18.19	5.28	25.20	11.70	0.16	18.30	18.30	正态分布	18.42	17.41	18.92
Ge	54	1.26	1.30	1.41	1.53	1.65	1.71	1.74	1.52	0.16	1.51	1.28	1.79	1.18	0.10	1.53	1.38	正态分布	1.52	1.50	1.50
Hg	54	0.02	0.03	0.03	0.04	0.06	0.09	0.12	0.06	0.08	0.05	6.35	0.62	0.02	1.33	0.04	0.04	对数正态分布	0.05	0.04	0.048
I	54	0.98	1.21	1.48	2.28	4.38	5.81	7.44	3.08	2.06	2.48	2.22	8.56	0.42	0.67	2.28	1.47	对数正态分布	2.48	2.87	3.86
La	54	33.96	34.93	37.07	40.90	43.07	47.25	49.04	40.89	5.11	40.58	8.31	58.1	29.50	0.12	40.90	40.80	正态分布	40.89	41.95	41.00
Li	54	31.41	34.63	38.83	46.65	50.7	57.9	61.5	45.79	9.51	44.79	8.94	67.6	25.10	0.21	46.65	47.20	正态分布	45.79	40.54	37.51
Mn	54	388	458	580	750	991	1239	1305	828	418	751	45.20	2757	287	0.51	750	808	正态分布	828	692	713
Mo	54	0.35	0.38	0.43	0.55	0.93	1.16	1.33	0.72	0.46	0.63	1.83	3.10	0.26	0.64	0.55	0.44	正态分布	0.72	0.70	0.62
N	54	0.28	0.31	0.39	0.53	0.68	0.83	0.89	0.54	0.21	0.51	1.68	1.16	0.24	0.38	0.53	0.60	正态分布	0.54	0.53	0.49
Nb	54	13.90	14.63	16.77	19.50	22.88	24.10	24.34	19.49	3.65	19.13	5.34	25.70	11.30	0.19	19.50	18.90	正态分布	19.49	18.04	19.60
Ni	54	12.20	14.49	18.70	27.65	33.58	38.42	44.83	27.48	9.99	25.50	7.17	49.40	9.60	0.36	27.65	27.80	正态分布	27.48	28.06	11.00
P	54	0.23	0.24	0.30	0.39	0.54	0.60	0.65	0.42	0.14	0.39	1.85	0.78	0.20	0.35	0.39	0.47	正态分布	0.42	0.39	0.24
Pb	54	20.09	20.80	23.48	27.80	31.62	37.24	45.26	30.03	11.99	28.55	6.88	94.7	15.30	0.40	27.80	27.50	对数正态分布	30.03	25.66	30.00

续表 3-5

元素/指标	N	$X_{5\%}$	$X_{10\%}$	$X_{25\%}$	$X_{50\%}$	$X_{75\%}$	$X_{90\%}$	$X_{95\%}$	$\overline{X}$	S	$\overline{X}_g$	S_g	X_{max}	X_{min}	CV	X_{me}	X_{mo}	分布类型	吴兴区基准值	湖州市基准值	浙江省基准值
Rb	54	94.0	97.1	110	125	141	149	165	125	22.55	123	15.71	173	73.1	0.18	125	139	正态分布	125	121	128
S	54	61.0	68.6	83.5	139	330	634	993	285	354	175	24.63	1784	50.00	1.24	139	205	对数正态分布	175	50.00	114
Sb	54	0.37	0.42	0.55	0.62	0.79	0.87	0.92	0.69	0.34	0.65	1.54	2.81	0.25	0.49	0.62	0.61	对数正态分布	0.65	0.68	0.53
Sc	54	7.75	8.63	9.40	10.75	12.12	15.14	15.64	11.06	2.39	10.82	4.10	16.60	7.30	0.22	10.75	11.90	正态分布	11.06	10.35	9.70
Se	54	0.10	0.11	0.14	0.17	0.23	0.29	0.31	0.19	0.09	0.17	2.97	0.56	0.04	0.46	0.17	0.15	对数正态分布	0.19	0.18	0.21
Sn	54	3.12	3.19	3.46	3.88	4.40	5.89	6.17	4.20	1.20	4.06	2.31	9.57	2.13	0.29	3.88	3.92	正态分布	4.06	3.51	2.60
Sr	54	66.7	70.2	86.8	98.2	115	135	144	102	27.52	98.8	14.36	213	56.0	0.27	98.2	102	正态分布	102	84.2	112
Th	54	11.96	12.56	14.05	15.50	16.58	17.87	18.37	15.39	2.13	15.24	4.79	21.80	11.00	0.14	15.50	16.50	正态分布	15.39	14.40	14.50
Ti	54	4053	4110	4392	4762	5054	5327	5646	4774	532	4745	129	6230	3643	0.11	4762	4108	正态分布	4774	4743	4602
Tl	54	0.45	0.55	0.65	0.80	0.94	1.03	1.06	0.79	0.19	0.76	1.38	1.21	0.36	0.24	0.80	0.75	正态分布	0.79	0.75	0.82
U	54	2.15	2.41	2.77	3.30	4.00	4.70	5.00	3.40	0.86	3.29	2.00	5.00	1.80	0.25	3.30	4.00	正态分布	3.40	3.18	3.14
V	54	67.2	75.6	80.0	95.5	107	117	123	94.9	17.75	93.2	13.95	134	54.0	0.19	95.5	104	正态分布	94.9	90.5	110
W	54	1.47	1.58	1.88	2.17	2.50	2.82	3.19	2.23	0.56	2.16	1.61	3.95	1.29	0.25	2.17	2.09	正态分布	2.23	1.96	1.93
Y	54	23.00	24.00	26.00	29.00	31.75	33.00	33.35	28.83	3.65	28.60	6.82	37.00	21.00	0.13	29.00	33.00	正态分布	28.83	27.06	26.13
Zn	54	49.43	54.3	59.2	73.4	86.2	102	114	77.2	27.79	73.6	11.92	223	41.00	0.36	73.4	73.4	正态分布	77.2	70.2	77.4
Zr	54	197	212	242	289	337	375	412	295	64.6	288	25.45	455	177	0.22	289	356	正态分布	295	288	287
SiO$_2$	54	60.6	62.1	65.7	68.7	70.4	71.5	72.5	67.7	3.89	67.6	11.25	74.5	56.4	0.06	68.7	70.4	正态分布	67.7	69.4	70.5
Al$_2$O$_3$	54	12.06	12.81	13.58	14.98	15.65	16.78	17.39	14.75	1.68	14.66	4.68	19.03	10.33	0.11	14.98	15.58	正态分布	14.75	14.19	14.82
TFe$_2$O$_3$	54	3.86	4.10	4.46	5.08	5.59	6.41	7.03	5.15	1.04	5.06	2.61	8.74	3.16	0.20	5.08	5.16	正态分布	5.15	5.04	4.70
MgO	54	0.57	0.58	0.74	1.10	1.53	1.95	2.10	1.18	0.51	1.07	1.58	2.26	0.48	0.43	1.10	0.57	正态分布	1.18	1.02	0.67
CaO	54	0.31	0.34	0.47	0.75	1.17	1.49	1.87	0.87	0.54	0.74	1.79	2.61	0.30	0.62	0.75	0.77	正态分布	0.87	0.53	0.22
Na$_2$O	54	0.52	0.59	0.76	0.93	1.48	1.74	1.85	1.08	0.44	0.99	1.54	2.03	0.31	0.41	0.93	0.86	正态分布	1.08	0.33	0.16
K$_2$O	54	1.81	1.92	2.20	2.56	2.79	3.11	3.36	2.52	0.48	2.48	1.70	3.73	1.62	0.19	2.56	2.63	正态分布	2.52	2.41	2.99
TC	54	0.33	0.34	0.40	0.60	0.97	1.22	1.35	0.71	0.35	0.63	1.69	1.60	0.32	0.50	0.60	0.47	正态分布	0.71	0.49	0.43
Corg	54	0.26	0.26	0.30	0.40	0.64	0.78	0.83	0.49	0.25	0.44	1.88	1.56	0.13	0.51	0.40	0.39	对数正态分布	0.44	0.44	0.42
pH	54	5.18	5.29	5.75	6.75	7.50	7.78	8.15	5.85	5.62	6.65	3.07	8.52	5.01	0.96	6.75	6.74	正态分布	5.85	5.21	5.12

表 3-6 长兴县土壤地球化学基准值参数统计表

元素/指标	N	$X_{5\%}$	$X_{10\%}$	$X_{25\%}$	$X_{50\%}$	$X_{75\%}$	$X_{90\%}$	$X_{95\%}$	$\overline{X}$	S	$\overline{X}_g$	S_g	X_{max}	X_{min}	CV	X_{me}	X_{mo}	分布类型	长兴县基准值	湖州市基准值	浙江省基准值
Ag	79	46.90	53.0	63.5	71.0	80.5	91.0	104	74.6	23.25	71.8	12.01	175	36.00	0.31	71.0	67.0	对数正态分布	71.8	68.7	70.0
As	79	3.37	4.78	6.63	9.71	13.14	19.98	23.19	10.98	7.08	9.28	4.18	48.89	1.20	0.65	9.71	11.33	正态分布	10.98	8.56	6.83
Au	79	0.95	1.10	1.26	1.78	2.13	2.47	2.93	1.80	0.73	1.68	1.61	5.74	0.76	0.41	1.78	1.24	正态分布	1.80	1.45	1.10
B	79	39.90	42.80	59.0	67.0	74.5	81.4	86.0	65.7	14.53	63.8	10.92	99.0	25.00	0.22	67.0	73.0	正态分布	65.7	73.0	73.0
Ba	79	274	306	370	460	529	577	598	448	103	435	32.50	628	214	0.23	460	452	正态分布	448	472	482
Be	79	1.29	1.47	1.71	2.04	2.56	2.74	2.89	2.11	0.53	2.04	1.59	3.31	1.06	0.25	2.04	2.60	正态分布	2.11	2.36	2.31
Bi	79	0.19	0.21	0.24	0.31	0.42	0.48	0.51	0.34	0.14	0.32	2.16	1.08	0.14	0.41	0.31	0.24	正态分布	0.34	0.35	0.24
Br	73	1.50	1.50	1.50	1.60	2.30	2.90	3.28	1.94	0.61	1.86	1.58	3.70	1.34	0.31	1.60	1.50	其他分布	1.50	1.50	1.50
Cd	79	0.06	0.06	0.07	0.08	0.10	0.13	0.21	0.09	0.05	0.08	4.35	0.29	0.04	0.54	0.08	0.07	对数正态分布	0.08	0.09	0.11
Ce	79	57.8	61.0	68.5	78.0	87.0	98.0	103	78.5	14.98	77.1	12.22	117	43.00	0.19	78.0	80.0	正态分布	78.5	80.3	84.1
Cl	79	43.00	45.80	53.0	61.0	71.0	78.0	82.1	62.0	12.57	60.7	10.71	102	33.00	0.20	61.0	64.0	正态分布	62.0	59.3	39.00
Co	79	7.92	9.26	11.95	14.20	17.80	20.20	20.80	14.87	4.91	14.08	4.72	33.80	5.40	0.33	14.20	12.50	正态分布	14.87	14.75	11.90
Cr	79	34.80	42.60	52.0	72.3	98.0	107	112	73.9	26.98	68.8	11.57	135	27.00	0.36	72.3	53.0	正态分布	73.9	67.2	71.0
Cu	79	9.36	10.96	14.56	18.76	25.91	32.98	39.76	21.59	11.45	19.35	5.76	82.1	6.92	0.53	18.76	25.27	正态分布	21.59	20.64	11.20
F	79	156	202	236	386	514	617	650	388	164	353	28.82	842	126	0.42	386	228	正态分布	388	515	431
Ga	79	7.97	8.78	10.50	14.90	18.25	20.24	21.31	14.59	4.42	13.88	4.55	23.40	5.90	0.30	14.90	9.60	正态分布	14.59	17.41	18.92
Ge	79	1.19	1.21	1.25	1.38	1.51	1.63	1.68	1.40	0.16	1.39	1.24	1.73	1.16	0.11	1.38	1.21	正态分布	1.40	1.50	1.50
Hg	79	0.02	0.02	0.03	0.04	0.06	0.10	0.12	0.05	0.03	0.05	6.15	0.14	0.02	0.58	0.04	0.04	对数正态分布	0.05	0.04	0.048
I	79	0.80	1.08	1.50	3.17	4.36	6.16	7.22	3.30	2.20	2.58	2.56	12.17	0.22	0.67	3.17	3.98	正态分布	3.30	2.87	3.86
La	79	29.37	31.44	34.60	39.00	43.30	47.98	48.82	39.26	6.66	38.67	8.21	54.8	21.80	0.17	39.00	43.30	正态分布	39.26	41.95	41.00
Li	79	22.60	23.90	30.10	35.80	45.85	50.2	51.5	36.99	9.80	35.67	7.78	60.0	19.10	0.26	35.80	46.50	正态分布	36.99	40.54	37.51
Mn	79	272	354	521	747	892	1139	1507	761	363	678	44.34	2214	156	0.48	747	864	正态分布	761	692	713
Mo	79	0.32	0.36	0.41	0.46	0.59	0.77	0.86	0.52	0.18	0.49	1.66	1.32	0.29	0.34	0.46	0.44	对数正态分布	0.49	0.70	0.62
N	79	0.32	0.36	0.41	0.49	0.59	0.69	0.83	0.53	0.22	0.50	1.63	1.88	0.25	0.40	0.49	0.46	对数正态分布	0.53	0.53	0.49
Nb	79	8.48	9.58	11.95	14.60	16.70	17.94	18.73	14.23	3.58	13.73	4.47	26.10	5.00	0.25	14.60	12.50	正态分布	14.23	18.04	19.60
Ni	79	15.57	16.68	19.35	25.50	36.10	42.64	44.22	27.99	9.75	26.30	6.70	47.10	10.90	0.35	25.50	25.50	正态分布	27.99	28.06	11.00
P	79	0.18	0.20	0.25	0.37	0.53	0.63	0.70	0.40	0.17	0.36	2.06	0.81	0.12	0.42	0.37	0.31	正态分布	0.40	0.39	0.24
Pb	79	17.08	18.38	21.40	25.90	29.85	33.00	34.75	26.08	6.37	25.36	6.47	49.80	14.90	0.24	25.90	25.90	正态分布	26.08	25.66	30.00

续表 3-6

元素/指标	N	$X_{5\%}$	$X_{10\%}$	$X_{25\%}$	$X_{50\%}$	$X_{75\%}$	$X_{90\%}$	$X_{95\%}$	$\overline{X}$	S	$\overline{X}_g$	S_g	X_{max}	X_{min}	CV	X_{me}	X_{mo}	分布类型	长兴县基准值	湖州市基准值	浙江省基准值
Rb	79	55.9	60.3	75.9	97.9	115	128	131	95.3	25.67	91.5	13.26	150	40.00	0.27	97.9	56.0	正态分布	95.3	121	128
S	79	50.00	50.00	50.5	91.0	172	320	505	151	159	107	16.87	801	47.00	1.05	91.0	50.00	对数正态分布	107	50.00	114
Sb	79	0.37	0.45	0.65	0.82	1.00	1.12	1.67	0.88	0.45	0.79	1.57	3.38	0.24	0.52	0.82	0.88	对数正态分布	0.79	0.68	0.53
Sc	79	6.08	6.56	7.70	10.10	12.00	13.82	14.51	10.13	2.76	9.74	3.73	16.50	4.80	0.27	10.10	10.50	正态分布	10.13	10.35	9.70
Se	79	0.09	0.09	0.13	0.18	0.27	0.33	0.43	0.21	0.11	0.18	3.05	0.57	0.02	0.55	0.18	0.13	正态分布	0.21	0.18	0.21
Sn	79	2.13	2.46	2.90	3.28	3.71	4.20	4.58	3.32	0.74	3.24	2.01	5.41	1.75	0.22	3.28	3.30	正态分布	3.32	3.51	2.60
Sr	79	27.90	32.40	45.00	72.0	91.0	112	129	71.6	31.09	64.4	10.87	141	16.00	0.43	72.0	89.0	正态分布	71.6	84.2	112
Th	79	9.66	10.36	11.80	14.40	16.00	16.94	17.67	13.92	2.80	13.62	4.47	21.90	6.90	0.20	14.40	14.60	剔除后正态分布	13.92	14.40	14.50
Ti	70	3165	3363	3973	4324	4535	4879	5007	4224	564	4184	119	5260	2753	0.13	4324	4101	正态分布	4224	4743	4602
Tl	79	0.38	0.42	0.48	0.63	0.75	0.83	0.88	0.62	0.16	0.60	1.52	0.96	0.29	0.26	0.63	0.58	正态分布	0.62	0.75	0.82
U	79	1.98	2.18	2.50	2.91	3.28	3.56	3.72	2.91	0.58	2.85	1.86	5.00	1.74	0.20	2.91	2.95	正态分布	2.91	3.18	3.14
V	79	50.7	55.0	65.5	83.0	110	115	123	86.5	24.05	83.0	12.65	129	39.00	0.28	83.0	110	正态分布	86.5	90.5	110
W	79	1.13	1.27	1.48	1.82	2.09	2.30	2.37	1.80	0.47	1.75	1.49	4.13	0.92	0.26	1.82	2.09	正态分布	1.80	1.96	1.93
Y	79	15.90	17.00	19.00	25.00	29.50	32.00	34.00	24.57	6.00	23.81	6.13	39.00	12.00	0.24	25.00	30.00	正态分布	24.57	27.06	26.13
Zn	79	34.00	39.80	43.00	59.0	70.5	78.6	87.3	58.9	16.75	56.4	10.24	105	26.00	0.28	59.0	59.0	正态分布	58.9	70.2	77.4
Zr	79	216	236	252	278	321	353	376	288	47.95	284	26.05	406	205	0.17	278	309	正态分布	288	288	287
SiO_2	79	63.8	64.9	67.5	71.6	76.3	79.2	80.5	72.1	5.41	71.9	11.80	81.0	60.4	0.08	71.6	72.0	正态分布	72.1	69.4	70.5
Al_2O_3	79	10.01	10.36	11.30	13.12	15.38	16.67	16.73	13.28	2.29	13.08	4.38	17.51	8.49	0.17	13.12	13.21	正态分布	13.28	14.19	14.82
TFe_2O_3	79	2.47	3.07	3.51	4.45	5.75	6.31	6.50	4.58	1.37	4.37	2.43	8.09	2.07	0.30	4.45	4.54	正态分布	4.58	5.04	4.70
MgO	79	0.36	0.40	0.54	0.82	1.07	1.56	1.77	0.88	0.43	0.78	1.71	2.03	0.25	0.49	0.82	1.01	对数正态分布	0.88	1.02	0.67
CaO	79	0.11	0.15	0.22	0.43	0.79	1.24	1.93	0.59	0.52	0.41	2.84	2.33	0.06	0.89	0.43	0.22	正态分布	0.41	0.53	0.22
Na_2O	79	0.16	0.21	0.36	0.78	1.04	1.36	1.72	0.78	0.48	0.62	2.29	2.08	0.07	0.61	0.78	0.89	正态分布	0.78	0.33	0.16
K_2O	79	1.37	1.43	1.61	1.82	2.10	2.24	2.56	1.87	0.36	1.83	1.46	2.93	1.21	0.19	1.82	2.10	正态分布	1.87	2.41	2.99
TC	79	0.33	0.37	0.43	0.52	0.63	0.98	1.23	0.61	0.34	0.55	1.69	2.43	0.25	0.55	0.52	0.43	对数正态分布	0.55	0.49	0.43
Corg	79	0.21	0.24	0.29	0.36	0.45	0.70	0.83	0.43	0.30	0.37	2.10	2.29	0.06	0.69	0.36	0.30	对数正态分布	0.37	0.44	0.42
pH	79	5.07	5.14	6.15	6.73	7.17	7.84	7.93	5.82	5.50	6.63	2.95	8.45	4.86	0.95	6.73	6.68	正态分布	5.82	5.21	5.12

基准值的 1.2～1.4 倍；Au、Bi、Cl、Cu、P、Ni、CaO、Na$_2$O、As、Sb 基准值明显高于浙江省基准值，是浙江省基准值的 1.4 倍以上；其他元素/指标基准值则与浙江省基准值基本接近。

第二节 主要土壤母质类型地球化学基准值

一、松散岩类沉积物土壤母质地球化学基准值

松散岩类沉积物地球化学基准值数据经正态分布检验，结果表明，原始数据中 Be、Bi、Ce、Co、Cr、Cu、F、Ga、Ge、La、Li、Mn、Nb、Ni、Pb、Rb、Sc、Se、Sr、Th、Tl、V、W、Y、Zn、Zr、SiO$_2$、Al$_2$O$_3$、TFe$_2$O$_3$、MgO、Na$_2$O、K$_2$O、pH 共 33 项元素/指标符合正态分布，Ag、As、Au、Cd、Cl、Hg、I、Mo、N、Sb、Sn、U、CaO、Corg 共 14 项符合对数正态分布，B、Ti 剔除异常值后符合正态分布，其他元素/指标不符合正态分布或对数正态分布（表 3-7）。

松散岩类沉积物区深层土壤总体呈酸性，土壤 pH 基准值为 6.40，极大值为 8.53，极小值为 5.03，略高于湖州市基准值。

各元素/指标中，多数元素/指标变异系数在 0.40 以下，分布较为均匀；Hg、S、pH 变异系数大于 0.80，空间变异性较大。

与湖州市土壤基准值相比，松散岩类沉积物区土壤基准值中绝大多数元素/指标基准值与湖州市基准值接近；I、Mo 基准值略低于湖州市基准值，是湖州市基准值的 60%～80%；Cl、Hg、P、Sr 基准值略高于湖州市基准值，是湖州市基准值的 1.2～1.4 倍；MgO、CaO、TC、Na$_2$O 基准值明显高于湖州市基准值，是湖州市基准值的 1.4 倍以上，其中 Na$_2$O 基准值是湖州市基准值的 3.76 倍。

二、古土壤风化物土壤母质地球化学基准值

古土壤风化物区采集深层土壤样品 10 件，具体参数统计见表 3-8。

古土壤风化物区深层土壤总体为弱酸性，土壤 pH 基准值为 6.49，极大值为 7.80，极小值为 5.02，略高于湖州市基准值。

各元素/指标中，多数元素/指标变异系数在 0.40 以下，分布较为均匀；pH、CaO 变异系数大于 0.80，空间变异性较大。

与湖州市土壤基准值相比，古土壤风化物区土壤基准值中大多数元素/指标基准值与湖州市基准值接近；CaO 基准值明显低于湖州市基准值，为湖州市基准值的 58%；F、Mo、Sr、MgO、K$_2$O 基准值略低于湖州市基准值，是湖州市基准值的 60%～80%；Bi、Cr、I、Pb、Se 基准值略高于湖州市基准值，是湖州市基准值的 1.2～1.4 倍；As、Au、S、Sb、Na$_2$O 基准值明显高于湖州市基准值，是湖州市基准值的 1.4 倍以上。

三、碎屑岩类风化物土壤母质地球化学基准值

碎屑岩类沉积物地球化学基准值数据经正态分布检验，结果表明，原始数据中 B、Be、Br、Co、Cr、F、Ga、Ge、I、La、P、Rb、Sc、Sn、Th、Ti、Tl、V、Y、Zr、SiO$_2$、Al$_2$O$_3$、TFe$_2$O$_3$、K$_2$O 元素/指标符合正态分布，Ag、As、Au、Bi、Cd、Cl、Cu、Hg、Li、Mo、N、Ni、Pb、S、Sb、Se、Sr、U、W、Zn、MgO、CaO、Na$_2$O、pH 元素/指标符合对数正态分布，Ba、Ce、Mn、TC、Corg 剔除异常值后符合正态分布，Nb 不符合正态分布或对数正态分布（表 3-9）。

碎屑岩类风化物区深层土壤总体为酸性，土壤 pH 基准值为 5.80，极大值为 8.17，极小值为 4.71，与湖州市基准值基本接近。

各元素/指标中，多数元素/指标变异系数在 0.40 以下，分布较为均匀；Ag、Bi、Cd、Mo、Pb、Sb、Se、Zn、

表3-7 松散岩类沉积物土壤母质地球化学基准值参数统计表

元素/指标	N	$X_{5\%}$	$X_{10\%}$	$X_{25\%}$	$X_{50\%}$	$X_{75\%}$	$X_{90\%}$	$X_{95\%}$	$\bar{X}$	S	$\bar{X}_g$	S_g	X_{max}	X_{min}	CV	X_{me}	X_{mo}	分布类型	松散岩类沉积物基准值	湖州市基准值
Ag	159	53.0	57.8	67.0	77.0	87.0	110	136	81.7	26.82	78.3	12.26	210	32.00	0.33	77.0	67.0	对数正态分布	78.3	68.7
As	159	3.35	3.98	5.42	7.38	9.90	13.62	15.11	8.31	4.64	7.37	3.48	43.70	1.20	0.56	7.38	5.42	对数正态分布	7.37	8.56
Au	159	0.94	1.09	1.30	1.59	1.90	2.40	2.94	1.71	0.61	1.61	1.53	4.11	0.66	0.36	1.59	1.52	对数正态分布	1.61	1.45
B	145	56.2	59.4	66.0	72.0	77.0	81.0	83.9	71.2	8.33	70.7	11.69	90.6	49.00	0.12	72.0	73.0	剔除后正态分布	71.2	73.0
Ba	141	412	423	449	472	517	575	595	486	55.4	483	35.35	628	370	0.11	472	472	偏峰分布	472	472
Be	159	1.68	1.83	2.08	2.41	2.67	2.97	3.22	2.41	0.50	2.35	1.69	4.65	1.06	0.21	2.41	2.48	正态分布	2.41	2.36
Bi	159	0.20	0.23	0.28	0.37	0.43	0.49	0.52	0.36	0.12	0.35	2.02	1.06	0.14	0.32	0.37	0.40	正态分布	0.36	0.35
Br	157	1.50	1.50	1.50	1.90	2.60	3.23	3.52	2.14	0.71	2.03	1.64	4.20	1.09	0.33	1.90	1.50	其他分布	1.50	1.50
Cd	159	0.06	0.07	0.08	0.10	0.12	0.15	0.17	0.11	0.04	0.10	4.07	0.36	0.04	0.41	0.10	0.11	对数正态分布	0.10	0.09
Ce	159	57.9	61.8	67.5	73.0	83.8	92.3	99.1	75.8	12.78	74.7	12.02	117	48.00	0.17	73.0	71.0	正态分布	75.8	80.3
Cl	159	44.00	47.80	55.0	70.0	87.5	106	135	75.9	30.29	71.2	12.12	212	39.00	0.40	70.0	71.0	对数正态分布	71.2	59.3
Co	159	8.50	10.78	12.95	14.90	17.60	19.80	20.41	15.07	3.63	14.59	4.80	24.90	5.40	0.24	14.90	14.40	正态分布	15.07	14.75
Cr	159	42.08	50.00	61.5	80.5	97.5	109	117	79.9	23.67	76.0	12.68	142	23.10	0.30	80.5	76.0	正态分布	79.9	67.2
Cu	159	10.48	12.90	18.61	24.20	29.64	34.76	40.47	24.58	9.81	22.69	6.36	82.1	5.27	0.40	24.20	21.50	正态分布	24.58	20.64
F	159	258	348	458	537	622	688	730	532	140	510	36.00	905	140	0.26	537	617	正态分布	532	515
Ga	159	10.60	12.78	15.30	17.20	19.80	21.30	22.21	17.22	3.43	16.83	5.10	25.20	6.70	0.20	17.20	16.30	正态分布	17.22	17.41
Ge	159	1.22	1.25	1.34	1.46	1.58	1.68	1.71	1.46	0.16	1.45	1.26	1.90	1.16	0.11	1.46	1.46	正态分布	1.46	1.50
Hg	159	0.03	0.03	0.04	0.04	0.06	0.09	0.13	0.06	0.06	0.05	6.28	0.62	0.02	0.98	0.04	0.04	对数正态分布	0.05	0.04
I	159	0.81	1.02	1.34	2.02	2.85	4.39	5.35	2.39	1.58	2.00	2.04	12.17	0.22	0.66	2.02	1.69	对数正态分布	2.00	2.87
La	159	29.95	32.18	35.30	38.90	43.05	48.36	50.2	39.48	6.07	39.02	8.22	56.7	24.20	0.15	38.90	37.40	正态分布	39.48	41.95
Li	159	25.64	30.30	36.30	43.60	50.00	55.7	58.7	43.32	10.14	42.06	8.68	70.4	20.90	0.23	43.60	40.50	正态分布	43.32	40.54
Mn	159	346	431	550	748	906	1080	1328	762	306	701	44.67	2214	156	0.40	748	462	正态分布	762	692
Mo	159	0.32	0.34	0.37	0.43	0.56	0.80	1.04	0.51	0.24	0.48	1.82	1.54	0.26	0.47	0.43	0.39	对数正态分布	0.48	0.70
N	159	0.33	0.38	0.44	0.56	0.66	0.83	0.95	0.59	0.20	0.56	1.62	1.37	0.24	0.35	0.56	0.55	对数正态分布	0.56	0.53
Nb	159	11.29	12.86	14.65	16.70	18.85	21.04	22.13	16.85	3.74	16.43	4.94	36.70	6.00	0.22	16.70	17.10	正态分布	16.85	18.04
Ni	159	17.83	20.48	26.50	33.40	39.00	44.22	45.30	32.65	8.90	31.24	7.53	52.1	9.60	0.27	33.40	30.20	正态分布	32.65	28.06
P	158	0.20	0.23	0.34	0.50	0.57	0.64	0.67	0.47	0.16	0.43	1.89	0.86	0.12	0.34	0.50	0.51	其他分布	0.51	0.39
Pb	159	17.08	19.26	21.50	24.90	27.95	29.94	32.32	24.80	4.83	24.33	6.33	41.90	12.80	0.19	24.90	27.60	正态分布	24.80	25.66

续表 3-7

元素/指标	N	$X_{5\%}$	$X_{10\%}$	$X_{25\%}$	$X_{50\%}$	$X_{75\%}$	$X_{90\%}$	$X_{95\%}$	$\overline{X}$	S	$\overline{X}_g$	S_g	X_{max}	X_{min}	CV	X_{me}	X_{mo}	分布类型	松散岩类沉积物基准值	湖州市基准值
Rb	159	75.0	84.3	100.0	117	131	145	150	116	25.23	114	15.12	232	44.70	0.22	117	118	正态分布	116	121
S	149	50.00	50.00	74.0	205	517	754	1006	327	307	204	24.37	1257	50.00	0.94	205	50.00	其他分布	50.00	50.00
Sb	159	0.30	0.36	0.43	0.55	0.78	0.96	1.09	0.63	0.32	0.57	1.70	3.04	0.24	0.50	0.55	0.45	对数正态分布	0.57	0.68
Sc	159	7.49	8.52	10.10	11.40	13.55	14.80	15.21	11.59	2.41	11.32	4.13	16.60	5.10	0.21	11.40	11.00	正态分布	11.59	10.35
Se	159	0.07	0.10	0.12	0.16	0.21	0.27	0.29	0.17	0.07	0.15	3.28	0.36	0.02	0.41	0.16	0.15	正态分布	0.17	0.18
Sn	159	2.55	3.02	3.25	3.63	4.18	4.95	5.92	3.86	1.00	3.75	2.20	9.61	2.00	0.26	3.63	3.24	对数正态分布	3.75	3.51
Sr	159	49.60	65.4	87.5	108	128	139	142	105	28.72	100.0	14.60	163	29.00	0.27	108	102	正态分布	105	84.2
Th	159	10.60	11.58	12.50	14.20	15.70	16.66	17.33	14.20	2.65	13.99	4.60	33.50	8.20	0.19	14.20	14.60	正态分布	14.20	14.40
Ti	150	3893	4046	4244	4516	4778	5045	5392	4530	427	4510	127	5673	3418	0.09	4516	4535	剔除后正态分布	4530	4743
Tl	159	0.42	0.48	0.59	0.68	0.80	0.88	0.96	0.69	0.16	0.67	1.43	1.29	0.29	0.24	0.68	0.65	正态分布	0.69	0.75
U	159	1.90	1.99	2.22	2.59	3.17	3.94	4.29	2.81	0.91	2.70	1.85	8.89	1.56	0.32	2.59	2.41	对数正态分布	2.70	3.18
V	159	63.9	69.9	81.0	97.6	110	115	123	94.8	18.94	92.7	13.79	136	43.00	0.20	97.6	110	正态分布	94.8	90.5
W	159	1.27	1.39	1.62	1.86	2.09	2.35	2.49	1.88	0.48	1.83	1.50	5.52	0.92	0.25	1.86	1.57	正态分布	1.88	1.96
Y	159	20.80	22.00	24.00	27.00	30.00	32.20	34.00	27.00	4.74	26.61	6.61	55.6	14.00	0.18	27.00	25.00	正态分布	27.00	27.06
Zn	159	43.00	50.8	61.6	74.0	84.0	99.2	106	74.1	18.57	71.7	11.72	128	26.00	0.25	74.0	78.0	正态分布	74.1	70.2
Zr	159	199	210	233	260	285	314	336	261	41.58	258	24.56	406	177	0.16	260	264	正态分布	261	288
SiO₂	159	60.5	61.9	64.8	67.9	70.5	73.5	75.6	67.8	4.63	67.6	11.37	80.5	56.4	0.07	67.9	68.2	正态分布	67.8	69.4
Al₂O₃	159	11.28	11.78	12.96	14.31	15.57	16.44	16.70	14.18	1.78	14.06	4.61	17.81	10.02	0.13	14.31	14.41	正态分布	14.18	14.19
TFe₂O₃	159	3.16	3.62	4.18	5.07	5.78	6.29	6.91	5.04	1.16	4.90	2.57	8.74	2.07	0.23	5.07	4.57	正态分布	5.04	5.04
MgO	159	0.56	0.72	1.04	1.39	1.88	2.11	2.19	1.43	0.53	1.32	1.60	2.32	0.25	0.37	1.39	1.11	正态分布	1.43	1.02
CaO	159	0.29	0.39	0.64	1.08	1.83	2.32	2.42	1.21	0.71	0.99	1.99	2.84	0.12	0.59	1.08	1.23	对数正态分布	0.99	0.53
Na₂O	159	0.42	0.59	0.93	1.31	1.61	1.77	1.86	1.24	0.45	1.13	1.65	2.08	0.16	0.36	1.31	1.50	正态分布	1.24	0.33
K₂O	159	1.61	1.74	1.99	2.36	2.63	2.86	2.97	2.33	0.44	2.28	1.64	3.76	1.37	0.19	2.36	2.48	正态分布	2.33	2.41
TC	157	0.37	0.42	0.49	0.81	1.08	1.24	1.38	0.82	0.34	0.74	1.62	1.84	0.25	0.42	0.81	0.98	其他分布	0.98	0.49
Corg	159	0.22	0.26	0.34	0.45	0.61	0.84	1.10	0.52	0.29	0.46	2.03	1.89	0.06	0.56	0.45	0.39	对数正态分布	0.46	0.44
pH	159	5.56	6.17	6.74	7.42	8.04	8.23	8.37	6.40	5.94	7.29	3.18	8.53	5.03	0.93	7.42	7.06	正态分布	6.40	5.21

注：氧化物、TC、Corg 单位为%，N、P 单位为 g/kg，Au、Ag 单位为 μg/g，pH 为无量纲，其他元素/指标单位为 mg/kg；后表单位相同。

表 3-8 古土壤风化物土壤母质地球化学基准值参数统计表

元素/指标	N	$X_{5\%}$	$X_{10\%}$	$X_{25\%}$	$X_{50\%}$	$X_{75\%}$	$X_{90\%}$	$X_{95\%}$	$\bar{X}$	S	$\bar{X}_g$	S_g	X_{max}	X_{min}	CV	X_{me}	X_{mo}	古土壤风化物基准值	湖州市基准值
Ag	10	46.45	46.90	56.5	71.0	88.0	173	174	87.3	47.93	78.0	12.69	175	46.00	0.55	71.0	89.0	71.0	68.7
As	10	7.30	7.36	8.82	13.32	23.96	28.16	38.53	18.23	12.92	15.03	5.19	48.89	7.23	0.71	13.32	13.61	13.32	8.56
Au	10	1.42	1.46	1.66	2.25	2.83	3.63	4.69	2.57	1.29	2.34	1.85	5.74	1.37	0.50	2.25	2.73	2.25	1.45
B	10	56.2	58.5	67.0	73.5	79.5	94.5	96.8	74.5	14.06	73.3	11.09	99.0	54.0	0.19	73.5	74.0	73.5	73.0
Ba	10	325	360	420	464	518	533	534	454	79.7	447	31.32	535	290	0.18	464	449	464	472
Be	10	1.57	1.85	2.03	2.21	2.58	2.65	2.75	2.23	0.45	2.18	1.62	2.85	1.29	0.20	2.21	2.28	2.21	2.36
Bi	10	0.25	0.27	0.37	0.44	0.53	0.72	0.73	0.47	0.17	0.44	1.81	0.74	0.24	0.36	0.44	0.43	0.44	0.35
Br	10	1.50	1.50	1.52	1.60	2.30	3.33	3.91	2.14	0.99	1.99	1.70	4.50	1.50	0.46	1.60	1.60	1.60	1.50
Cd	10	0.06	0.06	0.07	0.08	0.09	0.26	0.27	0.11	0.09	0.09	4.04	0.29	0.06	0.77	0.08	0.09	0.08	0.09
Ce	10	72.0	76.9	83.0	87.0	95.0	109	111	89.6	13.70	88.7	12.35	112	67.0	0.15	87.0	95.0	87.0	80.3
Cl	10	47.50	52.0	56.5	67.0	73.2	75.3	76.6	64.4	11.32	63.4	10.48	78.0	43.00	0.18	67.0	64.0	67.0	59.3
Co	10	10.90	12.70	14.05	15.35	20.02	22.01	27.90	17.49	6.75	16.51	4.89	33.80	9.10	0.39	15.35	16.10	15.35	14.75
Cr	10	51.3	57.6	69.2	82.0	97.5	107	121	83.8	25.48	80.3	11.53	135	45.00	0.30	82.0	85.0	82.0	67.2
Cu	10	14.86	14.86	18.43	24.34	26.20	27.11	27.42	22.39	5.00	21.83	5.72	27.73	14.86	0.22	24.34	14.86	24.34	20.64
F	10	247	300	334	378	407	459	493	373	89.7	362	27.03	528	194	0.24	378	407	378	515
Ga	10	10.84	13.67	14.95	15.85	17.07	18.51	19.45	15.64	3.24	15.26	4.57	20.40	8.00	0.21	15.85	15.70	15.85	17.41
Ge	10	1.18	1.18	1.24	1.39	1.53	1.56	1.57	1.39	0.16	1.38	1.24	1.59	1.18	0.12	1.39	1.53	1.39	1.50
Hg	10	0.02	0.02	0.03	0.04	0.06	0.07	0.08	0.05	0.02	0.04	6.19	0.10	0.02	0.54	0.04	0.04	0.04	0.04
I	10	0.92	1.34	2.25	3.74	6.37	7.35	7.96	4.19	2.66	3.23	2.71	8.56	0.51	0.64	3.74	3.98	3.74	2.87
La	10	34.86	37.02	41.27	43.10	45.70	46.21	46.70	42.36	4.43	42.13	8.20	47.20	32.70	0.10	43.10	42.10	43.10	41.95
Li	10	30.55	31.00	34.80	38.75	40.52	41.63	43.56	37.69	4.76	37.41	7.59	45.50	30.10	0.13	38.75	36.90	38.75	40.54
Mn	10	517	522	558	700	857	1338	1477	818	369	758	42.65	1617	512	0.45	700	835	700	692
Mo	10	0.40	0.42	0.44	0.51	0.88	0.95	0.97	0.64	0.25	0.60	1.63	0.98	0.38	0.39	0.51	0.44	0.51	0.70
N	10	0.35	0.36	0.40	0.43	0.51	0.56	0.60	0.45	0.09	0.45	1.61	0.65	0.34	0.21	0.43	0.46	0.43	0.53
Nb	10	10.30	12.10	14.28	15.85	16.60	18.15	18.38	15.17	2.95	14.86	4.55	18.60	8.50	0.19	15.85	15.40	15.85	18.04
Ni	10	18.89	22.09	23.45	28.50	32.58	35.95	36.62	28.11	6.92	27.27	6.45	37.30	15.70	0.25	28.50	24.90	28.50	28.06
P	10	0.24	0.29	0.31	0.33	0.43	0.60	0.67	0.39	0.16	0.37	1.94	0.74	0.20	0.41	0.33	0.31	0.33	0.39
Pb	10	23.84	23.97	25.82	32.45	40.60	45.29	48.39	34.02	9.52	32.88	7.07	51.5	23.70	0.28	32.45	34.00	32.45	25.66

续表 3-8

元素/指标	N	$X_{5\%}$	$X_{10\%}$	$X_{25\%}$	$X_{50\%}$	$X_{75\%}$	$X_{90\%}$	$X_{95\%}$	$\bar{X}$	S	$\bar{X}_g$	S_g	X_{max}	X_{min}	CV	X_{me}	X_{mo}	古土壤风化物基准值	湖州市基准值
Rb	10	73.1	90.2	95.0	102	106	109	118	99.1	17.92	97.3	13.02	128	56.0	0.18	102	100.0	102	121
S	10	50.00	50.00	56.0	89.5	147	196	197	108	58.3	94.3	13.55	197	50.00	0.54	89.5	50.00	89.5	50.00
Sb	10	0.60	0.70	0.78	0.97	1.31	2.87	3.13	1.33	0.97	1.11	1.78	3.38	0.50	0.73	0.97	1.41	0.97	0.68
Sc	10	7.38	8.87	10.50	10.95	11.50	12.37	13.13	10.71	2.09	10.49	3.71	13.90	5.90	0.20	10.95	10.50	10.95	10.35
Se	10	0.11	0.13	0.17	0.24	0.32	0.45	0.51	0.27	0.15	0.23	2.67	0.56	0.09	0.55	0.24	0.26	0.24	0.18
Sn	10	2.85	3.01	3.17	3.29	3.50	3.92	4.34	3.43	0.56	3.39	1.97	4.76	2.70	0.16	3.29	3.46	3.29	3.51
Sr	10	35.35	36.70	49.00	61.5	82.8	89.7	92.8	64.0	21.95	60.4	10.12	96.0	34.00	0.34	61.5	67.0	61.5	84.2
Th	10	12.95	13.89	14.38	15.40	16.25	17.96	18.23	15.48	1.89	15.37	4.61	18.50	12.00	0.12	15.40	15.60	15.40	14.40
Ti	10	3117	3695	4114	4340	4607	4754	4780	4198	659	4140	107	4806	2540	0.16	4340	4131	4340	4743
Tl	10	0.56	0.58	0.62	0.69	0.72	0.77	0.78	0.68	0.08	0.67	1.30	0.79	0.54	0.12	0.69	0.72	0.69	0.75
U	10	2.63	2.66	3.12	3.38	3.55	3.74	3.78	3.30	0.41	3.27	1.93	3.82	2.60	0.13	3.38	3.29	3.38	3.18
V	10	61.5	70.9	85.8	97.5	106	111	116	93.7	20.14	91.4	12.43	121	52.0	0.21	97.5	92.0	97.5	90.5
W	10	1.48	1.69	1.82	2.13	2.29	2.35	2.38	2.04	0.35	2.00	1.55	2.42	1.27	0.17	2.13	2.02	2.13	1.96
Y	10	19.35	20.70	22.00	26.00	29.50	32.20	33.10	25.90	5.17	25.43	6.18	34.00	18.00	0.20	26.00	26.00	26.00	27.06
Zn	10	40.45	40.90	50.00	62.5	71.5	81.5	83.8	61.9	15.88	60.0	10.20	86.0	40.00	0.26	62.5	60.0	62.5	70.2
Zr	10	259	268	279	304	325	357	360	306	36.84	304	24.97	364	250	0.12	304	305	304	288
SiO$_2$	10	64.9	66.0	69.6	71.5	73.9	74.9	76.6	71.3	4.18	71.2	11.14	78.2	63.9	0.06	71.5	71.3	71.5	69.4
Al$_2$O$_3$	10	11.60	12.44	12.96	13.96	14.80	15.60	16.16	13.90	1.67	13.81	4.31	16.73	10.76	0.12	13.96	13.58	13.96	14.19
TFe$_2$O$_3$	10	3.48	3.89	4.26	4.83	5.78	6.51	7.30	5.08	1.42	4.92	2.45	8.09	3.08	0.28	4.83	5.17	4.83	5.04
MgO	10	0.43	0.50	0.58	0.75	0.95	1.02	1.05	0.75	0.24	0.71	1.46	1.09	0.36	0.32	0.75	0.70	0.75	1.02
CaO	10	0.12	0.15	0.24	0.31	0.53	0.65	0.99	0.43	0.35	0.34	2.68	1.33	0.09	0.82	0.31	0.31	0.31	0.53
Na$_2$O	10	0.22	0.28	0.35	0.56	0.85	0.89	0.91	0.58	0.28	0.51	1.97	0.92	0.15	0.47	0.56	0.60	0.56	0.33
K$_2$O	10	1.60	1.62	1.69	1.90	2.04	2.11	2.17	1.88	0.22	1.87	1.46	2.22	1.58	0.12	1.90	1.90	1.90	2.41
TC	10	0.36	0.39	0.43	0.48	0.50	0.54	0.62	0.48	0.10	0.47	1.58	0.71	0.34	0.20	0.48	0.49	0.48	0.49
Corg	10	0.27	0.27	0.30	0.36	0.39	0.45	0.49	0.36	0.08	0.36	1.86	0.54	0.27	0.23	0.36	0.39	0.36	0.44
pH	10	5.04	5.07	6.17	6.49	6.92	7.24	7.52	5.69	5.43	6.42	2.81	7.80	5.02	0.95	6.49	6.31	6.49	5.21

第三章 土壤地球化学基准值

表3-9 碎屑岩类风化物土壤母质地球化学基准值参数统计表

元素/指标	N	$X_{5\%}$	$X_{10\%}$	$X_{25\%}$	$X_{50\%}$	$X_{75\%}$	$X_{90\%}$	$X_{95\%}$	$\overline{X}$	S	$\overline{X}_g$	S_g	X_{max}	X_{min}	CV	X_{me}	X_{mo}	分布类型	碎屑岩类风化物基准值	湖州市基准值
Ag	94	33.95	42.30	51.3	65.0	95.0	140	174	116	326	73.6	12.87	3180	32.00	2.81	65.0	32.00	对数正态分布	73.6	68.7
As	94	5.09	6.58	8.20	10.51	14.88	21.24	31.42	13.65	10.52	11.50	4.39	76.1	3.37	0.77	10.51	11.80	对数正态分布	11.50	8.56
Au	94	0.70	0.84	1.07	1.37	1.82	2.25	2.74	1.58	0.97	1.42	1.63	8.83	0.59	0.62	1.37	1.05	对数正态分布	1.42	1.45
B	94	34.17	40.09	50.6	61.8	71.8	80.3	89.7	61.5	17.10	59.1	10.58	127	25.00	0.28	61.8	59.0	正态分布	61.5	73.0
Ba	81	322	343	409	458	506	570	606	458	90.3	449	33.12	690	251	0.20	458	427	剔除后正态分布	458	472
Be	94	1.47	1.52	1.78	2.09	2.47	2.90	3.18	2.19	0.62	2.11	1.62	5.22	1.22	0.29	2.09	2.29	正态分布	2.19	2.36
Bi	94	0.20	0.22	0.26	0.30	0.35	0.51	0.64	0.48	1.34	0.33	2.29	13.20	0.19	2.79	0.30	0.26	对数正态分布	0.33	0.35
Br	94	1.50	1.59	2.30	2.98	3.76	4.42	4.97	3.04	1.08	2.85	1.99	5.90	1.50	0.35	2.98	1.50	正态分布	3.04	1.50
Cd	94	0.03	0.04	0.05	0.08	0.12	0.33	0.46	0.15	0.30	0.09	4.96	2.60	0.03	1.92	0.08	0.11	对数正态分布	0.09	0.09
Ce	85	63.2	69.0	76.0	79.6	85.2	92.6	94.7	79.9	8.76	79.4	12.32	103	60.0	0.11	79.6	78.7	剔除后正态分布	79.9	80.3
Cl	94	35.80	37.36	42.73	48.55	60.8	68.9	77.3	55.4	37.33	51.4	10.10	391	33.00	0.67	48.55	57.0	对数正态分布	51.4	59.3
Co	94	9.83	11.26	13.00	15.10	16.98	19.42	20.67	15.17	3.49	14.76	4.71	29.20	6.00	0.23	15.10	12.70	正态分布	15.17	14.75
Cr	94	40.19	44.09	53.0	60.3	70.4	88.1	96.3	63.3	17.36	61.1	10.78	132	30.60	0.27	60.3	53.0	正态分布	63.3	67.2
Cu	94	11.74	13.75	17.73	20.25	25.05	31.61	43.12	22.75	10.74	21.04	5.84	83.3	9.38	0.47	20.25	22.40	对数正态分布	21.04	20.64
F	94	215	232	386	466	556	687	845	481	180	446	32.27	1033	126	0.37	466	228	正态分布	481	515
Ga	94	9.06	9.69	14.22	16.10	18.18	20.17	20.74	15.74	3.61	15.26	4.75	23.40	5.90	0.23	16.10	15.80	正态分布	15.74	17.41
Ge	94	1.21	1.23	1.41	1.51	1.62	1.68	1.74	1.50	0.17	1.49	1.29	1.90	1.01	0.11	1.51	1.58	对数正态分布	1.50	1.50
Hg	94	0.02	0.03	0.03	0.04	0.06	0.10	0.11	0.05	0.04	0.05	6.19	0.32	0.02	0.71	0.04	0.04	对数正态分布	0.05	0.04
I	94	1.72	2.09	3.17	3.85	4.80	6.19	7.10	4.02	1.51	3.74	2.32	8.40	1.10	0.38	3.85	4.17	对数正态分布	4.02	2.87
La	94	32.03	34.02	39.82	42.85	44.83	47.87	49.97	42.27	5.91	41.84	8.48	66.4	21.80	0.14	42.85	43.50	正态分布	42.27	41.95
Li	94	25.92	27.52	32.30	36.50	41.38	48.26	54.7	38.16	11.04	36.96	7.94	110	19.10	0.29	36.50	38.00	对数正态分布	36.96	40.54
Mn	85	391	441	576	660	748	864	902	660	148	643	41.59	972	323	0.22	660	660	剔除后正态分布	660	692
Mo	94	0.40	0.46	0.56	0.73	1.08	1.83	2.43	1.13	1.69	0.83	1.91	15.20	0.31	1.50	0.73	0.67	对数正态分布	0.83	0.70
N	94	0.38	0.40	0.46	0.52	0.62	0.74	0.82	0.57	0.19	0.55	1.55	1.88	0.35	0.34	0.52	0.57	对数正态分布	0.55	0.53
Nb	91	9.75	11.30	15.40	18.80	20.25	22.10	23.75	17.84	3.97	17.32	5.08	25.00	8.30	0.22	18.80	19.50	偏峰分布	17.84	18.04
Ni	94	16.57	18.00	21.30	25.20	29.32	36.68	41.47	26.72	8.61	25.61	6.48	72.3	14.30	0.32	25.20	26.90	对数正态分布	25.61	28.06
P	94	0.24	0.26	0.30	0.37	0.48	0.58	0.66	0.40	0.13	0.38	1.90	0.75	0.16	0.33	0.37	0.33	正态分布	0.40	0.39
Pb	94	18.60	19.43	21.23	23.55	27.20	31.81	34.32	46.93	214	25.53	6.96	2100	15.90	4.56	23.55	31.00	对数正态分布	25.53	25.66

49

续表 3-9

元素/指标	N	$X_{5\%}$	$X_{10\%}$	$X_{25\%}$	$X_{50\%}$	$X_{75\%}$	$X_{90\%}$	$X_{95\%}$	$\bar{X}$	S	$\bar{X}_g$	S_g	X_{max}	X_{min}	CV	X_{me}	X_{mo}	分布类型	碎屑岩类风化物基准值	湖州市基准值
Rb	94	63.3	72.0	89.4	106	130	146	150	108	29.33	104	14.25	207	40.00	0.27	106	106	正态分布	108	121
S	94	55.9	65.2	99.5	123	155	205	317	142	85.9	126	16.80	672	47.00	0.61	123	50.00	对数正态分布	126	50.00
Sb	94	0.50	0.59	0.70	0.85	1.12	1.91	2.48	1.14	1.07	0.96	1.67	9.61	0.41	0.94	0.85	0.85	对数正态分布	0.96	0.68
Sc	94	6.83	7.33	8.80	9.65	10.40	11.50	12.84	9.70	1.90	9.52	3.66	16.50	4.80	0.20	9.65	10.10	正态分布	9.70	10.35
Se	94	0.13	0.14	0.16	0.23	0.28	0.40	0.56	0.27	0.22	0.23	2.63	1.95	0.08	0.81	0.23	0.23	对数正态分布	0.23	0.18
Sn	94	2.16	2.28	2.74	3.21	3.89	4.82	5.37	3.45	1.21	3.29	2.09	10.10	1.74	0.35	3.21	3.34	正态分布	3.45	3.51
Sr	94	29.30	36.09	44.70	52.0	67.3	89.7	108	58.3	23.74	54.2	10.21	152	16.00	0.41	52.0	46.00	对数正态分布	54.2	84.2
Th	94	10.16	10.59	12.30	13.60	15.00	16.77	17.77	13.84	2.74	13.59	4.53	26.00	6.90	0.20	13.60	15.00	正态分布	13.84	14.40
Ti	94	2688	3418	4438	5194	5707	6022	6151	4956	1092	4809	128	8329	1475	0.22	5194	5140	正态分布	4956	4743
Tl	94	0.42	0.46	0.57	0.67	0.80	0.92	1.03	0.69	0.19	0.67	1.46	1.34	0.30	0.27	0.67	0.57	对数正态分布	0.69	0.75
U	94	2.29	2.37	2.64	3.01	3.54	4.24	5.48	3.32	1.23	3.17	2.03	10.10	1.75	0.37	3.01	3.00	对数正态分布	3.17	3.18
V	94	56.9	59.2	73.7	83.0	96.4	114	127	87.6	24.84	84.6	12.77	192	39.00	0.28	83.0	76.0	正态分布	87.6	90.5
W	94	1.15	1.27	1.43	1.70	2.05	2.56	2.95	1.87	0.79	1.76	1.58	7.34	0.93	0.42	1.70	1.66	对数正态分布	1.76	1.96
Y	94	17.00	18.00	22.92	25.80	28.63	31.55	33.35	25.89	6.95	25.10	6.33	66.6	12.00	0.27	25.80	18.00	正态分布	25.89	27.06
Zn	94	38.30	46.30	55.0	62.4	77.8	93.3	109	75.6	77.1	66.2	11.21	768	28.00	1.02	62.4	58.0	对数正态分布	66.2	70.2
Zr	94	220	239	264	302	323	350	365	298	45.67	295	26.68	420	198	0.15	302	304	正态分布	298	288
SiO₂	94	65.9	68.2	70.5	72.4	74.6	76.7	79.3	72.4	3.96	72.3	11.81	81.0	60.4	0.05	72.4	68.6	正态分布	72.4	69.4
Al₂O₃	94	10.36	11.11	12.22	13.14	13.95	14.82	15.98	13.09	1.60	12.99	4.36	17.05	8.49	0.12	13.14	13.14	正态分布	13.09	14.19
TFe₂O₃	94	3.19	3.62	4.52	5.11	5.76	6.23	6.51	5.05	1.02	4.93	2.50	7.47	2.37	0.20	5.11	5.11	正态分布	5.05	5.04
MgO	94	0.41	0.49	0.69	0.78	1.01	1.36	1.50	0.90	0.60	0.81	1.57	5.76	0.26	0.66	0.78	0.74	对数正态分布	0.81	1.02
CaO	94	0.14	0.16	0.19	0.25	0.39	0.63	0.86	0.36	0.40	0.28	2.62	3.05	0.06	1.09	0.25	0.22	对数正态分布	0.28	0.53
Na₂O	94	0.20	0.22	0.28	0.38	0.54	0.78	0.99	0.46	0.27	0.40	2.09	1.61	0.07	0.58	0.38	0.33	对数正态分布	0.40	0.33
K₂O	94	1.48	1.59	1.84	2.10	2.50	2.88	3.02	2.17	0.48	2.12	1.60	3.20	1.21	0.22	2.10	2.10	正态分布	2.17	2.41
TC	84	0.40	0.42	0.44	0.48	0.52	0.57	0.62	0.49	0.07	0.48	1.56	0.67	0.30	0.14	0.48	0.44	剔除后正态分布	0.49	0.49
Corg	79	0.30	0.35	0.40	0.43	0.47	0.50	0.53	0.43	0.06	0.43	1.68	0.60	0.30	0.14	0.43	0.30	剔除后正态分布	0.43	0.44
pH	94	4.98	5.09	5.24	5.59	6.28	6.82	7.06	5.44	5.42	5.80	2.77	8.17	4.71	1.00	5.59	5.47	对数正态分布	5.80	5.21

CaO、pH变异系数大于0.80,空间变异性较大。

与湖州市土壤基准值相比,碎屑岩类风化物区土壤基准值中绝大多数元素/指标基准值与湖州市基准值接近;CaO基准值明显低于湖州市基准值,为湖州市基准值的53%;仅Sr、MgO基准值略低于湖州市基准值,是湖州市基准值的60%～80%;As、Hg、Se、Na$_2$O基准值略高于湖州市基准值,是湖州市基准值的1.2～1.4倍;Br、I、S、Sb基准值明显高于湖州市基准值,是湖州市基准值的1.4倍以上。

四、碳酸盐岩类风化物土壤母质地球化学基准值

碳酸盐岩类风化物区采集深层土壤样品10件,具体参数统计见表3-10。

碳酸盐岩风化物区深层土壤总体为酸性,土壤pH基准值为6.29,极大值为7.78,极小值为5.31,略高于湖州市基准值。

各元素/指标中,多数元素/指标变异系数在0.40以下,分布较为均匀;Hg、Mo、Sb、pH变异系数大于0.80,空间变异性较大。

与湖州市土壤基准值相比,碳酸盐岩类风化物区土壤基准值中绝大多数元素/指标基准值与湖州市基准值接近;Cl、Sr基准值略低于湖州市基准值,是湖州市基准值的60%～80%;Bi、Co、Cr、N、Ni、Pb、Tl、U、Zn、MgO基准值略高于湖州市基准值,是湖州市基准值的1.2～1.4倍;Ag、As、Au、Ba、Br、Cd、Ce、Cu、Hg、I、Mo、S、Sb、Se、V基准值明显高于湖州市基准值,是湖州市基准值的1.4倍以上,最高的Mo基准值为湖州市基准值的5.0倍。

五、紫色碎屑岩类风化物土壤母质地球化学基准值

紫色碎屑岩类风化物区采集深层土壤样品7件,具体参数统计见表3-11。

紫色碎屑岩类风化物区深层土壤总体为中性,土壤pH基准值为6.70,极大值为7.52,极小值为6.26,略高于湖州市基准值。

各元素/指标中,多数元素/指标变异系数在0.40以下,分布较为均匀;pH变异系数大于0.80,空间变异性较大。

与湖州市土壤基准值相比,紫色碎屑岩类风化物区土壤基准值中绝大多数元素/指标基准值与湖州市基准值接近;Hg、P、MgO基准值明显低于湖州市基准值,不足湖州市基准值的60%;Ag、Cd、Co、F、Ga、I、Mn、Mo、N、Ni、Rb、Se、Zn、TFe$_2$O$_3$、CaO、K$_2$O、Corg基准值略低于湖州市基准值,是湖州市基准值的60%～80%;Zr基准值略高于湖州市基准值,是湖州市基准值的1.23倍;Na$_2$O基准值明显高于湖州市基准值,是湖州市基准值的2.88倍。

六、中酸性火成岩类风化物土壤母质地球化学基准值

中酸性火成岩类风化物地球化学基准值数据经正态分布检验,结果表明,原始数据中B、Ba、Ce、Co、Cr、F、Ga、Ge、Hg、I、La、Li、Mn、Ni、P、Rb、S、Sc、Se、Sr、Th、Ti、U、V、Y、Zr、SiO$_2$、Al$_2$O$_3$、TFe$_2$O$_3$、Na$_2$O、K$_2$O共31项元素/指标符合正态分布,其他元素/指标符合对数正态分布(表3-12)。

中酸性火成岩类风化物区深层土壤总体为弱酸性,土壤pH基准值为5.53,极大值为7.04,极小值为4.87,与湖州市基准值基本接近。

各元素/指标中,多数元素/指标变异系数在0.40以下,分布较为均匀;Ag、Cd、Sn、pH变异系数大于0.80,空间变异性较大。

与湖州市土壤基准值相比,中酸性火成岩类风化物区土壤基准值中绝大多数元素/指标基准值与湖州市基准值接近;B基准值明显偏低,是湖州市基准值的50%;Au、Cr、Cu、Ni、MgO、CaO基准值略低,是湖州市基准值的60%～80%;Hg、Nb、Rb、Th、Tl、W、K$_2$O基准值略高于湖州市基准值,是浙江省基准值的

表 3-10 碳酸盐岩类风化物土壤母质地球化学基准值参数统计表

元素/指标	N	$X_{5\%}$	$X_{10\%}$	$X_{25\%}$	$X_{50\%}$	$X_{75\%}$	$X_{90\%}$	$X_{95\%}$	$\overline{X}$	S	$\overline{X}_g$	S_g	X_{max}	X_{min}	CV	X_{me}	X_{mo}	碳酸盐岩类风化物基准值	湖州市基准值
Ag	10	59.5	59.9	87.5	215	328	396	468	232	161	178	17.59	540	59.0	0.69	215	260	215	68.7
As	10	6.76	6.78	11.14	24.00	31.98	35.43	43.67	23.35	14.85	18.83	5.50	51.9	6.75	0.64	24.00	17.30	24.00	8.56
Au	10	1.38	1.40	1.72	2.06	2.49	2.95	3.42	2.20	0.77	2.09	1.75	3.89	1.35	0.35	2.06	1.72	2.06	1.45
B	10	57.4	71.0	81.7	86.1	97.9	109	126	90.0	25.35	86.6	12.38	144	43.90	0.28	86.1	86.2	86.1	73.0
Ba	10	383	427	610	1302	1666	2620	3234	1439	1085	1107	46.22	3849	339	0.75	1302	1587	1302	472
Be	10	1.76	1.77	2.09	2.44	2.71	2.92	2.98	2.40	0.44	2.36	1.64	3.03	1.76	0.19	2.44	2.44	2.44	2.36
Bi	10	0.31	0.31	0.34	0.43	0.47	0.69	1.17	0.53	0.40	0.46	1.96	1.64	0.30	0.75	0.43	0.43	0.43	0.35
Br	10	1.60	1.60	2.36	3.65	4.22	5.81	6.51	3.70	1.78	3.32	2.19	7.22	1.60	0.48	3.65	1.60	3.65	1.50
Cd	10	0.10	0.11	0.13	0.38	0.61	0.74	0.76	0.39	0.27	0.30	3.18	0.78	0.10	0.69	0.38	0.38	0.38	0.09
Ce	10	87.6	91.2	98.2	115	135	173	201	127	43.93	121	14.06	230	84.0	0.35	115	127	115	80.3
Cl	10	37.46	39.62	43.78	46.15	48.93	58.8	64.4	48.13	9.66	47.34	8.84	70.0	35.30	0.20	46.15	48.70	46.15	59.3
Co	10	14.16	14.52	15.73	18.05	19.72	21.18	25.59	18.59	4.57	18.16	5.07	30.00	13.80	0.25	18.05	18.40	18.05	14.75
Cr	10	48.65	56.3	73.4	82.2	90.1	98.2	111	81.0	22.11	78.1	11.86	123	41.00	0.27	82.2	78.4	82.2	67.2
Cu	10	19.31	20.20	21.52	37.40	41.40	53.0	62.6	36.20	16.85	32.97	6.93	72.2	18.41	0.47	37.40	35.30	37.40	20.64
F	10	306	372	510	602	925	1057	1106	688	301	624	34.52	1156	241	0.44	602	613	602	515
Ga	10	14.74	16.18	16.82	17.75	18.27	20.73	21.76	17.88	2.50	17.72	5.00	22.80	13.30	0.14	17.75	17.90	17.75	17.41
Ge	10	1.37	1.38	1.43	1.51	1.58	1.65	1.72	1.52	0.13	1.52	1.27	1.78	1.36	0.08	1.51	1.52	1.51	1.50
Hg	10	0.03	0.03	0.04	0.06	0.08	0.13	0.19	0.08	0.07	0.06	5.97	0.25	0.02	0.84	0.06	0.05	0.06	0.04
I	10	1.32	1.52	4.22	4.58	6.07	7.44	7.57	4.71	2.17	4.08	2.59	7.70	1.13	0.46	4.58	4.81	4.58	2.87
La	10	42.63	43.26	45.20	47.60	49.45	51.5	53.0	47.66	3.71	47.53	8.67	54.4	42.00	0.08	47.60	47.90	47.60	41.95
Li	10	32.40	34.61	40.68	44.75	48.90	51.2	54.1	44.11	7.77	43.46	8.14	57.1	30.20	0.18	44.75	43.90	44.75	40.54
Mn	10	326	375	639	784	1375	1963	2360	1076	764	867	45.77	2757	276	0.71	784	1136	784	692
Mo	10	0.58	0.66	0.79	3.55	6.58	10.29	11.14	4.51	4.16	2.61	3.36	12.00	0.49	0.92	3.55	4.37	3.55	0.70
N	10	0.41	0.43	0.54	0.65	0.77	0.87	0.90	0.65	0.18	0.63	1.47	0.94	0.39	0.27	0.65	0.65	0.65	0.53
Nb	10	17.21	17.61	18.02	18.55	19.05	20.57	21.33	18.82	1.50	18.77	5.20	22.10	16.80	0.08	18.55	18.80	18.55	18.04
Ni	10	20.39	21.79	33.83	36.60	41.35	61.1	79.3	41.96	22.15	37.95	7.69	97.5	19.00	0.53	36.60	41.80	36.60	28.06
P	10	0.32	0.36	0.39	0.44	0.53	0.58	0.60	0.45	0.11	0.44	1.73	0.62	0.28	0.23	0.44	0.47	0.44	0.39
Pb	10	25.78	26.45	30.20	31.70	33.23	40.97	67.8	37.15	20.44	34.26	7.72	94.7	25.10	0.55	31.70	35.00	31.70	25.66

续表 3-10

元素/指标	N	$X_{5\%}$	$X_{10\%}$	$X_{25\%}$	$X_{50\%}$	$X_{75\%}$	$X_{90\%}$	$X_{95\%}$	$\overline{X}$	S	$\overline{X}_g$	S_g	X_{max}	X_{min}	CV	X_{me}	X_{mo}	碳酸盐岩类风化物基准值	湖州市基准值
Rb	10	82.1	91.0	98.8	113	119	132	136	110	19.27	108	13.93	139	73.1	0.18	113	112	113	121
S	10	80.5	94.0	115	148	160	198	214	144	46.93	136	16.52	229	67.0	0.33	148	145	148	50.00
Sb	10	0.77	0.79	0.95	2.04	3.91	9.22	11.01	3.70	4.04	2.27	2.84	12.80	0.74	1.09	2.04	3.62	2.04	0.68
Sc	10	9.88	10.06	10.35	10.95	12.25	13.07	13.38	11.30	1.34	11.23	3.92	13.70	9.70	0.12	10.95	11.20	10.95	10.35
Se	10	0.14	0.16	0.29	0.39	0.53	0.75	0.86	0.44	0.26	0.38	2.33	0.97	0.13	0.58	0.39	0.42	0.39	0.18
Sn	10	2.81	3.08	3.25	3.68	4.64	6.17	6.28	4.09	1.30	3.93	2.16	6.39	2.54	0.32	3.68	3.87	3.68	3.51
Sr	10	43.45	43.90	46.10	64.9	78.8	84.4	99.7	66.2	23.28	62.9	10.49	115	43.00	0.35	64.9	73.0	64.9	84.2
Th	10	13.95	13.99	14.12	15.25	16.05	16.45	17.12	15.30	1.26	15.25	4.66	17.80	13.90	0.08	15.25	14.00	15.25	14.40
Ti	10	4599	4837	5195	5671	5774	6235	6257	5505	595	5475	125	6279	4361	0.11	5671	5607	5671	4743
Tl	10	0.64	0.71	0.80	0.90	1.06	1.26	1.55	0.98	0.35	0.94	1.37	1.83	0.58	0.35	0.90	0.99	0.90	0.75
U	10	3.24	3.32	3.63	4.15	5.20	7.79	8.94	4.99	2.20	4.66	2.49	10.10	3.16	0.44	4.15	5.40	4.15	3.18
V	10	91.8	103	114	146	153	228	242	150	53.5	142	16.02	255	81.0	0.36	146	149	146	90.5
W	10	1.54	1.69	2.04	2.17	2.75	3.98	4.12	2.50	0.93	2.36	1.78	4.26	1.40	0.37	2.17	2.13	2.17	1.96
Y	10	25.78	25.96	27.15	27.90	33.38	42.91	42.96	31.44	6.62	30.88	6.72	43.00	25.60	0.21	27.90	33.00	27.90	27.06
Zn	10	49.10	57.2	74.6	92.8	119	124	127	92.5	29.79	87.4	12.01	130	41.00	0.32	92.8	85.3	92.8	70.2
Zr	10	209	212	230	262	334	361	381	279	68.0	272	24.70	402	205	0.24	262	262	262	288
SiO$_2$	10	67.3	67.4	68.3	72.3	73.0	75.1	76.6	71.5	3.54	71.5	11.08	78.1	67.2	0.05	72.3	72.3	72.3	69.4
Al$_2$O$_3$	10	11.50	11.73	12.08	12.77	14.83	15.12	15.39	13.28	1.58	13.20	4.31	15.66	11.28	0.12	12.77	12.83	12.77	14.19
TFe$_2$O$_3$	10	4.16	4.98	5.37	5.71	6.28	6.72	7.13	5.74	1.09	5.63	2.64	7.54	3.35	0.19	5.71	5.75	5.71	5.04
MgO	10	0.64	0.79	0.93	1.25	1.66	2.11	2.74	1.43	0.81	1.26	1.66	3.37	0.49	0.57	1.25	1.31	1.25	1.02
CaO	10	0.26	0.26	0.42	0.60	0.69	0.78	0.94	0.58	0.25	0.53	1.84	1.10	0.26	0.44	0.60	0.26	0.60	0.53
Na$_2$O	10	0.22	0.26	0.31	0.34	0.54	0.76	0.89	0.45	0.26	0.40	1.97	1.03	0.18	0.57	0.34	0.43	0.34	0.33
K$_2$O	10	1.47	1.58	1.97	2.17	2.44	2.53	2.56	2.12	0.40	2.08	1.54	2.59	1.37	0.19	2.17	2.16	2.17	2.41
TC	10	0.47	0.49	0.51	0.57	0.71	0.86	0.89	0.63	0.16	0.61	1.41	0.91	0.45	0.25	0.57	0.65	0.57	0.49
Corg	10	0.35	0.36	0.48	0.51	0.61	0.64	0.66	0.52	0.11	0.51	1.57	0.68	0.34	0.22	0.51	0.53	0.51	0.44
pH	10	5.51	5.71	5.90	6.29	6.71	7.26	7.52	5.97	5.83	6.38	2.83	7.78	5.31	0.98	6.29	6.32	6.29	5.21

表3-11 紫色碎屑岩类风化物土壤母质地球化学基准值参数统计表

元素/指标	N	$X_{5\%}$	$X_{10\%}$	$X_{25\%}$	$X_{50\%}$	$X_{75\%}$	$X_{90\%}$	$X_{95\%}$	$\overline{X}$	S	$\overline{X}_g$	S_g	X_{max}	X_{min}	CV	X_{me}	X_{mo}	紫色碎屑岩类风化物基准值	湖州市基准值
Ag	7	42.70	45.40	50.5	52.0	57.0	61.8	65.4	53.7	8.86	53.1	8.85	69.0	40.00	0.17	52.0	52.0	52.0	68.7
As	7	4.25	5.06	6.26	7.38	8.58	11.90	13.49	7.94	3.67	7.28	3.44	15.08	3.44	0.46	7.38	7.38	7.38	8.56
Au	7	0.93	0.94	0.98	1.24	1.29	1.59	1.80	1.24	0.37	1.20	1.29	2.00	0.92	0.30	1.24	1.24	1.24	1.45
B	7	36.80	44.60	60.0	70.0	74.5	79.2	80.1	64.1	17.69	61.3	10.80	81.0	29.00	0.28	70.0	65.0	70.0	73.0
Ba	7	433	443	458	468	514	552	557	485	50.1	483	30.69	562	424	0.10	468	483	468	472
Be	7	1.74	1.74	1.81	2.33	2.54	2.58	2.58	2.19	0.40	2.16	1.52	2.58	1.73	0.18	2.33	2.58	2.33	2.36
Bi	7	0.22	0.22	0.23	0.29	0.37	0.40	0.40	0.30	0.08	0.29	2.11	0.41	0.22	0.26	0.29	0.29	0.29	0.35
Br	7	1.50	1.50	1.50	1.50	1.80	2.10	2.10	1.67	0.29	1.65	1.38	2.10	1.50	0.18	1.50	1.50	1.50	1.50
Cd	7	0.06	0.06	0.06	0.07	0.08	0.08	0.08	0.07	0.01	0.07	4.41	0.08	0.06	0.16	0.07	0.08	0.07	0.09
Ce	7	61.6	68.2	81.0	86.0	86.5	89.0	90.5	81.1	12.35	80.2	11.65	92.0	55.0	0.15	86.0	86.0	86.0	80.3
Cl	7	40.60	44.20	49.00	56.0	61.5	70.6	73.3	55.7	12.78	54.4	9.62	76.0	37.00	0.23	56.0	56.0	56.0	59.3
Co	7	8.54	9.38	10.75	11.60	15.40	17.44	18.82	13.11	4.16	12.56	4.34	20.20	7.70	0.32	11.60	11.60	11.60	14.75
Cr	7	40.30	43.60	48.50	63.0	76.5	79.6	80.8	61.7	17.39	59.5	9.85	82.0	37.00	0.28	63.0	63.0	63.0	67.2
Cu	7	10.38	11.55	13.30	17.40	19.74	24.13	26.88	17.49	6.61	16.47	4.62	29.63	9.20	0.38	17.52	17.52	17.52	20.64
F	7	209	223	261	323	356	421	447	318	92.3	306	23.17	473	195	0.29	323	323	323	515
Ga	7	11.07	11.34	12.25	13.80	15.20	18.12	19.41	14.31	3.34	14.01	4.21	20.70	10.80	0.23	13.80	14.00	13.80	17.41
Ge	7	1.19	1.20	1.29	1.43	1.53	1.62	1.65	1.42	0.18	1.41	1.26	1.68	1.18	0.13	1.43	1.43	1.43	1.50
Hg	7	0.02	0.02	0.02	0.02	0.02	0.03	0.04	0.02	0.01	0.02	9.06	0.05	0.01	0.46	0.02	0.02	0.02	0.04
I	7	0.81	0.89	1.38	2.17	3.62	4.79	5.40	2.70	1.86	2.16	2.35	6.01	0.73	0.69	2.17	2.17	2.17	2.87
La	7	31.99	34.18	38.20	40.50	46.60	51.6	52.2	41.83	7.93	41.17	7.88	52.9	29.80	0.19	40.50	42.50	40.50	41.95
Li	7	30.58	31.06	31.85	33.50	41.75	45.22	46.51	36.94	6.84	36.43	7.27	47.80	30.10	0.19	33.50	40.00	33.50	40.54
Mn	7	385	400	443	525	680	950	1062	616	282	572	36.46	1173	371	0.46	525	557	525	692
Mo	7	0.35	0.38	0.42	0.44	0.52	0.58	0.61	0.47	0.10	0.46	1.56	0.64	0.33	0.21	0.44	0.50	0.44	0.70
N	7	0.29	0.30	0.32	0.34	0.45	0.57	0.60	0.40	0.13	0.39	1.90	0.64	0.28	0.32	0.34	0.38	0.34	0.53
Nb	7	12.71	13.52	14.80	15.70	17.40	17.58	17.64	15.67	2.08	15.54	4.66	17.70	11.90	0.13	15.70	15.70	15.70	18.04
Ni	7	14.69	14.78	15.75	21.40	24.00	28.38	29.94	21.00	6.28	20.24	5.24	31.50	14.60	0.30	21.40	21.40	21.40	28.06
P	7	0.19	0.20	0.20	0.23	0.34	0.37	0.38	0.27	0.09	0.26	2.40	0.39	0.19	0.32	0.23	0.20	0.23	0.39
Pb	7	21.33	21.36	22.25	24.90	29.10	31.36	32.83	26.17	4.85	25.80	6.17	34.30	21.30	0.19	24.90	24.90	24.90	25.66

续表 3-11

元素/指标	N	$X_{5\%}$	$X_{10\%}$	$X_{25\%}$	$X_{50\%}$	$X_{75\%}$	$X_{90\%}$	$X_{95\%}$	$\bar{X}$	S	$\bar{X}_g$	S_g	X_{max}	X_{min}	CV	X_{me}	X_{mo}	紫色碎屑岩类风化物基准值	湖州市基准值
Rb	7	83.3	83.8	85.2	93.5	109	130	139	102	23.87	99.8	12.41	149	82.8	0.23	93.5	101	93.5	121
S	7	50.00	50.00	50.00	50.00	50.00	67.6	80.8	56.3	16.63	54.7	9.12	94.0	50.00	0.30	50.00	50.00	50.00	50.00
Sb	7	0.44	0.50	0.63	0.70	0.82	0.90	0.92	0.70	0.19	0.68	1.39	0.93	0.38	0.26	0.70	0.70	0.70	0.68
Sc	7	6.85	7.00	7.90	9.50	10.60	12.62	13.46	9.64	2.61	9.36	3.44	14.30	6.70	0.27	9.50	9.70	9.50	10.35
Se	7	0.08	0.08	0.10	0.11	0.13	0.16	0.19	0.12	0.05	0.12	3.48	0.22	0.08	0.38	0.11	0.13	0.11	0.18
Sn	7	2.85	2.87	2.92	3.01	3.54	3.80	3.91	3.25	0.46	3.23	1.89	4.02	2.83	0.14	3.01	3.43	3.01	3.51
Sr	7	65.6	66.2	67.5	72.0	83.0	90.6	94.8	76.7	12.34	75.9	10.94	99.0	65.0	0.16	72.0	81.0	72.0	84.2
Th	7	13.26	13.32	14.25	15.20	15.80	16.68	17.04	15.13	1.48	15.07	4.44	17.40	13.20	0.10	15.20	15.10	15.20	14.40
Ti	7	2902	3461	4236	4299	4768	4852	4865	4218	873	4117	106	4878	2343	0.21	4299	4206	4299	4743
Tl	7	0.53	0.53	0.56	0.63	0.71	0.74	0.74	0.63	0.09	0.63	1.38	0.75	0.52	0.14	0.63	0.63	0.63	0.75
U	7	2.89	2.91	2.99	3.35	3.44	3.53	3.58	3.24	0.29	3.23	1.89	3.62	2.86	0.09	3.35	3.35	3.35	3.18
V	7	52.1	60.2	71.0	88.0	92.5	97.6	98.8	79.9	19.40	77.4	11.44	100.0	44.00	0.24	88.0	71.0	88.0	90.5
W	7	1.24	1.40	1.62	1.72	1.95	2.08	2.11	1.73	0.34	1.69	1.43	2.14	1.09	0.20	1.72	1.72	1.72	1.96
Y	7	20.60	21.20	22.50	23.00	28.00	32.40	34.20	25.71	5.56	25.25	5.85	36.00	20.00	0.22	23.00	23.00	23.00	27.06
Zn	7	33.30	33.60	38.00	43.00	50.00	54.6	55.8	44.14	8.99	43.35	7.83	57.0	33.00	0.20	43.00	43.00	43.00	70.2
Zr	7	239	240	290	353	367	382	387	328	62.7	323	26.30	392	239	0.19	353	339	353	288
SiO_2	7	69.6	69.9	71.3	74.4	77.5	79.4	79.9	74.5	4.20	74.4	11.15	80.4	69.3	0.06	74.4	74.4	74.4	69.4
Al_2O_3	7	10.13	10.40	11.51	12.38	13.50	14.20	14.66	12.49	1.78	12.37	3.94	15.13	9.87	0.14	12.38	12.38	12.38	14.19
TFe_2O_3	7	3.23	3.28	3.37	3.68	4.67	4.98	5.07	4.01	0.80	3.94	2.16	5.15	3.19	0.20	3.68	3.68	3.68	5.04
MgO	7	0.46	0.50	0.56	0.58	0.77	0.87	0.87	0.65	0.17	0.63	1.47	0.88	0.42	0.26	0.58	0.68	0.58	1.02
CaO	7	0.28	0.31	0.35	0.42	0.47	0.55	0.58	0.42	0.11	0.41	1.85	0.60	0.25	0.27	0.42	0.42	0.42	0.53
Na_2O	7	0.68	0.71	0.79	0.95	0.97	1.05	1.11	0.90	0.17	0.89	1.22	1.16	0.66	0.19	0.95	0.95	0.95	0.33
K_2O	7	1.54	1.57	1.68	1.76	2.00	2.52	2.89	1.98	0.59	1.92	1.48	3.26	1.50	0.30	1.76	1.97	1.76	2.41
TC	7	0.34	0.34	0.35	0.42	0.54	0.64	0.64	0.45	0.13	0.44	1.81	0.65	0.33	0.30	0.42	0.35	0.42	0.49
Corg	7	0.18	0.20	0.23	0.28	0.36	0.47	0.50	0.31	0.13	0.29	2.35	0.54	0.17	0.42	0.28	0.30	0.28	0.44
pH	7	6.36	6.45	6.61	6.70	6.92	7.26	7.39	6.66	6.78	6.79	2.93	7.52	6.26	1.02	6.70	6.75	6.70	5.21

表 3-12 中酸性火成岩类风化物土壤母质地球化学基准值参数统计表

元素/指标	N	$X_{5\%}$	$X_{10\%}$	$X_{25\%}$	$X_{50\%}$	$X_{75\%}$	$X_{90\%}$	$X_{95\%}$	$\overline{X}$	S	$\overline{X}_g$	S_g	X_{max}	X_{min}	CV	X_{me}	X_{mo}	分布类型	中酸性火成岩类风化物基准值	湖州市基准值
Ag	77	32.00	32.00	40.00	51.0	69.0	125	162	82.7	152	58.8	11.46	1330	27.00	1.84	51.0	32.00	对数正态分布	58.8	68.7
As	77	3.85	4.35	5.06	6.59	9.07	12.88	14.58	7.73	4.01	6.98	3.36	24.80	2.80	0.52	6.59	7.41	对数正态分布	6.98	8.56
Au	77	0.61	0.73	0.85	1.05	1.28	1.83	2.17	1.20	0.76	1.08	1.52	6.39	0.46	0.64	1.05	0.96	对数正态分布	1.08	1.45
B	77	18.70	20.42	26.10	33.40	48.30	58.8	62.2	37.33	15.27	34.20	8.22	83.0	7.98	0.41	33.40	38.40	正态分布	37.33	73.0
Ba	77	360	405	490	627	773	1001	1199	673	277	625	40.67	1790	242	0.41	627	544	正态分布	673	472
Be	77	1.99	2.15	2.38	2.65	3.01	3.47	4.00	2.85	1.04	2.74	1.89	10.35	1.68	0.37	2.65	2.65	对数正态分布	2.74	2.36
Bi	77	0.18	0.20	0.23	0.30	0.44	0.58	0.77	0.39	0.27	0.34	2.16	1.89	0.14	0.68	0.30	0.23	对数正态分布	0.34	0.35
Br	77	1.50	1.83	2.33	3.26	5.00	7.44	10.44	4.27	3.12	3.54	2.46	17.26	0.91	0.73	3.26	3.63	对数正态分布	3.54	1.50
Cd	77	0.03	0.04	0.06	0.08	0.11	0.14	0.17	0.12	0.24	0.08	4.63	2.10	0.02	2.02	0.08	0.11	对数正态分布	0.08	0.09
Ce	77	71.6	77.6	81.4	87.1	96.3	107	118	90.6	13.83	89.6	13.23	137	65.0	0.15	87.1	80.0	正态分布	90.6	80.3
Cl	77	34.32	36.68	43.00	47.40	56.0	72.6	78.9	50.9	14.14	49.19	9.58	98.3	31.50	0.28	47.40	47.40	对数正态分布	49.19	59.3
Co	77	7.31	8.46	10.80	12.30	15.10	16.92	17.78	12.69	3.29	12.24	4.31	20.80	5.40	0.26	12.30	12.50	正态分布	12.69	14.75
Cr	77	22.86	25.54	30.00	37.70	49.80	59.6	68.0	40.52	14.02	38.23	8.50	75.9	17.50	0.35	37.70	38.60	正态分布	40.52	67.2
Cu	77	9.48	10.22	12.20	15.30	17.80	24.68	30.64	16.74	7.52	15.58	5.10	49.80	8.20	0.45	15.30	16.00	正态分布	15.58	20.64
F	77	315	356	432	499	603	725	753	528	154	507	36.66	1034	230	0.29	499	537	正态分布	528	515
Ga	77	15.78	16.78	18.40	20.10	21.60	23.78	24.50	20.11	2.82	19.91	5.59	28.60	12.90	0.14	20.10	20.20	正态分布	20.11	17.41
Ge	77	1.39	1.43	1.50	1.59	1.65	1.71	1.74	1.58	0.12	1.57	1.32	1.93	1.31	0.07	1.59	1.64	正态分布	1.58	1.50
Hg	77	0.02	0.03	0.03	0.05	0.06	0.09	0.10	0.05	0.03	0.05	6.23	0.15	0.02	0.48	0.05	0.05	正态分布	0.05	0.04
I	77	1.85	2.39	3.17	4.40	5.89	7.72	9.61	4.90	2.48	4.36	2.62	14.10	1.00	0.51	4.40	4.40	正态分布	4.90	2.87
La	77	36.94	38.06	41.30	45.10	49.30	54.3	58.1	46.01	7.38	45.49	8.94	78.5	33.70	0.16	45.10	45.80	正态分布	46.01	41.95
Li	77	25.38	27.32	30.00	36.30	43.10	50.2	51.5	37.31	9.33	36.19	8.15	62.9	20.00	0.25	36.30	37.70	正态分布	37.31	40.54
Mn	77	392	455	580	695	842	964	1036	723	250	684	43.17	2071	194	0.35	695	808	正态分布	723	692
Mo	77	0.60	0.68	0.84	1.08	1.54	1.85	2.59	1.26	0.65	1.13	1.56	3.79	0.46	0.52	1.08	1.15	对数正态分布	1.13	0.70
N	77	0.28	0.31	0.38	0.44	0.55	0.74	0.86	0.50	0.24	0.47	1.78	1.81	0.26	0.47	0.44	0.44	对数正态分布	0.47	0.53
Nb	77	18.78	19.66	21.50	23.30	24.80	28.42	30.02	24.27	6.29	23.74	6.28	65.8	17.40	0.26	23.30	24.50	正态分布	23.74	18.04
Ni	77	10.88	11.60	14.00	16.90	22.10	26.40	29.86	18.44	6.19	17.48	5.41	37.20	7.91	0.34	16.90	11.60	正态分布	18.44	28.06
P	77	0.20	0.21	0.25	0.32	0.41	0.47	0.53	0.34	0.13	0.32	2.13	0.86	0.16	0.37	0.32	0.47	正态分布	0.32	0.39
Pb	77	21.06	22.74	26.10	28.10	30.70	34.10	37.24	28.91	6.22	28.39	6.96	64.8	20.00	0.22	28.10	30.70	对数正态分布	28.39	25.66

续表 3-12

元素/指标	N	$X_{5\%}$	$X_{10\%}$	$X_{25\%}$	$X_{50\%}$	$X_{75\%}$	$X_{90\%}$	$X_{95\%}$	$\overline{X}$	S	$\overline{X}_g$	S_g	X_{max}	X_{min}	CV	X_{me}	X_{mo}	分布类型	中酸性火成岩类风化物基准值	湖州市基准值
Rb	77	104	115	131	153	173	184	207	154	34.99	150	18.03	314	81.7	0.23	153	163	正态分布	154	121
S	77	69.6	83.6	106	136	155	184	217	135	46.86	127	16.32	286	50.00	0.35	136	155	正态分布	135	50.00
Sb	77	0.47	0.50	0.55	0.63	0.74	0.90	0.99	0.69	0.25	0.66	1.42	2.33	0.34	0.36	0.63	0.60	对数正态分布	0.66	0.68
Sc	77	7.46	8.00	8.60	9.20	10.30	11.22	12.90	9.49	1.58	9.37	3.63	15.00	5.80	0.17	9.20	9.20	正态分布	9.49	10.35
Se	77	0.10	0.11	0.14	0.19	0.24	0.28	0.34	0.20	0.09	0.19	2.90	0.67	0.08	0.46	0.19	0.21	正态分布	0.20	0.18
Sn	77	2.29	2.39	2.83	3.45	4.72	5.98	7.11	5.38	11.37	3.91	2.64	102	1.93	2.11	3.45	5.58	对数正态分布	3.91	3.51
Sr	77	46.24	51.0	60.4	74.4	87.1	106	112	77.4	25.50	73.9	11.95	213	31.70	0.33	74.4	74.3	正态分布	77.4	84.2
Th	77	12.18	13.02	14.30	15.90	19.00	22.62	26.44	17.30	4.53	16.81	5.23	37.60	10.90	0.26	15.90	15.90	正态分布	17.30	14.40
Ti	77	3511	3674	4181	4729	5181	5890	6045	4750	892	4669	129	8339	2595	0.19	4729	4743	正态分布	4750	4743
Tl	77	0.61	0.71	0.84	0.93	0.99	1.13	1.22	0.93	0.20	0.91	1.24	1.71	0.47	0.21	0.93	0.94	正态分布	0.91	0.75
U	77	2.94	3.04	3.73	4.44	5.00	5.75	6.60	4.47	1.15	4.34	2.44	9.00	2.33	0.26	4.44	4.00	正态分布	4.47	3.18
V	77	48.48	51.8	67.1	75.0	83.2	102	111	76.5	20.78	74.1	12.09	176	39.30	0.27	75.0	67.1	正态分布	76.5	90.5
W	77	1.85	1.90	2.14	2.40	2.79	3.64	4.36	2.67	0.94	2.56	1.85	7.12	1.78	0.35	2.40	2.20	正态分布	2.56	1.96
Y	77	24.92	25.50	26.40	29.00	32.00	36.36	39.34	30.10	4.63	29.78	7.10	47.90	22.90	0.15	29.00	28.00	对数正态分布	30.10	27.06
Zn	77	49.74	56.5	63.3	72.8	79.8	89.6	96.4	73.8	22.51	71.4	11.73	223	31.00	0.30	72.8	70.9	正态分布	71.4	70.2
Zr	77	223	253	292	321	359	402	437	329	65.4	323	27.75	590	207	0.20	321	326	正态分布	329	288
SiO_2	77	61.4	62.6	65.8	68.7	71.0	72.5	73.7	68.2	3.94	68.1	11.39	79.6	57.9	0.06	68.7	69.4	正态分布	68.2	69.4
Al_2O_3	77	12.78	13.19	14.50	15.60	16.96	18.55	19.25	15.81	2.13	15.67	4.86	23.10	10.70	0.13	15.60	15.88	正态分布	15.81	14.19
TFe_2O_3	77	3.54	3.86	4.33	4.97	5.38	6.11	6.96	5.00	1.00	4.90	2.51	8.65	2.91	0.20	4.97	5.38	正态分布	5.00	5.04
MgO	77	0.55	0.57	0.65	0.78	0.95	1.11	1.21	0.88	0.59	0.81	1.46	4.91	0.48	0.67	0.78	0.81	对数正态分布	0.81	1.02
CaO	77	0.20	0.22	0.25	0.32	0.44	0.61	0.72	0.38	0.18	0.34	2.06	1.25	0.17	0.49	0.32	0.30	对数正态分布	0.34	0.53
Na_2O	77	0.36	0.41	0.46	0.62	0.75	0.93	1.05	0.65	0.24	0.61	1.55	1.58	0.32	0.37	0.62	0.45	正态分布	0.65	0.33
K_2O	77	2.10	2.39	2.72	3.08	3.33	3.63	3.74	3.02	0.52	2.97	1.91	3.98	1.53	0.17	3.08	3.22	正态分布	3.02	2.41
TC	77	0.33	0.35	0.42	0.47	0.56	0.67	1.02	0.54	0.28	0.50	1.70	2.28	0.32	0.52	0.47	0.47	对数正态分布	0.50	0.49
Corg	77	0.26	0.29	0.39	0.44	0.50	0.62	0.88	0.49	0.25	0.45	1.82	1.98	0.20	0.52	0.44	0.30	对数正态分布	0.45	0.44
pH	77	5.09	5.11	5.21	5.41	5.72	6.22	6.45	5.38	5.56	5.53	2.69	7.04	4.87	1.03	5.41	5.21	对数正态分布	5.53	5.21

1.2～1.4 倍；Ba、Br、I、Mo、S、U、Na_2O 基准值明显高于湖州市基准值，是湖州市基准值的 1.4 倍以上。

第三节 主要土壤类型地球化学基准值

一、黄壤土壤地球化学基准值

黄壤区采集深层土壤样品 8 件，具体参数统计见表 3-13。

黄壤区深层土壤总体为弱酸性，土壤 pH 基准值为 5.13，极大值为 5.42，极小值为 4.87，与湖州市基准值基本接近。

各元素/指标中，大多数元素/指标变异系数在 0.40 以下，说明分布较为均匀；Bi、Cd、MgO、pH 变异系数大于 0.80，空间变异性较大。

与湖州市土壤基准值相比，黄壤区土壤基准值中绝大多数元素/指标基准值与湖州市基准值接近；B、CaO 基准值明显偏低，不足湖州市基准值的 60%；Ag、As、Au、Bi、Co、Cr、Cu、Ni、V、MgO 基准值略低于湖州市基准值，是湖州市基准值的 60%～80%；Ba、Cd、Ga、Nb、Rb、Se、Tl、W、Al_2O_3、Na_2O 基准值略高于湖州市基准值，是湖州市基准值的 1.2～1.4 倍；Br、I、S、Hg、Mo、U、K_2O 基准值明显高于湖州市基准值，是湖州市基准值的 1.4 倍以上，Br 基准值是湖州市基准值的 4.5 倍。

二、红壤土壤地球化学基准值

红壤土壤地球化学基准值数据经正态分布检验，结果表明，原始数据中 B、Br、Co、Cr、F、Ga、Ge、I、La、Li、Ni、P、Rb、Sc、Sr、Ti、Tl、V、Zr、SiO_2、Al_2O_3、TFe_2O_3、MgO、Na_2O、K_2O 共 25 项元素/指标符合正态分布，Ag、As、Au、Be、Bi、Cd、Cl、Cu、Hg、Mo、N、Nb、Sb、Se、Sn、Th、U、W、CaO、pH 共 20 项元素/指标符合对数正态分布，Ce、Mn、Pb、S、Y、Zn、TC 剔除异常值后符合正态分布，Ba 剔除异常值后符合对数正态分布，Corg 不符合正态分布或对数正态分布（表 3-14）。

红壤区深层土壤总体为弱酸性，土壤 pH 基准值为 5.89，极大值为 8.17，极小值为 4.71，与湖州市基准值基本接近。

各元素/指标中，大多数元素/指标变异系数在 0.40 以下，说明分布较为均匀；Ag、Bi、Cd、Mo、Sb、Se、Sn、pH 变异系数大于 0.80，空间变异性较大。

与湖州市土壤基准值相比，红壤区土壤基准值中绝大多数元素/指标基准值与湖州市基准值接近；B、CaO 基准值略低于湖州市基准值，是湖州市基准值的 60%～80%；I、Mo、Sb 基准值略高于湖州市基准值，是湖州市基准值的 1.2～1.4 倍；Br、S、Na_2O 基准值明显高于湖州市基准值，是湖州市基准值的 1.4 倍以上。

三、粗骨土土壤地球化学基准值

粗骨土区土壤地球化学基准值数据经正态分布检验，结果表明，原始数据中 Ag、As、Ba、Bi、Cd、Ce、Cu、Hg、Sb、Sn、MgO、CaO、TC 共 13 项元素/指标符合对数正态分布，其他元素/指标符合正态分布（表 3-15）。

粗骨土区深层土壤总体为弱酸性，土壤 pH 基准值为 5.41，极大值为 6.73，极小值为 4.86，与湖州市基准值基本接近。

各元素/指标中，大多数元素/指标变异系数在 0.40 以下，说明分布较为均匀；Ag、Ba、Cd、Hg、MgO、CaO、pH 变异系数大于 0.80，空间变异性较大。

第三章 土壤地球化学基准值

表3-13 黄壤土壤地球化学基准值参数统计表

元素/指标	N	$X_{5\%}$	$X_{10\%}$	$X_{25\%}$	$X_{50\%}$	$X_{75\%}$	$X_{90\%}$	$X_{95\%}$	$\bar{X}$	S	$\bar{X}_g$	S_g	X_{max}	X_{min}	CV	X_{me}	X_{mo}	黄壤基准值	湖州市基准值
Ag	7	32.00	32.00	37.50	49.00	87.0	108	114	64.3	34.75	56.8	11.19	120	32.00	0.54	49.00	32.00	49.00	68.7
As	8	3.49	3.90	4.63	6.52	9.32	13.07	17.34	8.18	5.88	6.87	3.68	21.60	3.09	0.72	6.52	9.29	6.52	8.56
Au	8	0.75	0.78	0.81	1.01	1.16	1.76	2.44	1.23	0.79	1.09	1.55	3.13	0.73	0.64	1.01	1.17	1.01	1.45
B	8	15.55	16.60	23.95	31.35	35.68	43.31	44.26	30.24	10.79	28.35	7.35	45.20	14.50	0.36	31.35	30.60	31.35	73.0
Ba	8	444	444	449	632	885	968	968	675	233	640	36.05	969	444	0.35	632	444	632	472
Be	8	2.49	2.50	2.68	2.76	2.84	2.95	2.96	2.75	0.18	2.74	1.78	2.97	2.47	0.06	2.76	2.76	2.76	2.36
Bi	8	0.21	0.22	0.23	0.26	0.43	0.90	1.39	0.49	0.57	0.36	2.35	1.89	0.21	1.16	0.26	0.47	0.26	0.35
Br	8	3.52	3.53	4.92	6.80	10.41	15.43	16.35	8.37	5.08	7.16	3.82	17.26	3.51	0.61	6.80	9.00	6.80	1.50
Cd	8	0.09	0.09	0.10	0.11	0.12	0.28	0.45	0.17	0.18	0.13	3.34	0.61	0.08	1.04	0.11	0.12	0.11	0.09
Ce	8	83.0	83.3	85.0	91.2	102	104	105	93.0	9.36	92.6	12.46	105	82.7	0.10	91.2	95.4	91.2	80.3
Cl	8	36.88	40.66	46.82	55.4	62.4	79.5	80.5	56.6	16.49	54.5	9.37	81.6	33.10	0.29	55.4	57.0	55.4	59.3
Co	8	9.11	9.49	9.91	11.75	13.12	15.42	15.91	11.99	2.63	11.75	4.13	16.40	8.74	0.22	11.75	11.90	11.75	14.75
Cr	8	21.94	24.18	29.77	41.10	47.78	59.5	67.7	41.70	17.63	38.59	8.89	75.9	19.70	0.42	41.10	44.70	41.10	67.2
Cu	8	10.23	10.97	11.75	12.80	15.40	25.15	35.82	17.02	12.09	14.88	5.19	46.50	9.50	0.71	12.80	16.00	12.80	20.64
F	8	344	377	425	466	605	754	880	540	215	510	34.53	1005	311	0.40	466	591	466	515
Ga	8	20.50	20.50	20.72	21.75	22.65	24.39	25.55	22.22	2.07	22.15	5.66	26.70	20.50	0.09	21.75	20.50	21.75	17.41
Ge	8	1.46	1.46	1.51	1.54	1.59	1.64	1.65	1.55	0.07	1.55	1.28	1.65	1.45	0.05	1.54	1.54	1.54	1.50
Hg	8	0.04	0.04	0.05	0.06	0.09	0.11	0.13	0.07	0.04	0.07	4.51	0.15	0.03	0.50	0.06	0.06	0.06	0.04
I	8	2.92	3.07	4.73	6.19	9.69	13.75	13.92	7.46	4.33	6.41	3.65	14.10	2.76	0.58	6.19	8.38	6.19	2.87
La	8	41.80	42.39	43.35	44.00	46.45	50.2	52.3	45.53	4.17	45.37	8.25	54.4	41.20	0.09	44.00	45.80	44.00	41.95
Li	8	23.96	27.21	30.60	38.50	41.47	42.63	43.36	35.74	7.93	34.83	7.63	44.10	20.70	0.22	38.50	37.70	38.50	40.54
Mn	8	522	536	650	730	784	948	1019	741	184	722	41.45	1089	507	0.25	730	739	730	692
Mo	8	1.07	1.11	1.28	1.44	1.56	1.67	1.78	1.42	0.27	1.40	1.31	1.89	1.03	0.19	1.44	1.35	1.44	0.70
N	8	0.33	0.36	0.42	0.58	0.93	1.42	1.61	0.77	0.52	0.65	1.80	1.81	0.30	0.67	0.58	0.82	0.58	0.53
Nb	8	19.60	19.60	20.43	21.80	22.80	26.94	29.32	22.78	3.99	22.51	5.77	31.70	19.60	0.17	21.80	22.10	21.80	18.04
Ni	8	11.93	14.02	16.25	17.40	23.73	26.56	28.73	19.48	6.53	18.51	5.73	30.90	9.85	0.34	17.40	18.00	17.40	28.06
P	8	0.25	0.27	0.29	0.32	0.37	0.42	0.46	0.34	0.08	0.33	1.87	0.51	0.24	0.24	0.32	0.34	0.32	0.39
Pb	8	25.16	25.83	26.63	28.20	32.68	39.53	43.41	31.13	7.47	30.46	6.96	47.30	24.50	0.24	28.20	31.50	28.20	25.66

续表 3-13

元素/指标	N	$X_{5\%}$	$X_{10\%}$	$X_{25\%}$	$X_{50\%}$	$X_{75\%}$	$X_{90\%}$	$X_{95\%}$	$\bar{X}$	S	$\bar{X}_g$	S_g	X_{max}	X_{min}	CV	X_{me}	X_{mo}	黄墩基准值	湖州市基准值
Rb	8	158	159	162	162	169	178	181	166	9.12	166	17.44	184	157	0.05	162	162	162	121
S	8	110	124	139	154	188	275	280	174	67.0	164	18.55	286	96.0	0.38	154	161	154	50.00
Sb	8	0.46	0.47	0.49	0.55	0.72	1.21	1.77	0.79	0.63	0.67	1.69	2.33	0.46	0.80	0.55	0.73	0.55	0.68
Sc	8	8.63	8.67	8.78	9.65	10.70	11.03	11.06	9.76	1.03	9.72	3.55	11.10	8.60	0.11	9.65	9.70	9.65	10.35
Se	8	0.11	0.13	0.19	0.24	0.39	0.52	0.59	0.30	0.19	0.26	2.37	0.67	0.10	0.61	0.24	0.25	0.24	0.18
Sn	8	2.80	2.81	3.25	3.92	5.66	5.80	5.81	4.26	1.33	4.08	2.45	5.82	2.78	0.31	3.92	4.41	3.92	3.51
Sr	8	53.5	56.0	58.5	71.1	80.3	96.0	110	74.7	23.07	72.0	10.62	125	51.0	0.31	71.1	73.6	71.1	84.2
Th	8	11.94	12.08	13.32	16.75	18.62	19.48	19.69	16.10	3.18	15.81	4.74	19.90	11.80	0.20	16.75	16.30	16.75	14.40
Ti	8	3857	3927	4129	4498	4641	5052	5164	4464	489	4441	110	5276	3788	0.11	4498	4485	4498	4743
Tl	8	0.86	0.87	0.90	0.95	0.99	1.05	1.11	0.96	0.10	0.96	1.10	1.17	0.85	0.10	0.95	0.97	0.95	0.75
U	8	3.82	3.84	4.12	4.57	4.64	4.77	4.85	4.41	0.41	4.39	2.29	4.92	3.80	0.09	4.57	4.56	4.57	3.18
V	8	58.7	62.4	66.7	68.0	73.8	113	145	82.0	39.04	76.6	12.02	176	55.0	0.48	68.0	86.6	68.0	90.5
W	8	1.90	2.02	2.18	2.48	2.65	3.56	4.61	2.75	1.21	2.59	1.91	5.65	1.78	0.44	2.48	2.67	2.48	1.96
Y	8	24.39	24.88	25.45	26.20	30.12	31.82	33.01	27.75	3.51	27.57	6.27	34.20	23.90	0.13	26.20	26.40	26.20	27.06
Zn	8	71.8	72.3	73.9	80.0	85.0	88.2	91.4	80.4	7.83	80.1	11.77	94.7	71.2	0.10	80.0	80.5	80.0	70.2
Zr	8	266	287	307	329	348	371	390	328	48.14	325	25.32	410	244	0.15	329	313	329	288
SiO$_2$	8	63.2	64.4	65.6	65.8	66.6	68.0	68.4	65.9	1.98	65.9	10.44	68.7	62.0	0.03	65.8	65.8	65.8	69.4
Al$_2$O$_3$	8	15.90	15.92	16.43	17.04	17.54	18.59	19.80	17.32	1.62	17.26	4.84	21.00	15.88	0.09	17.04	17.13	17.04	14.19
TFe$_2$O$_3$	8	4.52	4.70	5.00	5.22	5.48	5.99	5.99	5.25	0.55	5.22	2.54	6.00	4.33	0.11	5.22	5.30	5.22	5.04
MgO	8	0.71	0.74	0.77	0.80	0.90	1.81	2.67	1.16	0.96	0.97	1.66	3.52	0.68	0.83	0.80	1.08	0.80	1.02
CaO	8	0.21	0.22	0.23	0.26	0.30	0.50	0.62	0.32	0.18	0.29	2.20	0.75	0.21	0.56	0.26	0.27	0.26	0.53
Na$_2$O	8	0.38	0.39	0.41	0.45	0.54	0.65	0.77	0.51	0.17	0.49	1.65	0.89	0.36	0.33	0.45	0.54	0.45	0.33
K$_2$O	8	2.77	2.81	3.13	3.43	3.51	3.62	3.69	3.31	0.35	3.29	1.93	3.75	2.73	0.11	3.43	3.38	3.43	2.41
TC	8	0.42	0.42	0.47	0.54	0.81	1.56	1.92	0.83	0.65	0.68	1.79	2.28	0.41	0.78	0.54	0.66	0.54	0.49
Corg	8	0.39	0.40	0.44	0.49	0.76	1.41	1.70	0.75	0.56	0.63	1.78	1.98	0.39	0.74	0.49	0.63	0.49	0.44
pH	8	4.94	5.00	5.09	5.13	5.36	5.41	5.42	5.15	5.49	5.18	2.50	5.42	4.87	1.07	5.13	5.14	5.13	5.21

注：氧化物、TC、Corg 单位为%，N、P 单位为 g/kg，Au、Ag 单位为 μg/kg，pH 为无量纲，其他元素/指标单位为 mg/kg；后表单位相同。

第三章 土壤地球化学基准值

表 3-14 红壤土壤地球化学基准值参数统计表

元素/指标	N	$X_{5\%}$	$X_{10\%}$	$X_{25\%}$	$X_{50\%}$	$X_{75\%}$	$X_{90\%}$	$X_{95\%}$	$\overline{X}$	S	$\overline{X}_g$	S_g	X_{max}	X_{min}	CV	X_{me}	X_{mo}	分布类型	红壤基准值	湖州市基准值
Ag	131	32.00	35.00	46.50	60.0	87.5	140	170	102	277	68.4	12.27	3180	27.00	2.71	60.0	32.00	对数正态分布	68.4	68.7
As	131	4.46	4.89	6.03	8.78	12.90	19.10	28.08	11.04	8.30	9.16	4.01	51.7	2.80	0.75	8.78	10.30	对数正态分布	9.16	8.56
Au	131	0.67	0.76	0.96	1.31	1.79	2.32	2.83	1.47	0.80	1.32	1.63	6.39	0.46	0.54	1.31	1.05	对数正态分布	1.32	1.45
B	131	21.25	25.20	35.40	52.3	66.3	78.6	87.8	53.1	21.58	48.25	9.96	127	7.98	0.41	52.3	66.0	正态分布	53.1	73.0
Ba	122	345	372	438	520	653	818	922	567	183	540	37.20	1077	214	0.32	520	427	剔除后对数正态分布	540	472
Be	131	1.52	1.81	2.10	2.47	2.82	3.29	3.96	2.57	0.97	2.45	1.80	10.35	1.06	0.38	2.47	2.65	对数正态分布	2.45	2.36
Bi	131	0.20	0.22	0.26	0.31	0.42	0.56	0.67	0.45	1.13	0.34	2.21	13.20	0.14	2.50	0.31	0.30	对数正态分布	0.34	0.35
Br	131	1.50	1.50	2.12	2.82	3.58	4.23	4.91	2.91	1.14	2.70	1.95	7.34	0.91	0.39	2.82	1.50	正态分布	2.91	1.50
Cd	131	0.03	0.04	0.05	0.08	0.11	0.23	0.41	0.15	0.31	0.09	4.89	2.60	0.03	2.02	0.08	0.11	对数正态分布	0.09	0.09
Ce	124	69.2	73.3	78.6	84.0	93.3	101	107	85.8	11.36	85.1	12.89	117	58.0	0.13	84.0	80.0	剔除后正态分布	85.8	80.3
Cl	131	36.15	37.20	43.00	47.80	57.0	70.0	77.0	53.5	32.37	50.3	9.96	391	31.50	0.61	47.80	47.40	对数正态分布	50.3	59.3
Co	131	7.33	9.40	11.75	14.20	16.80	18.70	20.35	14.32	3.92	13.75	4.64	30.00	5.40	0.27	14.20	14.60	正态分布	14.32	14.75
Cr	131	24.95	27.00	36.35	55.1	67.0	85.0	95.8	54.4	21.53	50.1	10.06	109	17.50	0.40	55.1	47.20	正态分布	54.4	67.2
Cu	131	10.05	11.10	14.75	19.40	22.85	29.70	38.50	20.88	10.60	19.06	5.72	83.3	8.20	0.51	19.40	22.40	对数正态分布	19.06	20.64
F	131	243	316	413	505	584	723	778	511	164	483	34.54	1046	140	0.32	505	451	正态分布	511	515
Ga	131	10.95	14.40	15.95	18.20	20.20	21.80	22.50	17.89	3.52	17.50	5.20	28.60	6.70	0.20	18.20	16.10	正态分布	17.89	17.41
Ge	131	1.21	1.36	1.46	1.55	1.65	1.71	1.75	1.54	0.15	1.53	1.30	1.90	1.16	0.10	1.55	1.47	正态分布	1.54	1.50
Hg	131	0.02	0.03	0.03	0.04	0.06	0.10	0.11	0.05	0.03	0.04	6.55	0.14	0.02	0.54	0.04	0.05	对数正态分布	0.04	0.04
I	131	1.54	1.90	2.71	3.90	4.95	5.90	6.75	3.96	1.61	3.59	2.36	8.56	0.51	0.41	3.90	3.80	对数正态分布	3.96	2.87
La	131	36.50	38.00	41.20	43.70	48.60	52.6	55.0	44.90	7.05	44.38	8.82	78.5	24.20	0.16	43.70	40.70	正态分布	44.90	41.95
Li	131	26.65	28.00	32.60	38.20	44.40	50.4	53.4	39.16	10.80	37.94	8.29	110	20.00	0.28	38.20	39.00	剔除后正态分布	39.16	40.54
Mn	125	444	490	591	676	824	945	1001	706	176	684	43.27	1147	287	0.25	676	614	正态分布	706	692
Mo	131	0.43	0.48	0.64	0.89	1.20	1.71	3.40	1.28	1.78	0.95	1.90	15.20	0.29	1.39	0.89	1.01	对数正态分布	0.95	0.70
N	131	0.29	0.33	0.40	0.46	0.59	0.73	0.76	0.50	0.19	0.48	1.72	1.88	0.24	0.38	0.46	0.49	对数正态分布	0.48	0.53
Nb	131	12.70	16.20	18.25	20.40	23.65	26.50	28.85	21.02	6.03	20.30	5.67	65.8	6.50	0.29	20.40	24.20	正态分布	20.30	18.04
Ni	131	11.60	12.40	16.00	22.80	28.40	35.70	38.85	23.84	11.51	21.76	6.22	97.5	7.91	0.48	22.80	11.60	对数正态分布	23.84	28.06
P	131	0.20	0.23	0.28	0.35	0.45	0.57	0.62	0.38	0.14	0.35	2.02	0.86	0.16	0.36	0.35	0.33	正态分布	0.38	0.39
Pb	127	19.36	20.30	22.85	26.60	30.15	32.38	34.97	26.68	4.87	26.23	6.63	39.40	15.90	0.18	26.60	26.50	剔除后正态分布	26.68	25.66

续表 3-14

元素/指标	N	$X_{5\%}$	$X_{10\%}$	$X_{25\%}$	$X_{50\%}$	$X_{75\%}$	$X_{90\%}$	$X_{95\%}$	$\bar{X}$	S	$\bar{X}_g$	S_g	X_{max}	X_{min}	CV	X_{me}	X_{mo}	分布类型	红壤基准值	湖州市基准值
Rb	131	74.8	92.0	106	127	149	174	184	130	37.33	125	16.04	314	44.70	0.29	127	101	正态分布	130	121
S	123	50.1	61.2	88.5	115	142	161	173	116	36.75	109	14.79	209	50.00	0.32	115	50.00	剔除后正态分布	116	50.00
Sb	131	0.48	0.52	0.60	0.75	0.98	1.83	2.50	1.08	1.39	0.85	1.75	12.80	0.38	1.29	0.75	0.61	对数正态分布	0.85	0.68
Sc	131	7.30	7.50	8.70	9.70	10.80	11.90	12.80	9.77	1.73	9.62	3.72	15.00	5.10	0.18	9.70	9.60	对数正态分布	9.77	10.35
Se	131	0.09	0.11	0.15	0.18	0.23	0.29	0.35	0.22	0.19	0.19	2.94	1.95	0.08	0.87	0.18	0.21	正态分布	0.19	0.18
Sn	131	2.17	2.34	2.92	3.42	4.18	5.58	6.53	4.60	8.75	3.68	2.39	102	1.74	1.90	3.42	3.40	对数正态分布	3.68	3.51
Sr	131	41.10	44.20	51.8	66.6	88.2	106	110	71.6	26.47	67.4	11.60	213	29.00	0.37	66.6	70.6	正态分布	71.6	84.2
Th	131	10.85	12.10	13.10	14.80	17.00	21.80	23.30	15.67	4.04	15.23	4.90	33.50	8.20	0.26	14.80	15.60	对数正态分布	15.23	14.40
Ti	131	3369	3656	4372	4890	5492	5986	6086	4853	875	4763	130	6451	1671	0.18	4890	4644	正态分布	4853	4743
Tl	131	0.48	0.57	0.68	0.81	0.94	1.07	1.17	0.82	0.23	0.79	1.39	1.83	0.29	0.28	0.81	0.83	正态分布	0.82	0.75
U	131	2.33	2.54	2.99	3.60	4.51	5.44	6.96	3.95	1.45	3.74	2.28	10.10	1.95	0.37	3.60	4.00	对数正态分布	3.74	3.18
V	131	50.1	57.0	70.9	82.0	95.8	110	119	85.1	26.48	81.7	12.85	255	39.30	0.31	82.0	95.0	对数正态分布	85.1	90.5
W	131	1.28	1.41	1.77	2.11	2.50	3.15	3.87	2.28	0.99	2.13	1.75	7.34	0.92	0.43	2.11	2.30	对数正态分布	2.13	1.96
Y	123	20.10	22.92	25.75	28.00	31.00	33.40	35.72	28.22	4.49	27.85	6.80	41.00	17.00	0.16	28.00	28.00	剔除后正态分布	28.22	27.06
Zn	123	41.20	48.26	57.1	67.4	76.9	87.7	94.3	67.3	15.67	65.3	11.07	105	26.00	0.23	67.4	58.0	剔除后正态分布	67.3	70.2
Zr	131	222	239	282	308	341	374	412	312	59.3	307	27.19	590	198	0.19	308	304	正态分布	312	288
SiO₂	131	63.4	65.8	68.0	70.6	72.8	74.5	77.1	70.4	4.10	70.3	11.62	80.7	57.9	0.06	70.6	71.2	正态分布	70.4	69.4
Al₂O₃	131	11.12	12.12	12.88	14.04	15.46	16.88	17.95	14.34	2.15	14.19	4.62	23.10	9.49	0.15	14.04	14.39	正态分布	14.34	14.19
TFe₂O₃	131	3.46	3.78	4.44	5.10	5.69	6.22	6.42	5.01	0.95	4.92	2.52	7.50	2.17	0.19	5.10	5.11	正态分布	5.01	5.04
MgO	131	0.49	0.56	0.67	0.81	1.01	1.25	1.39	0.86	0.28	0.82	1.42	1.80	0.25	0.32	0.81	0.82	正态分布	0.86	1.02
CaO	131	0.17	0.20	0.24	0.34	0.48	0.67	0.81	0.41	0.33	0.35	2.20	3.05	0.10	0.78	0.34	0.41	对数正态分布	0.35	0.53
Na₂O	131	0.24	0.32	0.39	0.58	0.76	0.99	1.19	0.62	0.30	0.56	1.78	1.72	0.16	0.49	0.58	0.50	正态分布	0.62	0.33
K₂O	131	1.55	1.75	2.08	2.57	3.04	3.43	3.70	2.56	0.64	2.48	1.76	3.98	1.21	0.25	2.57	2.61	正态分布	2.56	2.41
TC	123	0.33	0.35	0.43	0.47	0.52	0.59	0.61	0.47	0.08	0.47	1.61	0.65	0.32	0.17	0.47	0.49	剔除后正态分布	0.47	0.49
Corg	124	0.26	0.27	0.37	0.42	0.47	0.53	0.56	0.42	0.09	0.40	1.81	0.62	0.22	0.22	0.42	0.39	其他分布	0.39	0.44
pH	131	5.10	5.17	5.28	5.69	6.43	6.96	7.21	5.51	5.49	5.89	2.80	8.17	4.71	1.00	5.69	5.21	对数正态分布	5.89	5.21

第三章 土壤地球化学基准值

表 3-15 粗骨土土壤地球化学基准值参数统计表

元素/指标	N	$X_{5\%}$	$X_{10\%}$	$X_{25\%}$	$X_{50\%}$	$X_{75\%}$	$X_{90\%}$	$X_{95\%}$	$\overline{X}$	S	$\overline{X}_g$	S_g	X_{max}	X_{min}	CV	X_{me}	X_{mo}	分布类型	粗骨土基准值	湖州市基准值
Ag	32	32.00	37.50	43.75	57.5	90.2	207	281	99.6	103	73.4	12.87	510	32.00	1.03	57.5	32.00	对数正态分布	73.4	68.7
As	32	4.36	5.75	6.96	8.32	10.01	19.08	25.96	10.67	7.77	9.09	3.88	39.60	3.44	0.73	8.32	9.83	对数正态分布	9.09	8.56
Au	32	0.69	0.81	1.02	1.21	1.82	2.51	3.19	1.51	0.78	1.35	1.67	3.69	0.52	0.52	1.21	1.21	正态分布	1.51	1.45
B	32	25.03	27.83	36.10	52.2	67.0	86.0	91.0	55.2	25.48	50.3	10.38	144	23.10	0.46	52.2	67.0	正态分布	55.2	73.0
Ba	32	332	368	406	499	701	1374	1678	824	1256	591	39.17	7424	268	1.52	499	368	对数正态分布	591	472
Be	32	1.60	1.62	1.84	2.25	2.60	3.28	3.51	2.37	0.72	2.28	1.70	4.82	1.48	0.31	2.25	2.20	正态分布	2.37	2.36
Bi	32	0.21	0.22	0.28	0.31	0.44	0.60	1.21	0.43	0.30	0.36	2.14	1.40	0.19	0.71	0.31	0.42	对数正态分布	0.36	0.35
Br	32	1.56	1.71	2.35	3.65	5.19	8.81	10.77	4.45	3.12	3.67	2.43	14.72	1.09	0.70	3.65	4.39	正态分布	4.45	1.50
Cd	32	0.05	0.06	0.07	0.09	0.13	0.16	0.32	0.12	0.12	0.10	4.28	0.63	0.04	0.94	0.09	0.11	对数正态分布	0.10	0.09
Ce	32	63.5	66.4	77.6	82.6	93.9	124	132	95.5	54.4	88.7	13.02	377	55.0	0.57	82.6	93.0	对数正态分布	88.7	80.3
Cl	32	38.18	39.92	45.35	49.50	67.0	76.3	85.9	55.8	16.42	53.8	9.89	102	33.00	0.29	49.50	45.20	正态分布	53.8	59.3
Co	32	7.84	9.29	11.10	13.85	16.33	18.73	19.75	14.04	4.51	13.37	4.49	29.20	6.00	0.32	13.85	12.70	正态分布	14.04	14.75
Cr	32	35.62	36.82	42.07	53.8	62.7	77.8	79.8	54.6	15.80	52.5	9.95	94.0	30.60	0.29	53.8	45.50	正态分布	54.6	67.2
Cu	32	12.44	13.32	14.14	17.85	20.20	30.43	33.15	20.06	9.64	18.63	5.53	62.0	11.30	0.48	17.85	20.20	对数正态分布	18.63	20.64
F	32	241	283	362	456	535	658	743	469	161	443	32.09	927	228	0.34	456	459	正态分布	469	515
Ga	32	10.40	12.61	15.03	17.30	19.48	20.58	22.69	16.97	3.79	16.53	4.87	24.90	9.20	0.22	17.30	17.30	正态分布	16.97	17.41
Ge	32	1.20	1.31	1.39	1.48	1.56	1.66	1.74	1.47	0.17	1.46	1.28	1.90	1.01	0.12	1.48	1.50	正态分布	1.47	1.50
Hg	32	0.03	0.03	0.03	0.05	0.08	0.09	0.17	0.08	0.11	0.05	6.10	0.62	0.03	1.42	0.05	0.08	对数正态分布	0.05	0.04
I	32	1.58	2.11	3.03	4.24	6.54	9.35	9.64	4.91	2.55	4.25	2.56	10.00	1.13	0.52	4.24	4.85	正态分布	4.91	2.87
La	32	32.93	34.51	38.85	43.35	47.32	49.71	52.7	43.27	6.37	42.80	8.50	58.3	29.80	0.15	43.35	45.40	正态分布	43.27	41.95
Li	32	29.08	29.84	30.75	35.25	42.72	49.65	50.9	37.41	8.23	36.62	7.82	62.6	26.40	0.22	35.25	43.10	正态分布	37.41	40.54
Mn	32	266	390	574	690	815	1018	1373	719	328	652	40.72	1719	216	0.46	690	734	正态分布	719	692
Mo	32	0.43	0.48	0.57	0.80	1.38	2.42	2.50	1.08	0.69	0.91	1.80	2.73	0.39	0.64	0.80	0.49	正态分布	1.08	0.70
N	32	0.40	0.44	0.46	0.53	0.65	0.82	0.91	0.58	0.17	0.56	1.56	1.06	0.35	0.30	0.53	0.49	正态分布	0.58	0.53
Nb	32	11.26	11.96	16.50	20.25	22.55	24.46	24.73	19.92	6.18	19.07	5.36	44.00	9.50	0.31	20.25	20.10	正态分布	19.92	18.04
Ni	32	15.23	16.81	20.90	22.05	26.05	28.80	34.00	23.47	5.86	22.83	6.05	40.40	14.90	0.25	22.05	22.00	正态分布	23.47	28.06
P	32	0.23	0.24	0.28	0.39	0.46	0.59	0.63	0.39	0.14	0.37	1.95	0.73	0.19	0.35	0.39	0.24	正态分布	0.39	0.39
Pb	32	19.51	20.14	22.75	27.70	31.38	33.98	39.04	28.02	6.91	27.26	6.76	49.80	17.70	0.25	27.70	28.70	正态分布	28.02	25.66

续表 3-15

元素/指标	N	$X_{5\%}$	$X_{10\%}$	$X_{25\%}$	$X_{50\%}$	$X_{75\%}$	$X_{90\%}$	$X_{95\%}$	$\bar{X}$	S	$\bar{X}_g$	S_g	X_{max}	X_{min}	CV	X_{me}	X_{mo}	分布类型	粗骨土基准值	湖州市基准值
Rb	32	75.1	78.1	91.6	116	149	170	181	124	40.84	118	15.20	252	72.3	0.33	116	145	正态分布	124	121
S	32	74.5	91.3	107	141	181	209	279	150	67.0	138	16.77	365	59.0	0.45	141	120	正态分布	150	50.00
Sb	32	0.48	0.55	0.64	0.77	0.87	1.07	2.10	0.92	0.74	0.80	1.61	4.01	0.38	0.80	0.77	0.85	对数正态分布	0.80	0.68
Sc	32	7.28	7.71	8.90	9.30	10.10	11.34	13.84	9.68	1.97	9.51	3.61	16.10	6.70	0.20	9.30	9.30	正态分布	9.68	10.35
Se	32	0.13	0.15	0.21	0.26	0.28	0.36	0.40	0.26	0.10	0.24	2.45	0.61	0.11	0.39	0.26	0.27	正态分布	0.26	0.18
Sn	32	2.48	2.62	3.14	3.65	4.12	5.51	6.37	4.10	2.17	3.80	2.35	14.60	2.22	0.53	3.65	3.65	对数正态分布	3.80	3.51
Sr	32	33.30	37.03	45.00	55.0	75.6	84.6	90.6	59.1	19.72	55.9	10.01	101	27.00	0.33	55.0	45.00	正态分布	59.1	84.2
Th	32	10.83	11.62	13.50	14.85	16.42	18.28	19.18	15.46	4.68	14.99	4.80	37.60	10.40	0.30	14.85	13.50	正态分布	15.46	14.40
Ti	32	3310	3626	4134	4792	5726	6160	7508	4966	1310	4805	125	8339	2343	0.26	4792	4997	正态分布	4966	4743
Tl	32	0.45	0.49	0.59	0.76	0.95	1.05	1.09	0.78	0.24	0.74	1.45	1.45	0.38	0.31	0.76	0.94	正态分布	0.78	0.75
U	32	2.36	2.40	2.75	3.42	4.68	5.15	5.38	3.72	1.17	3.56	2.15	7.27	2.29	0.31	3.42	4.00	正态分布	3.72	3.18
V	32	51.8	65.2	71.7	79.4	88.5	110	130	84.2	27.59	80.8	12.41	192	44.00	0.33	79.4	76.0	正态分布	84.2	90.5
W	32	1.20	1.37	1.64	2.09	2.61	3.12	3.75	2.18	0.80	2.06	1.69	4.36	1.09	0.37	2.09	2.13	正态分布	2.18	1.96
Y	32	16.65	19.10	23.85	26.05	28.70	32.98	33.27	26.10	5.51	25.49	6.34	39.30	14.00	0.21	26.05	20.00	正态分布	26.10	27.06
Zn	32	44.20	47.10	58.0	67.0	76.5	80.5	107	68.8	18.81	66.5	10.82	125	41.00	0.27	67.0	76.3	正态分布	68.8	70.2
Zr	32	242	259	289	323	345	372	388	318	45.75	314	27.07	420	224	0.14	323	315	正态分布	318	288
SiO₂	32	62.9	66.3	68.8	70.8	73.0	76.2	77.0	70.8	4.16	70.7	11.59	78.1	59.7	0.06	70.8	71.1	正态分布	70.8	69.4
Al₂O₃	32	11.41	12.03	12.82	13.62	15.35	16.13	16.57	14.05	1.71	13.95	4.46	18.45	11.18	0.12	13.62	13.58	正态分布	14.05	14.19
TFe₂O₃	32	3.37	3.61	4.25	4.74	5.30	6.41	7.28	4.93	1.20	4.80	2.44	8.65	3.23	0.24	4.74	4.70	正态分布	4.93	5.04
MgO	32	0.52	0.56	0.65	0.74	0.94	1.13	3.13	1.06	1.15	0.85	1.77	5.76	0.41	1.08	0.74	0.73	对数正态分布	0.85	1.02
CaO	32	0.16	0.17	0.20	0.27	0.36	0.57	0.62	0.37	0.39	0.30	2.45	2.36	0.14	1.05	0.27	0.25	对数正态分布	0.30	0.53
Na₂O	32	0.26	0.26	0.30	0.43	0.54	0.77	0.87	0.46	0.20	0.43	1.87	0.98	0.23	0.43	0.43	0.49	正态分布	0.46	0.33
K₂O	32	1.58	1.67	1.86	2.29	2.95	3.22	3.30	2.42	0.62	2.34	1.70	3.46	1.37	0.26	2.29	2.39	正态分布	2.42	2.41
TC	32	0.42	0.44	0.47	0.51	0.65	0.97	1.21	0.62	0.26	0.58	1.59	1.47	0.36	0.42	0.51	0.47	对数正态分布	0.58	0.49
Corg	32	0.32	0.37	0.43	0.47	0.57	0.78	0.98	0.54	0.22	0.51	1.70	1.35	0.28	0.41	0.47	0.37	正态分布	0.54	0.44
pH	32	4.97	5.06	5.19	5.61	6.02	6.26	6.39	5.41	5.44	5.64	2.71	6.73	4.86	1.01	5.61	5.67	正态分布	5.41	5.21

与湖州市土壤基准值相比,粗骨土区土壤基准值中CaO基准值明显低于湖州市基准值,为湖州市基准值的57%;B、Sr基准值略低于湖州市基准值,是湖州市基准值的60%~80%;Ba、Hg、Na$_2$O、Corg基准值略高于湖州市基准值,是湖州市基准值的1.2~1.4倍;Br、I、Mo、S、Se基准值明显高于湖州市基准值,是湖州市基准值的1.4倍以上;其他各项元素/指标基准值与湖州市基准值基本接近。

四、石灰岩土土壤地球化学基准值

石灰岩土区采集深层土壤样品9件,参数统计表见表3-16。

石灰岩土区深层土壤总体偏中性,土壤pH基准值为6.56,极大值为7.20,极小值为5.19,略高于湖州市基准值。

各元素/指标中,大多数元素/指标变异系数在0.40以下,分布较为均匀;As、Ba、Mo、MgO、pH变异系数大于0.80,空间变异性较大。

与湖州市土壤基准值相比,石灰岩土区土壤基准值中CaO基准值明显偏低,为湖州市基准值的50%;Be、F、P、Rb、Sr、Zn、MgO、K$_2$O基准值略低于湖州市基准值,是湖州市基准值的60%~80%;Ba、Cd、Hg基准值略高于湖州市基准值,是湖州市基准值的1.2~1.4倍;S、As、Br、S、Sb、Se基准值明显高于湖州市基准值,为湖州市基准值的1.4倍以上;其他各项元素/指标基准值与湖州市基准值基本接近。

五、紫色土土壤地球化学基准值

紫色土区采集深层土壤样品8件,参数统计表见表3-17。

紫色土区深层土壤总体偏中性,土壤pH基准值为6.67,极大值为7.52,极小值为6.29,略高于湖州市基准值。

各元素/指标中,大多数元素/指标变异系数在0.40以下,分布较为均匀;pH变异系数大于0.80,空间变异性较大。

与湖州市土壤基准值相比,紫色土区土壤基准值中F、Hg、P、Zn、MgO基准值明显偏低,不足湖州市基准值的60%;Ag、Au、Cd、Cu、Ga、I、Mo、Ni、Rb、Sr、TFe$_2$O$_3$、CaO、K$_2$O、Corg基准值略低于湖州市基准值,是湖州市基准值的60%~80%;Zr基准值略高于湖州市基准值,是湖州市基准值的1.21倍;Na$_2$O基准值明显高于湖州市基准值,为湖州市基准值的2.12倍;其他各项元素/指标基准值与湖州市基准值基本接近。

六、水稻土土壤地球化学基准值

水稻土土壤地球化学基准值数据经正态分布检验,结果表明,原始数据中Be、Bi、Ce、Co、Cr、Cu、F、Ga、Ge、La、Li、Mn、N、Nb、Ni、P、Pb、Rb、Sc、Sn、Sr、Th、Ti、Tl、V、W、Y、Zn、Zr、SiO$_2$、Al$_2$O$_3$、TFe$_2$O$_3$、MgO、Na$_2$O、K$_2$O、pH共36项元素/指标符合正态分布,Ag、As、Au、Ba、Cd、Cl、I、Mo、Sb、Se、U、CaO、Corg共13项元素/指标符合对数正态分布,B、Hg剔除异常值后符合正态分布,其他元素/指标不符合正态分布或对数正态分布(表3-18)。

水稻土区深层土壤总体为弱酸性,土壤pH基准值为6.29,极大值为8.50,极小值为5.03,略高于湖州市基准值。

各元素/指标中,大多数元素/指标变异系数在0.40以下,分布较为均匀;S、pH变异系数大于0.80,空间变异性较大。

与湖州市土壤基准值相比,水稻土区土壤基准值中I、Mo基准值略偏低,是湖州市基准值的60%~80%;Cl、Cr、Cu、P、Sr基准值略高于湖州市基准值,为湖州市基准值的1.2~1.4倍;MgO、CaO、Na$_2$O、TC基准值明显高于湖州市基准值,为湖州市基准值的1.4倍以上;其他各项元素/指标基准值与湖州市基准值基本接近。

表 3-16 石灰岩土土壤地球化学基准值参数统计表

元素/指标	N	$X_{5\%}$	$X_{10\%}$	$X_{25\%}$	$X_{50\%}$	$X_{75\%}$	$X_{90\%}$	$X_{95\%}$	$\bar{X}$	S	$\bar{X}_g$	S_g	X_{max}	X_{min}	CV	X_{me}	X_{mo}	石灰岩土基准值	湖州市基准值
Ag	9	51.8	52.6	65.0	70.0	180	272	296	133	99.5	106	12.69	320	51.0	0.75	70.0	130	70.0	68.7
As	9	5.28	6.58	7.69	12.80	17.30	40.26	58.2	20.02	22.49	13.59	4.60	76.1	3.98	1.12	12.80	17.30	12.80	8.56
Au	9	1.15	1.24	1.31	1.59	1.79	2.70	3.29	1.82	0.87	1.69	1.55	3.89	1.07	0.48	1.59	1.79	1.59	1.45
B	9	43.20	44.40	49.00	64.0	89.0	98.9	102	69.8	23.80	66.2	9.88	105	42.00	0.34	64.0	64.0	64.0	73.0
Ba	9	271	273	293	656	1017	1832	2841	996	1133	668	33.43	3849	269	1.14	656	1017	656	472
Be	9	1.27	1.28	1.72	1.85	2.44	2.85	3.02	2.03	0.65	1.94	1.55	3.19	1.26	0.32	1.85	2.00	1.85	2.36
Bi	9	0.20	0.22	0.25	0.33	0.43	0.50	0.55	0.35	0.13	0.33	2.20	0.59	0.19	0.38	0.33	0.33	0.33	0.35
Br	9	1.50	1.50	1.60	2.36	2.70	4.89	6.06	2.80	1.89	2.41	1.92	7.22	1.50	0.67	2.36	1.60	2.36	1.50
Cd	9	0.07	0.07	0.08	0.12	0.36	0.41	0.44	0.21	0.16	0.16	4.09	0.48	0.07	0.77	0.12	0.19	0.12	0.09
Ce	9	58.4	60.8	69.0	95.1	111	137	183	102	52.6	92.7	11.77	230	56.0	0.52	95.1	103	95.1	80.3
Cl	9	37.22	39.14	40.90	51.0	57.6	74.0	78.0	53.0	15.55	51.1	9.63	82.0	35.30	0.29	51.0	54.0	51.0	59.3
Co	9	7.08	8.76	12.70	14.60	19.90	20.96	21.28	14.73	5.37	13.68	4.27	21.60	5.40	0.36	14.60	14.60	14.60	14.75
Cr	9	29.40	31.80	52.3	72.6	86.1	89.8	91.4	66.1	24.28	61.2	9.78	93.0	27.00	0.37	72.6	62.0	72.6	67.2
Cu	9	11.59	13.49	15.61	21.50	39.50	42.64	44.12	25.32	13.42	22.28	5.41	45.60	9.69	0.53	21.50	23.10	21.50	20.64
F	9	160	163	204	402	590	895	935	474	299	390	25.47	975	156	0.63	402	535	402	515
Ga	9	7.58	7.66	9.80	16.50	17.10	18.22	19.46	13.89	4.84	13.06	4.08	20.70	7.50	0.35	16.50	11.40	16.50	17.41
Ge	9	1.21	1.21	1.24	1.50	1.56	1.62	1.67	1.44	0.18	1.43	1.24	1.72	1.21	0.13	1.50	1.21	1.50	1.50
Hg	9	0.03	0.04	0.04	0.05	0.06	0.08	0.08	0.05	0.02	0.05	5.54	0.09	0.02	0.36	0.05	0.05	0.05	0.04
I	9	1.75	1.81	3.12	3.39	5.40	7.12	7.27	4.26	2.11	3.78	2.37	7.41	1.69	0.49	3.39	3.39	3.39	2.87
La	9	30.84	32.28	34.90	42.50	44.60	50.5	53.0	40.97	8.43	40.20	7.71	55.4	29.40	0.21	42.50	42.50	42.50	41.95
Li	9	22.98	23.06	25.70	35.00	45.70	48.58	52.1	35.67	11.56	34.06	6.89	55.7	22.90	0.32	35.00	35.10	35.00	40.54
Mn	9	282	331	357	632	713	916	1229	627	391	541	34.03	1543	233	0.62	632	632	632	692
Mo	9	0.37	0.38	0.51	0.58	2.41	7.11	8.60	2.59	3.42	1.23	3.40	10.10	0.36	1.32	0.58	0.51	0.58	0.70
N	9	0.34	0.39	0.43	0.53	0.68	0.72	0.73	0.54	0.15	0.52	1.63	0.74	0.30	0.28	0.53	0.53	0.53	0.53
Nb	9	7.00	8.00	10.40	17.20	18.80	20.56	20.88	14.86	5.47	13.77	4.25	21.20	6.00	0.37	17.20	13.70	17.20	18.04
Ni	9	16.26	17.42	18.00	25.00	35.80	41.80	41.80	27.08	10.69	25.24	5.75	41.80	15.10	0.39	25.00	18.00	25.00	28.06
P	9	0.21	0.23	0.28	0.31	0.47	0.51	0.53	0.36	0.12	0.34	2.08	0.55	0.20	0.34	0.31	0.37	0.31	0.39
Pb	9	18.00	18.20	23.20	25.10	27.00	29.02	30.06	24.63	4.40	24.26	5.88	31.10	17.80	0.18	25.10	24.20	25.10	25.66

续表 3-16

元素/指标	N	$X_{5\%}$	$X_{10\%}$	$X_{25\%}$	$X_{50\%}$	$X_{75\%}$	$X_{90\%}$	$X_{95\%}$	$\bar{X}$	S	$\bar{X}_g$	S_g	X_{max}	X_{min}	CV	X_{me}	X_{mo}	石灰岩土基准值	湖州市基准值
Rb	9	50.4	54.1	56.0	93.0	105	119	126	86.4	29.96	81.5	11.22	133	46.70	0.35	93.0	56.0	93.0	121
S	9	55.2	60.4	94.0	122	195	318	322	159	102	132	16.17	326	50.00	0.64	122	145	122	50.00
Sb	9	0.73	0.74	1.03	1.12	1.61	3.35	3.48	1.61	1.08	1.37	1.75	3.62	0.72	0.67	1.12	1.61	1.12	0.68
Sc	9	5.94	6.18	7.60	8.60	10.80	11.68	12.04	9.03	2.37	8.75	3.29	12.40	5.70	0.26	8.60	8.60	8.60	10.35
Se	9	0.12	0.12	0.17	0.28	0.43	0.60	0.79	0.36	0.27	0.29	2.90	0.97	0.12	0.73	0.28	0.39	0.28	0.18
Sn	9	2.12	2.13	2.47	2.84	3.13	4.36	5.37	3.15	1.33	2.97	1.88	6.39	2.11	0.42	2.84	3.13	2.84	3.51
Sr	9	33.20	36.40	43.00	50.9	76.9	79.3	80.2	55.2	19.01	52.3	8.94	81.0	30.00	0.34	50.9	52.0	50.9	84.2
Th	9	9.34	9.58	11.00	14.30	14.90	16.20	16.40	13.27	2.73	13.00	4.10	16.60	9.10	0.21	14.30	13.20	14.30	14.40
Ti	9	2335	2349	2753	5266	5735	6059	6169	4438	1626	4136	99.1	6279	2321	0.37	5266	3827	5266	4743
Tl	9	0.41	0.42	0.46	0.60	0.82	0.87	0.98	0.66	0.24	0.62	1.65	1.09	0.40	0.36	0.60	0.82	0.60	0.75
U	9	2.49	2.50	2.55	3.32	4.36	6.34	8.22	4.21	2.42	3.78	2.19	10.10	2.49	0.57	3.32	4.13	3.32	3.18
V	9	49.20	50.4	66.0	91.8	145	166	196	108	57.5	96.0	12.09	225	48.00	0.53	91.8	111	91.8	90.5
W	9	1.05	1.11	1.55	1.66	2.65	3.18	3.72	2.07	1.04	1.88	1.67	4.26	0.99	0.50	1.66	1.94	1.66	1.96
Y	9	17.40	17.80	21.00	27.70	28.40	32.30	32.90	25.16	6.05	24.49	5.78	33.50	17.00	0.24	27.70	21.00	27.70	27.06
Zn	9	37.80	38.60	41.00	53.0	79.4	91.5	104	63.4	26.83	58.9	9.21	116	37.00	0.42	53.0	71.4	53.0	70.2
Zr	9	216	233	242	260	262	315	326	263	40.00	260	23.09	337	200	0.15	260	262	260	288
SiO$_2$	9	70.0	71.5	72.4	75.6	75.8	80.6	80.8	75.2	3.92	75.1	11.40	81.0	68.6	0.05	75.6	74.8	75.6	69.4
Al$_2$O$_3$	9	9.79	10.16	11.08	11.84	12.11	13.45	14.00	11.77	1.51	11.68	3.90	14.55	9.42	0.13	11.84	11.84	11.84	14.19
TFe$_2$O$_3$	9	2.31	2.35	4.12	4.94	5.75	6.10	6.55	4.64	1.59	4.36	2.32	7.01	2.27	0.34	4.94	4.94	4.94	5.04
MgO	9	0.34	0.35	0.38	0.81	1.01	2.18	2.77	1.07	0.99	0.78	2.31	3.37	0.33	0.93	0.81	1.01	0.81	1.02
CaO	9	0.18	0.19	0.22	0.27	0.43	0.57	0.84	0.38	0.29	0.32	2.55	1.10	0.18	0.75	0.27	0.35	0.27	0.53
Na$_2$O	9	0.19	0.20	0.20	0.33	0.39	0.53	0.64	0.34	0.18	0.31	2.27	0.75	0.18	0.53	0.33	0.20	0.33	0.33
K$_2$O	9	1.32	1.37	1.52	1.60	1.95	2.41	2.59	1.80	0.48	1.75	1.43	2.77	1.28	0.27	1.60	1.80	1.60	2.41
TC	9	0.42	0.43	0.46	0.56	0.73	0.92	0.99	0.63	0.22	0.60	1.53	1.06	0.41	0.35	0.56	0.56	0.56	0.49
Corg	9	0.31	0.32	0.40	0.46	0.64	0.78	0.83	0.53	0.20	0.50	1.73	0.88	0.30	0.37	0.46	0.53	0.46	0.44
pH	9	5.24	5.29	5.64	6.56	6.74	6.91	7.06	5.78	5.62	6.28	2.80	7.20	5.19	0.97	6.56	6.56	6.56	5.21

表 3-17 紫色土土壤地球化学基准值参数统计表

元素/指标	N	$X_{5\%}$	$X_{10\%}$	$X_{25\%}$	$X_{50\%}$	$X_{75\%}$	$X_{90\%}$	$X_{95\%}$	$\bar{X}$	S	$\bar{X}_g$	S_g	X_{max}	X_{min}	CV	X_{me}	X_{mo}	紫色土基准值	湖州市基准值
Ag	8	43.85	47.70	51.8	53.0	57.8	62.7	65.8	54.4	8.30	53.8	9.20	69.0	40.00	0.15	53.0	52.0	53.0	68.7
As	8	5.91	6.04	6.32	6.97	8.30	12.27	13.67	8.22	3.23	7.79	3.43	15.08	5.79	0.39	6.97	7.38	6.97	8.56
Au	8	0.93	0.95	0.99	1.07	1.25	1.49	1.74	1.19	0.35	1.16	1.27	2.00	0.92	0.29	1.07	1.00	1.07	1.45
B	8	50.1	52.2	54.8	68.0	78.8	81.6	82.3	66.9	13.45	65.6	10.85	83.0	48.00	0.20	68.0	65.0	68.0	73.0
Ba	8	336	359	386	442	472	502	523	433	71.9	427	29.26	545	314	0.17	442	424	442	472
Be	8	1.57	1.66	1.75	1.93	2.28	2.41	2.49	2.00	0.36	1.97	1.46	2.58	1.49	0.18	1.93	2.00	1.93	2.36
Bi	8	0.23	0.23	0.25	0.28	0.33	0.37	0.39	0.30	0.06	0.29	2.11	0.41	0.23	0.22	0.28	0.29	0.28	0.35
Br	8	1.50	1.50	1.50	1.50	1.65	2.43	2.81	1.79	0.61	1.72	1.55	3.20	1.50	0.34	1.50	1.50	1.50	1.50
Cd	8	0.06	0.06	0.06	0.07	0.08	0.09	0.10	0.07	0.02	0.07	4.61	0.10	0.06	0.24	0.07	0.07	0.07	0.09
Ce	8	73.8	75.5	80.0	85.5	88.2	93.8	95.9	84.8	8.21	84.4	11.91	98.0	72.0	0.10	85.5	85.0	85.5	80.3
Cl	8	39.80	42.60	47.25	52.5	56.0	62.0	69.0	52.9	11.44	51.9	9.37	76.0	37.00	0.22	52.5	56.0	52.5	59.3
Co	8	10.68	10.85	11.98	12.95	15.30	16.98	18.59	13.84	3.13	13.56	4.42	20.20	10.50	0.23	12.95	13.00	12.95	14.75
Cr	8	48.35	48.70	50.5	54.5	66.8	79.2	80.6	60.0	13.24	58.8	9.73	82.0	48.00	0.22	54.5	63.0	54.5	67.2
Cu	8	9.49	9.79	11.99	14.29	17.89	22.20	25.91	15.83	6.53	14.83	4.45	29.63	9.20	0.41	14.29	15.46	14.29	20.64
F	8	207	218	230	261	339	412	443	295	94.5	283	22.76	473	195	0.32	261	281	261	515
Ga	8	10.41	10.62	11.47	13.35	14.43	17.20	18.95	13.72	3.35	13.41	4.15	20.70	10.20	0.24	13.35	13.80	13.35	17.41
Ge	8	1.33	1.34	1.41	1.46	1.60	1.64	1.66	1.49	0.13	1.48	1.27	1.68	1.31	0.09	1.46	1.48	1.46	1.50
Hg	8	0.02	0.02	0.02	0.02	0.04	0.06	0.08	0.04	0.03	0.03	7.83	0.10	0.02	0.78	0.02	0.02	0.02	0.04
I	8	0.82	0.92	1.16	2.04	3.99	4.61	5.31	2.63	1.86	2.08	2.48	6.01	0.73	0.71	2.04	2.32	2.04	2.87
La	8	36.32	36.74	38.75	41.50	45.90	49.68	51.3	42.70	5.80	42.37	8.00	52.9	35.90	0.14	41.50	42.50	41.50	41.95
Li	8	28.34	29.29	31.30	34.20	42.30	44.79	46.29	36.35	7.21	35.74	7.24	47.80	27.40	0.20	34.20	34.90	34.20	40.54
Mn	8	388	405	451	556	632	913	1043	614	261	575	37.56	1173	371	0.42	556	575	556	692
Mo	8	0.33	0.34	0.39	0.45	0.51	0.56	0.58	0.45	0.09	0.44	1.58	0.60	0.33	0.21	0.45	0.45	0.45	0.70
N	8	0.29	0.30	0.33	0.46	0.55	0.64	0.65	0.46	0.14	0.44	1.83	0.66	0.28	0.31	0.46	0.41	0.46	0.53
Nb	8	12.07	13.65	15.52	17.40	17.75	18.14	18.42	16.29	2.63	16.06	4.61	18.70	10.50	0.16	17.40	15.70	17.40	18.04
Ni	8	15.30	16.00	16.68	20.20	21.55	24.64	28.07	20.38	5.22	19.86	5.21	31.50	14.60	0.26	20.20	21.40	20.20	28.06
P	8	0.19	0.19	0.20	0.20	0.23	0.26	0.29	0.22	0.05	0.22	2.44	0.33	0.18	0.21	0.20	0.20	0.20	0.39
Pb	8	21.34	21.37	22.68	24.90	28.95	30.87	32.58	26.01	4.52	25.69	6.14	34.30	21.30	0.17	24.90	25.50	24.90	25.66

续表 3-17

元素/指标	N	$X_{5\%}$	$X_{10\%}$	$X_{25\%}$	$X_{50\%}$	$X_{75\%}$	$X_{90\%}$	$X_{95\%}$	$\overline{X}$	S	$\overline{X}_g$	S_g	X_{max}	X_{min}	CV	X_{me}	X_{mo}	紫色土基准值	湖州市基准值
Rb	8	72.4	77.4	82.5	85.2	94.3	103	110	88.6	14.34	87.7	11.83	117	67.4	0.16	85.2	85.9	85.2	121
S	8	50.00	50.00	50.00	50.00	53.0	68.3	75.6	55.6	11.83	54.7	9.49	83.0	50.00	0.21	50.00	50.00	50.00	50.00
Sb	8	0.58	0.58	0.60	0.73	0.89	0.97	1.01	0.76	0.18	0.74	1.30	1.05	0.57	0.23	0.73	0.76	0.73	0.68
Sc	8	7.30	7.41	8.32	9.60	10.12	11.85	13.07	9.69	2.23	9.48	3.44	14.30	7.20	0.23	9.60	9.70	9.60	10.35
Se	8	0.09	0.10	0.11	0.17	0.21	0.22	0.23	0.16	0.06	0.15	3.10	0.24	0.09	0.37	0.17	0.11	0.17	0.18
Sn	8	2.38	2.62	2.88	2.97	3.36	3.61	3.83	3.08	0.55	3.03	1.84	4.04	2.14	0.18	2.97	3.01	2.97	3.51
Sr	8	45.35	45.70	58.0	66.0	74.2	82.2	83.6	65.4	14.53	63.9	10.28	85.0	45.00	0.22	66.0	65.0	66.0	84.2
Th	8	12.42	12.84	13.35	15.15	16.23	16.63	17.01	14.85	1.83	14.75	4.42	17.40	12.00	0.12	15.15	15.10	15.15	14.40
Ti	8	3408	3665	4126	4283	4744	4873	4876	4282	576	4245	107	4878	3150	0.13	4283	4267	4283	4743
Tl	8	0.49	0.51	0.54	0.60	0.63	0.67	0.71	0.59	0.08	0.59	1.41	0.75	0.48	0.14	0.60	0.59	0.60	0.75
U	8	2.77	2.82	2.92	3.26	3.63	3.66	3.69	3.25	0.40	3.23	1.90	3.71	2.72	0.12	3.26	3.05	3.26	3.18
V	8	65.8	68.6	71.0	74.0	88.2	92.3	96.1	78.8	12.38	77.9	11.31	100.0	63.0	0.16	74.0	71.0	74.0	90.5
W	8	1.45	1.53	1.64	1.81	1.99	2.07	2.10	1.80	0.26	1.78	1.38	2.14	1.37	0.14	1.81	1.72	1.81	1.96
Y	8	19.35	19.70	22.25	24.50	28.00	30.40	33.20	25.38	5.45	24.89	5.86	36.00	19.00	0.21	24.50	23.00	24.50	27.06
Zn	8	31.70	32.40	33.75	41.00	43.00	47.20	52.1	40.38	8.25	39.69	7.67	57.0	31.00	0.20	41.00	43.00	41.00	70.2
Zr	8	259	278	306	349	376	381	387	336	51.7	332	26.34	392	239	0.15	349	339	349	288
SiO_2	8	70.8	72.4	74.2	76.9	79.0	79.8	80.1	76.2	3.68	76.2	11.37	80.4	69.3	0.05	76.9	76.2	76.9	69.4
Al_2O_3	8	10.16	10.45	10.74	11.84	12.54	13.65	14.39	11.94	1.65	11.84	3.91	15.13	9.87	0.14	11.84	12.27	11.84	14.19
TFe_2O_3	8	3.24	3.29	3.37	3.67	4.11	4.95	5.05	3.89	0.73	3.84	2.14	5.15	3.19	0.19	3.67	3.85	3.67	5.04
MgO	8	0.46	0.49	0.53	0.57	0.62	0.73	0.80	0.59	0.13	0.58	1.46	0.86	0.42	0.22	0.57	0.60	0.57	1.02
CaO	8	0.20	0.23	0.26	0.33	0.40	0.48	0.54	0.35	0.13	0.33	2.14	0.60	0.18	0.38	0.33	0.35	0.33	0.53
Na_2O	8	0.38	0.47	0.57	0.70	0.88	0.96	0.96	0.70	0.23	0.66	1.58	0.97	0.29	0.33	0.70	0.66	0.70	0.33
K_2O	8	1.51	1.52	1.60	1.69	1.81	1.97	2.00	1.72	0.19	1.71	1.34	2.02	1.50	0.11	1.69	1.74	1.69	2.41
TC	8	0.34	0.34	0.35	0.42	0.51	0.59	0.61	0.45	0.11	0.43	1.73	0.63	0.33	0.25	0.42	0.42	0.42	0.49
Corg	8	0.18	0.20	0.22	0.29	0.40	0.44	0.47	0.31	0.11	0.29	2.27	0.49	0.17	0.36	0.29	0.30	0.29	0.44
pH	8	6.33	6.36	6.53	6.67	6.83	7.21	7.37	6.62	6.80	6.74	2.91	7.52	6.29	1.03	6.67	6.75	6.67	5.21

表3-18 水稻土土壤地球化学基准值参数统计表

元素/指标	N	$X_{5\%}$	$X_{10\%}$	$X_{25\%}$	$X_{50\%}$	$X_{75\%}$	$X_{90\%}$	$X_{95\%}$	$\overline{X}$	S	$\overline{X}_g$	S_g	X_{max}	X_{min}	CV	X_{me}	X_{mo}	分布类型	水稻土基准值	湖州市基准值
Ag	138	50.00	60.0	67.0	74.5	85.0	97.3	115	78.8	23.06	76.2	12.35	210	32.00	0.29	74.5	67.0	对数正态分布	76.2	68.7
As	138	3.52	4.04	5.66	7.61	10.23	13.63	15.71	8.62	5.19	7.59	3.59	48.89	1.20	0.60	7.61	7.61	对数正态分布	7.59	8.56
Au	138	0.93	1.07	1.29	1.60	1.91	2.36	2.86	1.75	0.90	1.62	1.61	8.83	0.51	0.51	1.60	1.25	剔除后正态分布	1.62	1.45
B	130	57.0	61.0	67.0	72.1	76.0	80.0	81.5	71.1	7.44	70.7	11.70	86.0	49.60	0.10	72.1	73.0	剔除后正态分布	71.1	73.0
Ba	138	407	423	449	473	526	580	624	497	96.4	490	35.42	1051	290	0.19	473	472	对数正态分布	490	472
Be	138	1.74	1.87	2.06	2.45	2.64	2.84	3.06	2.38	0.42	2.34	1.68	3.70	1.17	0.17	2.45	2.48	正态分布	2.38	2.36
Bi	138	0.21	0.23	0.28	0.37	0.42	0.48	0.52	0.36	0.10	0.34	1.97	0.65	0.14	0.28	0.37	0.40	正态分布	0.36	0.35
Br	135	1.50	1.50	1.50	1.86	2.65	3.30	3.63	2.16	0.75	2.05	1.64	4.46	1.34	0.35	1.86	1.50	其他分布	1.50	1.50
Cd	138	0.06	0.06	0.07	0.10	0.12	0.14	0.15	0.10	0.04	0.09	4.11	0.31	0.02	0.41	0.10	0.11	对数正态分布	0.09	0.09
Ce	138	59.0	62.0	68.0	74.0	83.0	89.0	98.2	75.8	12.06	74.9	12.09	117	48.00	0.16	74.0	71.0	正态分布	75.8	80.3
Cl	138	44.88	47.37	58.0	70.0	88.0	105	135	76.5	30.80	71.8	12.18	212	35.80	0.40	70.0	71.0	对数正态分布	71.8	59.3
Co	138	9.73	11.54	13.03	14.85	17.85	19.80	20.90	15.36	3.72	14.92	4.85	33.80	5.70	0.24	14.85	14.40	正态分布	15.36	14.75
Cr	138	48.63	51.5	63.2	83.0	99.0	112	123	82.5	23.80	78.8	12.94	142	27.00	0.29	83.0	97.0	正态分布	82.5	67.2
Cu	138	11.98	14.55	18.54	24.20	29.66	35.19	40.49	24.96	9.85	23.21	6.45	82.1	6.92	0.39	24.20	24.20	正态分布	24.96	20.64
F	138	329	370	457	530	618	700	769	540	139	521	36.78	1034	156	0.26	530	617	正态分布	540	515
Ga	138	12.10	13.25	15.43	17.20	19.68	21.23	22.45	17.36	3.19	17.04	5.16	25.20	8.00	0.18	17.20	17.20	正态分布	17.36	17.41
Ge	138	1.22	1.26	1.36	1.47	1.59	1.66	1.68	1.47	0.15	1.46	1.26	1.76	1.16	0.10	1.47	1.46	正态分布	1.47	1.50
Hg	125	0.03	0.03	0.04	0.04	0.05	0.06	0.07	0.04	0.01	0.04	6.43	0.08	0.01	0.29	0.04	0.04	剔除后正态分布	0.04	0.04
I	138	0.81	1.02	1.33	2.02	3.14	4.52	5.30	2.47	1.68	2.03	2.08	12.17	0.22	0.68	2.02	1.69	对数正态分布	2.03	2.87
La	138	31.00	32.84	35.73	38.90	42.98	46.93	48.60	39.33	5.41	38.96	8.24	53.1	25.10	0.14	38.90	35.20	正态分布	39.33	41.95
Li	138	28.07	31.11	36.30	43.30	49.83	55.8	60.2	43.40	9.98	42.22	8.78	67.7	20.90	0.23	43.30	46.20	正态分布	43.40	40.54
Mn	138	367	437	567	740	921	1156	1410	774	327	711	45.21	2214	159	0.42	740	567	正态分布	774	692
Mo	138	0.32	0.35	0.38	0.43	0.53	0.81	1.09	0.52	0.26	0.48	1.81	1.89	0.29	0.50	0.43	0.39	对数正态分布	0.48	0.70
N	138	0.34	0.39	0.45	0.56	0.66	0.82	0.88	0.58	0.18	0.55	1.58	1.16	0.27	0.31	0.56	0.55	正态分布	0.58	0.53
Nb	138	12.68	13.70	14.83	16.65	18.85	21.00	22.72	16.94	3.11	16.66	4.98	25.00	8.50	0.18	16.65	17.40	正态分布	16.94	18.04
Ni	138	18.87	20.94	26.52	33.45	39.00	44.36	46.25	33.18	8.65	31.94	7.62	52.1	10.90	0.26	33.45	35.70	正态分布	33.18	28.06
P	138	0.21	0.24	0.34	0.50	0.57	0.64	0.70	0.47	0.16	0.43	1.88	0.98	0.12	0.35	0.50	0.51	正态分布	0.47	0.39
Pb	138	17.27	19.37	21.60	24.80	27.60	29.90	32.21	24.81	4.76	24.35	6.42	42.60	12.80	0.19	24.80	21.60	正态分布	24.81	25.66

续表 3-18

元素/指标	N	$X_{5\%}$	$X_{10\%}$	$X_{25\%}$	$X_{50\%}$	$X_{75\%}$	$X_{90\%}$	$X_{95\%}$	$\bar{X}$	S	$\bar{X}_g$	S_g	X_{max}	X_{min}	CV	X_{me}	X_{mo}	分布类型	水稻土基准值	湖州市基准值
Rb	138	82.5	89.8	99.8	116	131	145	150	116	21.84	114	15.29	167	56.0	0.19	116	118	正态分布	116	121
S	128	50.00	50.00	95.5	203	520	701	971	325	295	209	24.71	1257	50.00	0.91	203	50.00	其他分布	50.00	50.00
Sb	138	0.31	0.36	0.43	0.56	0.76	0.89	1.03	0.63	0.34	0.57	1.68	3.38	0.24	0.54	0.56	0.45	对数正态分布	0.57	0.68
Sc	138	8.18	8.97	10.10	11.50	13.60	14.80	15.56	11.75	2.35	11.51	4.18	17.10	5.90	0.20	11.50	10.10	正态分布	11.75	10.35
Se	138	0.08	0.10	0.13	0.16	0.20	0.28	0.33	0.17	0.07	0.16	3.24	0.42	0.02	0.43	0.16	0.16	对数正态分布	0.16	0.18
Sn	138	2.72	2.90	3.24	3.60	4.15	4.82	5.48	3.79	0.85	3.71	2.20	6.91	2.26	0.23	3.60	3.24	正态分布	3.79	3.51
Sr	138	58.6	69.6	87.0	109	127	139	141	106	27.72	101	14.80	163	33.00	0.26	109	118	正态分布	106	84.2
Th	138	10.97	11.87	12.70	14.40	15.70	16.69	17.35	14.27	2.03	14.13	4.63	19.90	9.50	0.14	14.40	14.60	正态分布	14.27	14.40
Ti	138	3914	4066	4254	4517	4833	5204	5482	4552	527	4519	126	5950	2538	0.12	4517	4556	正态分布	4552	4743
Tl	138	0.45	0.51	0.59	0.68	0.79	0.87	0.93	0.69	0.14	0.67	1.38	1.05	0.36	0.21	0.68	0.65	正态分布	0.69	0.75
U	138	1.92	2.02	2.25	2.58	3.16	3.54	4.10	2.76	0.75	2.67	1.83	6.36	1.74	0.27	2.58	3.00	对数正态分布	2.67	3.18
V	138	67.3	72.2	82.0	98.5	110	117	125	96.4	18.73	94.4	13.96	136	45.00	0.19	98.5	110	正态分布	96.4	90.5
W	138	1.27	1.40	1.62	1.87	2.09	2.30	2.37	1.85	0.35	1.81	1.48	2.75	1.00	0.19	1.87	2.14	正态分布	1.85	1.96
Y	138	21.85	22.91	24.05	27.00	30.00	32.00	34.00	27.03	3.76	26.77	6.67	39.00	18.00	0.14	27.00	25.00	正态分布	27.03	27.06
Zn	138	47.70	53.7	62.0	72.0	85.8	100.0	106	74.5	17.98	72.4	11.87	125	41.00	0.24	72.0	78.0	正态分布	74.5	70.2
Zr	138	199	207	233	261	284	315	336	261	42.41	258	24.54	406	177	0.16	261	251	正态分布	261	288
SiO_2	138	60.4	61.7	64.5	67.6	70.5	73.7	74.7	67.5	4.64	67.4	11.32	79.2	56.4	0.07	67.6	65.5	正态分布	67.5	69.4
Al_2O_3	138	11.57	11.94	12.92	14.27	15.58	16.66	17.11	14.27	1.77	14.16	4.64	18.36	10.16	0.12	14.34	14.32	正态分布	14.27	14.19
TFe_2O_3	138	3.17	3.73	4.41	5.05	5.85	6.52	7.21	5.15	1.17	5.02	2.60	8.74	2.07	0.23	5.05	4.57	正态分布	5.15	5.04
MgO	138	0.68	0.75	1.03	1.44	1.92	2.15	2.25	1.45	0.52	1.35	1.56	2.32	0.36	0.36	1.44	1.11	正态分布	1.45	1.02
CaO	138	0.28	0.41	0.66	1.08	1.85	2.24	2.46	1.23	0.71	1.00	1.99	2.84	0.09	0.58	1.08	1.23	对数正态分布	1.00	0.53
Na_2O	138	0.44	0.62	0.95	1.31	1.61	1.77	1.84	1.25	0.44	1.14	1.65	2.08	0.15	0.35	1.31	1.31	正态分布	1.25	0.33
K_2O	138	1.65	1.77	2.00	2.27	2.62	2.87	2.97	2.32	0.41	2.28	1.64	3.33	1.43	0.18	2.27	2.23	正态分布	2.32	2.41
TC	136	0.40	0.43	0.50	0.83	1.07	1.23	1.38	0.82	0.33	0.75	1.59	1.69	0.25	0.41	0.83	0.98	其他分布	0.98	0.49
Corg	138	0.22	0.28	0.35	0.45	0.60	0.81	0.97	0.52	0.28	0.46	1.99	1.89	0.06	0.54	0.45	0.36	对数正态分布	0.46	0.44
pH	138	5.45	5.81	6.76	7.42	8.04	8.24	8.34	6.29	5.84	7.27	3.18	8.50	5.03	0.93	7.42	7.06	正态分布	6.29	5.21

七、潮土土壤地球化学基准值

潮土区采集深层土壤样品25件,参数统计表见表3-19。

潮土区深层土壤总体偏酸性,土壤pH基准值为6.31,极大值为8.53,极小值为4.91,略高于湖州市基准值。

各元素/指标中,大多数元素/指标变异系数在0.40以下,分布较为均匀;CaO、pH变异系数大于0.80,空间变异性较大。

与湖州市土壤基准值相比,潮土区土壤基准值中无明显偏低的元素/指标;Cd、P、Sr、MgO基准值略高于湖州市基准值,是湖州市基准值的1.2～1.4倍;Br、Hg、S、CaO、Na$_2$O、TC基准值明显高于湖州市基准值,为湖州市基准值的1.4倍以上;其他各项元素/指标基准值与湖州市基准值基本接近。

第四节 主要土地利用类型地球化学基准值

一、水田土壤地球化学基准值

水田土壤地球化学基准值数据经正态分布检验,结果表明,原始数据中Au、B、Be、Ce、Co、Cr、Cu、F、Ga、Ge、La、Li、N、Nb、Ni、P、Rb、Sc、Sn、Sr、Th、Ti、Tl、V、Y、Zr、SiO$_2$、Al$_2$O$_3$、TFe$_2$O$_3$、MgO、CaO、Na$_2$O、K$_2$O、TC、pH共35项元素/指标符合正态分布,As、Br、Cl、Hg、I、Mn、Mo、Sb、Se、U、W、Zn、Corg共13项元素/指标符合对数正态分布,Ag、Ba、Bi、Cd、Pb、S剔除异常值后符合正态分布(表3-20)。

水田区深层土壤总体为弱酸性,土壤pH基准值为6.26,极大值为8.53,极小值为5.03,略高于湖州市基准值。

各元素/指标中,绝大多数元素/指标变异系数在0.40以下,说明分布较为均匀;S、Se、Zn、pH变异系数大于0.80,空间变异性较大。

与湖州市土壤基准值相比,水田区土壤基准值中绝大多数元素/指标基准值与湖州市基准值接近;I、Mo基准值略低于湖州市基准值,为湖州市基准值的60%～80%;P、Sr基准值略高于湖州市基准值,是湖州市基准值的1.2～1.4倍;S、Na$_2$O、CaO、Br、MgO、TC基准值明显高于湖州市基准值,基准值为湖州市基准值的1.4倍以上,其他各项元素/指标基准值与湖州市基准值基本接近。

二、旱地土壤地球化学基准值

旱地区深层土壤样共采集3件,参数统计表见表3-21。

旱地区深层土壤总体偏中性,土壤pH基准值为6.98,极大值为8.00,极小值为6.31,略高于湖州市基准值。

各元素/指标中,绝大多数元素/指标变异系数在0.40以下,说明分布较为均匀;S、pH变异系数大于0.80,空间变异性较大。

与湖州市土壤基准值相比,旱地区土壤基准值中Mo基准值明显偏低,为湖州市基准值的57%;I、Nb、Zr基准值略低于湖州市基准值,为湖州市基准值的60%～80%;Ag、As、Au、Bi、Br、Cr、F、Li、P、V、TC基准值略高于湖州市基准值,是湖州市基准值的1.2～1.4倍;Cu、Mn、Ni、S、Sb、CaO、Na$_2$O基准值明显高于湖州市基准值,为湖州市基准值的1.4倍以上;其他各项元素/指标基准值与湖州市基准值基本接近。

第三章 土壤地球化学基准值

表3-19 潮土土壤地球化学基准值参数统计表

元素/指标	N	$X_{5\%}$	$X_{10\%}$	$X_{25\%}$	$X_{50\%}$	$X_{75\%}$	$X_{90\%}$	$X_{95\%}$	$\bar{X}$	S	$\bar{X}_g$	S_g	X_{max}	X_{min}	CV	X_{me}	X_{mo}	潮土基准值	湖州市潮土基准值
Ag	25	49.00	54.6	66.0	80.0	99.0	126	138	86.3	30.99	81.6	12.78	173	46.00	0.36	80.0	81.0	80.0	68.7
As	25	3.15	4.53	5.57	8.63	11.60	19.42	21.67	10.23	5.76	8.79	4.07	24.25	2.80	0.56	8.63	11.33	8.63	8.56
Au	25	0.99	1.09	1.34	1.68	1.96	2.36	2.49	1.69	0.52	1.62	1.52	2.98	0.95	0.31	1.68	1.86	1.68	1.45
B	25	39.40	41.80	55.9	66.3	74.0	82.8	84.8	63.9	15.97	61.6	10.67	86.0	27.00	0.25	66.3	79.0	66.3	73.0
Ba	25	325	339	418	474	529	579	581	488	176	467	32.70	1226	251	0.36	474	581	474	472
Be	25	1.53	1.65	2.03	2.29	2.60	2.79	3.00	2.26	0.49	2.21	1.63	3.34	1.22	0.22	2.29	2.29	2.29	2.36
Bi	25	0.20	0.23	0.30	0.35	0.46	0.52	0.52	0.38	0.13	0.36	2.03	0.74	0.16	0.34	0.35	0.30	0.35	0.35
Br	25	1.50	1.54	1.91	2.30	3.28	4.48	5.22	2.75	1.23	2.53	1.95	5.90	1.50	0.45	2.30	1.50	2.30	1.50
Cd	25	0.06	0.07	0.09	0.12	0.14	0.22	0.28	0.13	0.06	0.12	3.61	0.29	0.06	0.49	0.12	0.10	0.12	0.09
Ce	25	54.0	58.4	62.0	76.0	82.4	85.6	90.8	73.8	14.35	72.4	11.42	112	43.00	0.19	76.0	73.0	76.0	80.3
Cl	25	43.60	50.00	56.0	64.0	80.0	100.0	113	70.9	24.14	67.6	11.43	145	37.50	0.34	64.0	71.0	64.0	59.3
Co	25	9.46	10.42	13.70	16.10	16.90	18.60	18.96	15.18	3.08	14.83	4.68	20.30	8.50	0.20	16.10	14.20	16.10	14.75
Cr	25	48.20	50.6	56.2	72.4	91.0	99.2	110	75.2	22.95	71.9	11.67	130	40.00	0.31	72.4	53.0	72.4	67.2
Cu	25	9.79	11.46	17.45	23.00	28.43	31.83	34.48	23.01	8.77	21.14	5.87	43.75	6.19	0.38	23.00	23.00	23.00	20.64
F	25	228	233	403	548	639	672	693	499	175	460	32.20	721	126	0.35	548	608	548	515
Ga	25	8.96	9.60	14.20	16.30	19.70	21.00	21.28	15.87	4.55	15.11	4.68	21.80	5.90	0.29	16.30	19.40	16.30	17.41
Ge	25	1.20	1.23	1.31	1.44	1.56	1.67	1.79	1.45	0.18	1.44	1.26	1.85	1.19	0.13	1.44	1.36	1.44	1.50
Hg	25	0.03	0.03	0.04	0.06	0.08	0.11	0.11	0.06	0.03	0.06	5.32	0.12	0.02	0.42	0.06	0.06	0.06	0.04
I	25	0.97	1.20	1.57	2.81	4.25	5.98	7.13	3.08	2.02	2.54	2.34	8.25	0.86	0.65	2.81	1.53	2.81	2.87
La	25	29.26	31.62	32.50	39.50	42.80	45.64	47.20	38.14	6.54	37.55	7.83	49.30	21.80	0.17	39.50	39.50	39.50	41.95
Li	25	24.26	25.34	30.90	40.80	48.30	54.0	55.5	40.09	11.65	38.32	7.98	59.5	19.10	0.29	40.80	39.90	40.80	40.54
Mn	25	402	442	669	765	864	1051	1210	776	238	740	45.16	1307	370	0.31	765	769	765	692
Mo	25	0.33	0.34	0.40	0.56	0.73	0.89	0.91	0.57	0.22	0.53	1.70	1.12	0.26	0.39	0.56	0.59	0.56	0.70
N	25	0.38	0.41	0.49	0.60	0.74	1.10	1.31	0.67	0.29	0.63	1.60	1.37	0.34	0.42	0.60	0.49	0.60	0.53
Nb	25	8.46	9.30	12.30	16.50	18.90	20.82	21.94	15.53	4.76	14.68	4.54	22.10	5.00	0.31	16.50	18.70	16.50	18.04
Ni	25	17.58	18.50	23.30	33.60	37.90	43.00	44.60	31.29	9.30	29.86	6.98	44.90	16.60	0.30	33.60	35.30	33.60	28.06
P	25	0.37	0.40	0.45	0.51	0.58	0.63	0.68	0.52	0.11	0.51	1.53	0.82	0.36	0.21	0.51	0.51	0.51	0.39
Pb	25	19.52	19.68	21.80	25.60	27.80	29.98	32.14	25.31	5.83	24.71	6.36	44.60	13.90	0.23	25.60	27.60	25.60	25.66

续表 3-19

元素/指标	N	$X_{5\%}$	$X_{10\%}$	$X_{25\%}$	$X_{50\%}$	$X_{75\%}$	$X_{90\%}$	$X_{95\%}$	$\bar{X}$	S	$\bar{X}_g$	S_g	X_{max}	X_{min}	CV	X_{me}	X_{mo}	湖土基准值	湖州市基准值
Rb	25	65.0	67.1	94.0	117	130	139	146	108	29.08	104	13.89	150	40.00	0.27	117	110	117	121
S	22	51.0	70.3	112	174	224	328	401	188	120	156	18.61	528	47.00	0.64	174	180	174	50.00
Sb	25	0.32	0.38	0.47	0.70	0.84	1.05	1.54	0.73	0.37	0.65	1.67	1.75	0.25	0.51	0.70	0.70	0.70	0.68
Sc	25	6.50	6.98	8.80	11.00	12.30	14.80	15.16	10.74	2.99	10.30	3.83	15.50	4.80	0.28	11.00	10.60	11.00	10.35
Se	25	0.09	0.10	0.14	0.21	0.31	0.41	0.53	0.24	0.14	0.20	2.89	0.56	0.06	0.57	0.21	0.15	0.21	0.18
Sn	25	2.24	2.52	2.85	3.15	3.50	4.45	5.13	3.34	0.93	3.23	2.05	6.21	1.75	0.28	3.15	3.41	3.15	3.51
Sr	25	23.80	27.40	45.30	102	120	128	136	84.9	41.73	71.8	11.71	155	16.00	0.49	102	128	102	84.2
Th	25	8.84	10.32	11.90	13.50	15.00	15.66	15.94	13.09	2.42	12.84	4.29	16.50	6.90	0.18	13.50	12.00	13.50	14.40
Ti	25	2351	2457	3960	4555	4975	5280	5551	4261	1072	4087	111	5650	1475	0.25	4555	4376	4555	4743
Tl	25	0.40	0.44	0.58	0.64	0.77	0.84	0.90	0.66	0.16	0.64	1.50	0.95	0.30	0.25	0.64	0.62	0.64	0.75
U	25	1.78	1.94	2.38	2.74	3.04	3.32	3.49	2.65	0.54	2.59	1.76	3.54	1.56	0.20	2.74	2.38	2.74	3.18
V	25	52.6	56.2	73.0	96.0	110	119	122	89.4	24.28	85.8	12.61	126	39.00	0.27	96.0	99.0	96.0	90.5
W	25	1.15	1.46	1.66	1.85	2.09	2.36	2.48	1.88	0.45	1.83	1.50	3.02	0.93	0.24	1.85	1.85	1.85	1.96
Y	25	17.20	18.00	19.00	25.00	28.10	31.00	32.60	24.42	5.64	23.74	6.03	34.00	12.00	0.23	25.00	18.00	25.00	27.06
Zn	25	39.60	51.6	60.5	80.0	87.0	96.8	102	74.6	19.52	71.8	11.50	108	34.00	0.26	80.0	80.0	80.0	70.2
Zr	25	197	202	220	256	294	317	330	260	51.1	255	24.08	404	190	0.20	256	262	256	288
SiO$_2$	25	63.4	63.9	65.5	69.7	74.2	76.3	78.0	69.8	5.50	69.6	11.35	80.7	59.2	0.08	69.7	69.7	69.7	69.4
Al$_2$O$_3$	25	10.71	11.18	11.88	13.99	15.32	16.01	16.43	13.62	2.08	13.46	4.41	16.76	8.49	0.15	13.99	13.62	13.99	14.19
TFe$_2$O$_3$	25	3.28	3.53	3.98	5.15	5.55	5.71	6.14	4.90	1.06	4.79	2.46	7.65	3.11	0.22	5.15	4.92	5.15	5.04
MgO	25	0.40	0.44	0.69	1.36	1.75	2.03	2.06	1.26	0.62	1.08	1.86	2.15	0.26	0.49	1.36	1.29	1.36	1.02
CaO	25	0.09	0.12	0.23	0.80	1.22	1.72	2.24	0.84	0.68	0.54	3.24	2.41	0.06	0.82	0.80	1.22	0.80	0.53
Na$_2$O	25	0.15	0.16	0.35	0.89	1.44	1.54	1.72	0.92	0.58	0.67	2.62	1.96	0.07	0.63	0.89	0.89	0.89	0.33
K$_2$O	25	1.58	1.71	1.95	2.36	2.54	2.75	2.79	2.25	0.43	2.21	1.61	2.81	1.25	0.19	2.36	2.05	2.36	2.41
TC	25	0.37	0.41	0.48	0.75	1.07	1.22	1.31	0.81	0.37	0.73	1.65	1.84	0.30	0.46	0.75	0.79	0.75	0.49
Corg	25	0.24	0.25	0.35	0.47	0.76	0.94	1.18	0.58	0.34	0.51	1.97	1.60	0.20	0.58	0.47	0.54	0.47	0.44
pH	25	5.03	5.11	5.73	6.31	7.52	8.07	8.41	5.68	5.46	6.58	2.93	8.53	4.91	0.96	6.31	6.67	6.31	5.21

第三章 土壤地球化学基准值

表 3-20 水田土壤地球化学基准值参数统计表

元素/指标	N	$X_{5\%}$	$X_{10\%}$	$X_{25\%}$	$X_{50\%}$	$X_{75\%}$	$X_{90\%}$	$X_{95\%}$	$\overline{X}$	S	$\overline{X}_g$	S_g	X_{max}	X_{min}	CV	X_{me}	X_{mo}	分布类型	水田基准值	湖州市基准值
Ag	63	49.00	55.2	62.5	74.0	81.0	89.4	92.8	72.4	14.30	71.0	11.74	112	40.00	0.20	74.0	74.0	剔除后正态分布	72.4	68.7
As	69	2.89	3.42	5.06	7.15	9.69	13.73	17.28	8.40	5.93	7.14	3.49	43.70	1.85	0.71	7.15	7.61	对数正态分布	7.14	8.56
Au	69	0.94	1.05	1.25	1.56	1.86	2.31	2.63	1.63	0.54	1.56	1.50	3.41	0.76	0.33	1.56	1.52	正态分布	1.63	1.45
B	69	43.60	48.90	61.0	72.0	78.0	81.2	84.6	68.3	13.62	66.7	11.62	94.0	29.00	0.20	72.0	80.0	正态分布	68.3	73.0
Ba	59	412	424	443	461	492	517	560	468	43.97	466	34.10	582	368	0.09	461	472	剔除后正态分布	468	472
Be	69	1.69	1.85	2.01	2.40	2.64	2.92	3.07	2.37	0.43	2.33	1.66	3.36	1.61	0.18	2.40	2.64	正态分布	2.37	2.36
Bi	67	0.17	0.22	0.27	0.35	0.42	0.46	0.51	0.35	0.10	0.33	2.07	0.63	0.14	0.30	0.35	0.37	剔除后正态分布	0.35	0.35
Br	69	1.50	1.50	1.51	2.15	2.80	3.35	3.86	2.28	0.80	2.16	1.70	4.91	1.34	0.35	2.15	1.50	对数正态分布	2.16	1.50
Cd	64	0.06	0.07	0.08	0.10	0.11	0.13	0.14	0.10	0.03	0.09	4.11	0.17	0.02	0.28	0.10	0.11	剔除后正态分布	0.10	0.09
Ce	69	58.4	62.0	67.0	73.0	82.5	93.0	96.2	75.3	12.61	74.4	11.88	117	53.0	0.17	73.0	73.0	正态分布	75.3	80.3
Cl	69	45.04	47.54	56.0	66.7	85.0	108	150	77.6	48.07	70.3	12.19	391	35.30	0.62	66.7	67.0	对数正态分布	70.3	59.3
Co	69	8.50	10.80	12.90	14.60	16.90	19.80	20.02	14.87	3.47	14.45	4.72	24.90	7.70	0.23	14.60	14.40	正态分布	14.87	14.75
Cr	69	41.24	48.64	60.5	73.0	93.0	106	115	76.1	23.63	72.4	12.33	142	30.60	0.31	73.0	69.0	正态分布	76.1	67.2
Cu	69	10.14	13.48	17.10	22.67	30.06	34.05	36.11	24.07	10.91	21.91	6.21	83.3	5.27	0.45	22.67	20.40	正态分布	24.07	20.64
F	69	335	367	451	530	618	700	732	538	128	521	36.43	791	204	0.24	530	617	正态分布	538	515
Ga	69	11.10	12.78	15.60	17.10	19.70	21.22	21.90	17.08	3.22	16.75	5.06	23.10	9.70	0.19	17.10	17.10	正态分布	17.08	17.41
Ge	69	1.24	1.28	1.37	1.48	1.61	1.68	1.73	1.49	0.16	1.48	1.27	1.89	1.18	0.11	1.48	1.46	正态分布	1.49	1.50
Hg	69	0.03	0.03	0.04	0.04	0.05	0.07	0.08	0.05	0.02	0.04	6.41	0.13	0.03	0.40	0.04	0.05	对数正态分布	0.04	0.04
I	69	0.97	1.02	1.47	2.17	2.81	4.18	6.03	2.53	1.61	2.15	1.99	8.56	0.42	0.64	2.17	1.80	对数正态分布	2.15	2.87
La	69	31.50	32.98	36.10	38.70	43.30	49.46	50.4	40.02	6.02	39.59	8.24	56.7	28.70	0.15	38.70	38.40	正态分布	40.02	41.95
Li	69	25.82	28.84	35.70	43.60	48.00	54.3	56.0	42.15	9.77	40.97	8.52	67.6	22.60	0.23	43.60	45.50	正态分布	42.15	40.54
Mn	69	390	456	542	728	885	1296	1458	781	390	709	43.94	2757	283	0.50	728	567	对数正态分布	709	692
Mo	69	0.31	0.32	0.36	0.42	0.56	0.93	1.01	0.54	0.41	0.48	1.92	3.26	0.26	0.75	0.42	0.39	对数正态分布	0.48	0.70
N	69	0.32	0.34	0.43	0.55	0.67	0.79	0.93	0.57	0.20	0.54	1.63	1.37	0.27	0.36	0.55	0.55	正态分布	0.57	0.53
Nb	69	11.24	12.22	14.70	17.10	19.40	21.94	22.98	17.03	3.57	16.63	4.95	24.10	8.90	0.21	17.10	14.70	正态分布	17.03	18.04
Ni	69	18.28	20.58	24.70	30.50	37.90	43.48	45.58	31.48	8.82	30.21	7.37	50.3	14.90	0.28	30.50	29.90	正态分布	31.48	28.06
P	69	0.23	0.27	0.37	0.50	0.57	0.60	0.63	0.47	0.14	0.45	1.77	0.98	0.16	0.30	0.50	0.51	正态分布	0.47	0.39
Pb	66	15.60	18.35	20.48	23.05	27.50	29.70	32.18	23.93	4.93	23.41	6.18	34.00	12.80	0.21	23.05	21.70	剔除后正态分布	23.93	25.66

续表 3-20

元素/指标	N	$X_{5\%}$	$X_{10\%}$	$X_{25\%}$	$X_{50\%}$	$X_{75\%}$	$X_{90\%}$	$X_{95\%}$	$\overline{X}$	S	$\overline{X}_g$	S_g	X_{max}	X_{min}	CV	X_{me}	X_{mo}	分布类型	水田基准值	湖州市基准值
Rb	69	76.1	82.7	99.0	116	136	145	154	116	24.04	113	14.99	167	56.0	0.21	116	118	正态分布	116	121
S	64	50.00	50.00	97.0	262	450	680	760	313	264	210	25.14	1220	50.00	0.84	262	50.00	剔除后正态分布	313	50.00
Sb	69	0.27	0.33	0.40	0.54	0.70	0.95	1.35	0.64	0.47	0.55	1.84	3.04	0.24	0.74	0.54	0.47	对数正态分布	0.55	0.68
Sc	69	7.88	8.20	9.50	11.30	13.00	14.80	15.26	11.42	2.34	11.18	4.10	16.20	6.70	0.20	11.30	11.30	对数正态分布	11.42	10.35
Se	69	0.06	0.09	0.12	0.15	0.21	0.28	0.32	0.20	0.23	0.16	3.41	1.95	0.03	1.18	0.15	0.17	对数正态分布	0.16	0.18
Sn	69	2.96	3.08	3.24	3.59	4.14	4.92	5.64	3.86	0.89	3.77	2.19	7.16	2.47	0.23	3.59	4.11	正态分布	3.86	3.51
Sr	69	54.6	68.8	90.0	114	129	139	153	108	29.76	103	15.02	163	30.00	0.27	114	122	正态分布	108	84.2
Th	69	10.60	11.40	12.50	13.90	15.50	16.50	17.26	14.09	2.55	13.87	4.57	26.00	8.50	0.18	13.90	14.60	正态分布	14.09	14.40
Ti	69	3825	3958	4141	4517	4806	5174	5508	4528	602	4485	124	6230	2343	0.13	4517	4460	正态分布	4528	4743
Tl	69	0.43	0.47	0.58	0.70	0.80	0.90	0.97	0.69	0.17	0.67	1.43	1.11	0.32	0.24	0.70	0.72	正态分布	0.69	0.75
U	69	1.81	1.92	2.16	2.45	3.00	4.00	4.08	2.80	1.20	2.65	1.85	10.10	1.56	0.43	2.45	4.00	对数正态分布	2.65	3.18
V	69	65.4	69.2	78.1	93.1	110	113	120	92.9	18.19	91.0	13.54	130	44.00	0.20	93.1	100.0	正态分布	92.9	90.5
W	69	1.12	1.31	1.57	1.88	2.10	2.40	2.70	1.94	0.82	1.84	1.56	7.34	1.01	0.42	1.88	1.90	对数正态分布	1.84	1.96
Y	69	21.00	21.80	23.30	27.00	29.40	32.20	33.60	26.65	4.14	26.33	6.51	36.30	18.00	0.16	27.00	28.00	正态分布	26.65	27.06
Zn	69	47.40	50.3	60.3	71.0	84.0	99.0	107	83.2	85.6	73.4	11.94	768	41.00	1.03	71.0	84.0	对数正态分布	73.4	70.2
Zr	69	198	206	236	264	295	339	356	268	50.2	264	24.74	420	177	0.19	264	264	正态分布	268	288
SiO$_2$	69	60.6	61.8	64.9	68.3	70.9	72.9	73.8	67.7	4.25	67.6	11.30	75.6	56.4	0.06	68.3	67.7	正态分布	67.7	69.4
Al$_2$O$_3$	69	11.30	11.62	12.75	14.06	15.46	16.19	16.68	14.00	1.73	13.89	4.55	17.70	10.33	0.12	14.06	12.75	正态分布	14.00	14.19
TFe$_2$O$_3$	69	3.24	3.74	4.34	4.91	5.68	6.25	6.56	4.99	1.14	4.87	2.53	8.74	2.99	0.23	4.91	4.57	正态分布	4.99	5.04
MgO	69	0.63	0.78	1.05	1.50	1.88	2.15	2.23	1.45	0.52	1.35	1.57	2.32	0.38	0.36	1.50	1.20	正态分布	1.45	1.02
CaO	69	0.32	0.44	0.63	1.15	1.99	2.34	2.63	1.30	0.76	1.05	2.01	3.05	0.17	0.59	1.15	1.30	正态分布	1.30	0.53
Na$_2$O	69	0.40	0.68	0.94	1.33	1.65	1.80	1.96	1.27	0.47	1.15	1.68	2.04	0.21	0.37	1.33	1.31	正态分布	1.27	0.33
K$_2$O	69	1.73	1.84	2.05	2.41	2.68	2.92	3.10	2.38	0.42	2.34	1.65	3.26	1.52	0.18	2.41	2.52	正态分布	2.38	2.41
TC	69	0.36	0.43	0.49	0.82	1.07	1.24	1.52	0.83	0.37	0.75	1.62	1.97	0.25	0.45	0.82	0.94	正态分布	0.83	0.49
Corg	69	0.21	0.27	0.35	0.45	0.57	0.86	1.04	0.51	0.29	0.45	2.01	1.60	0.10	0.57	0.45	0.39	对数正态分布	0.45	0.44
pH	69	5.62	6.04	6.52	7.51	8.10	8.32	8.39	6.26	5.78	7.28	3.18	8.53	5.03	0.92	7.51	7.06	正态分布	6.26	5.21

注：氧化物、TC、Corg 单位为%；N、P 单位为 g/kg；Au、Ag 单位为 μg/kg；pH 为无量纲；其他元素/指标单位为 mg/kg；后表单位相同。

表 3-21 旱地土壤地球化学基准值参数统计表

元素/指标	N	$X_{5\%}$	$X_{10\%}$	$X_{25\%}$	$X_{50\%}$	$X_{75\%}$	$X_{90\%}$	$X_{95\%}$	$\bar{X}$	S	$\bar{X}_g$	S_g	X_{max}	X_{min}	CV	X_{me}	X_{mo}	旱地基准值	湖州市基准值
Ag	3	56.4	59.8	70.0	87.0	88.5	89.4	89.7	76.7	20.55	74.6	9.19	90.0	53.0	0.27	87.0	87.0	87.0	68.7
As	3	8.63	8.93	9.83	11.33	13.05	14.09	14.43	11.48	3.23	11.17	3.88	14.78	8.32	0.28	11.33	11.33	11.33	8.56
Au	3	1.85	1.86	1.89	1.94	2.21	2.37	2.43	2.09	0.34	2.07	1.53	2.48	1.84	0.16	1.94	1.94	1.94	1.45
B	3	63.6	64.2	66.0	69.0	70.0	70.6	70.8	67.7	4.16	67.6	9.23	71.0	63.0	0.06	69.0	69.0	69.0	73.0
Ba	3	464	471	492	526	551	566	571	520	59.8	517	28.00	576	457	0.11	526	526	526	472
Be	3	2.60	2.60	2.61	2.62	2.66	2.68	2.68	2.64	0.05	2.64	1.67	2.69	2.60	0.02	2.62	2.62	2.62	2.36
Bi	3	0.36	0.37	0.39	0.43	0.44	0.45	0.45	0.41	0.05	0.41	1.68	0.45	0.35	0.13	0.43	0.43	0.43	0.35
Br	3	1.55	1.60	1.75	2.00	2.65	3.04	3.17	2.27	0.93	2.15	1.56	3.30	1.50	0.41	2.00	2.00	2.00	1.50
Cd	3	0.07	0.07	0.08	0.10	0.11	0.12	0.12	0.10	0.03	0.09	3.76	0.12	0.07	0.29	0.10	0.10	0.10	0.09
Ce	3	59.6	60.2	62.0	65.0	75.5	81.8	83.9	70.0	14.18	69.1	9.92	86.0	59.0	0.20	65.0	65.0	65.0	80.3
Cl	3	56.3	56.6	57.5	59.0	68.0	73.4	75.2	64.0	11.36	63.4	8.47	77.0	56.0	0.18	59.0	59.0	59.0	59.3
Co	3	15.71	15.72	15.75	15.80	18.00	19.32	19.76	17.23	2.57	17.11	4.53	20.20	15.70	0.15	15.80	15.80	15.80	14.75
Cr	3	86.4	86.8	88.0	90.0	97.5	102	104	93.7	10.02	93.3	10.58	105	86.0	0.11	90.0	90.0	90.0	67.2
Cu	3	29.04	29.64	31.46	34.50	34.62	34.70	34.73	32.56	3.58	32.42	6.10	34.75	28.43	0.11	34.50	34.50	34.50	20.64
F	3	492	509	558	639	644	648	649	588	97.4	583	27.62	650	476	0.17	639	639	639	515
Ga	3	16.47	16.64	17.15	18.00	18.30	18.48	18.54	17.63	1.19	17.61	4.48	18.60	16.30	0.07	18.00	18.00	18.00	17.41
Ge	3	1.40	1.41	1.44	1.50	1.61	1.67	1.69	1.53	0.16	1.53	1.26	1.71	1.38	0.11	1.50	1.50	1.50	1.50
Hg	3	0.04	0.04	0.04	0.04	0.06	0.06	0.06	0.05	0.02	0.05	5.52	0.07	0.04	0.33	0.04	0.04	0.04	0.04
I	3	0.83	0.97	1.42	2.15	3.00	3.52	3.69	2.23	1.59	1.78	2.27	3.86	0.68	0.71	2.15	2.15	2.15	2.87
La	3	32.83	33.06	33.75	34.90	40.65	44.10	45.25	37.97	7.39	37.51	7.16	46.40	32.60	0.19	34.90	34.90	34.90	41.95
Li	3	41.65	42.80	46.25	52.0	53.9	55.0	55.3	49.40	7.93	48.95	7.45	55.7	40.50	0.16	52.0	52.0	52.0	40.54
Mn	3	411	474	663	978	996	1007	1010	780	375	701	31.46	1014	348	0.48	978	978	978	692
Mo	3	0.40	0.40	0.40	0.40	0.51	0.58	0.60	0.47	0.13	0.46	1.50	0.62	0.40	0.27	0.40	0.40	0.40	0.70
N	3	0.39	0.40	0.43	0.49	0.53	0.55	0.56	0.48	0.10	0.47	1.59	0.57	0.38	0.20	0.49	0.49	0.49	0.53
Nb	3	11.61	11.92	12.85	14.40	15.90	16.80	17.10	14.37	3.05	14.15	3.82	17.40	11.30	0.21	14.40	14.40	14.40	18.04
Ni	3	37.99	38.68	40.75	44.20	44.25	44.28	44.29	41.93	4.01	41.80	6.99	44.30	37.30	0.10	44.20	44.20	44.20	28.06
P	3	0.21	0.24	0.33	0.47	0.50	0.52	0.52	0.39	0.18	0.36	2.14	0.53	0.19	0.46	0.47	0.47	0.47	0.39
Pb	3	24.52	24.54	24.60	24.70	26.15	27.02	27.31	25.60	1.73	25.56	5.54	27.60	24.50	0.07	24.70	24.70	24.70	25.66

续表 3-21

元素/指标	N	$X_{5\%}$	$X_{10\%}$	$X_{25\%}$	$X_{50\%}$	$X_{75\%}$	$X_{90\%}$	$X_{95\%}$	$\bar{X}$	S	$\bar{X}_g$	S_g	X_{max}	X_{min}	CV	X_{me}	X_{mo}	旱地基准值	湖州市基准值
Rb	3	114	115	117	121	132	138	140	126	15.06	125	12.29	142	113	0.12	121	121	121	121
S	3	75.2	100.0	176	302	466	565	598	328	291	212	14.44	631	50.00	0.89	302	302	302	50.00
Sb	3	0.56	0.61	0.74	0.96	0.98	0.99	1.00	0.83	0.27	0.79	1.35	1.00	0.52	0.32	0.96	0.96	0.96	0.68
Sc	3	11.60	11.60	11.60	11.60	12.30	12.72	12.86	12.07	0.81	12.05	3.64	13.00	11.60	0.07	11.60	11.60	11.60	10.35
Se	3	0.13	0.13	0.14	0.15	0.16	0.16	0.17	0.15	0.02	0.15	2.89	0.17	0.13	0.14	0.15	0.15	0.15	0.18
Sn	3	3.19	3.28	3.56	4.02	4.43	4.68	4.77	3.99	0.88	3.92	1.97	4.85	3.10	0.22	4.02	4.02	4.02	3.51
Sr	3	81.5	83.0	87.5	95.0	106	112	114	97.0	18.08	95.9	10.49	116	80.0	0.19	95.0	95.0	95.0	84.2
Th	3	13.19	13.38	13.95	14.90	15.10	15.22	15.26	14.40	1.23	14.36	4.18	15.30	13.00	0.09	14.90	14.90	14.90	14.40
Ti	3	4388	4401	4438	4500	4540	4564	4572	4485	103	4485	83.5	4580	4376	0.02	4500	4500	4500	4743
Tl	3	0.70	0.70	0.72	0.75	0.77	0.77	0.78	0.74	0.05	0.74	1.16	0.78	0.69	0.06	0.75	0.75	0.75	0.75
U	3	2.22	2.32	2.64	3.15	3.34	3.45	3.49	2.93	0.73	2.87	1.95	3.52	2.12	0.25	3.15	3.15	3.15	3.18
V	3	100.0	101	104	110	112	112	113	107	7.37	107	11.59	113	99.0	0.07	110	110	110	90.5
W	3	1.84	1.84	1.85	1.86	1.89	1.91	1.91	1.87	0.04	1.87	1.39	1.92	1.84	0.02	1.86	1.86	1.86	1.96
Y	3	22.30	22.60	23.50	25.00	28.00	29.80	30.40	26.00	4.58	25.74	5.72	31.00	22.00	0.18	25.00	25.00	25.00	27.06
Zn	3	66.1	67.2	70.5	76.0	88.0	95.2	97.6	80.3	17.90	79.1	9.55	100.0	65.0	0.22	76.0	76.0	76.0	70.2
Zr	3	208	210	216	225	249	264	269	235	34.80	233	18.52	274	207	0.15	225	225	225	288
SiO_2	3	61.8	62.4	64.1	67.0	68.1	68.8	69.1	65.8	4.15	65.8	9.27	69.3	61.2	0.06	67.0	67.0	67.0	69.4
Al_2O_3	3	14.77	14.88	15.23	15.82	16.66	17.17	17.34	15.99	1.44	15.95	4.28	17.51	14.65	0.09	15.82	15.82	15.82	14.19
TFe_2O_3	3	4.65	4.76	5.08	5.62	5.82	5.94	5.98	5.39	0.77	5.36	2.40	6.02	4.54	0.14	5.62	5.62	5.62	5.04
MgO	3	1.04	1.04	1.05	1.06	1.62	1.96	2.07	1.43	0.65	1.34	1.41	2.18	1.04	0.46	1.06	1.06	1.06	1.02
CaO	3	0.45	0.51	0.69	0.98	1.48	1.77	1.87	1.11	0.80	0.91	2.09	1.97	0.39	0.72	0.98	0.98	0.98	0.53
Na_2O	3	0.90	0.91	0.95	1.00	1.14	1.22	1.24	1.05	0.20	1.04	1.17	1.27	0.89	0.19	1.00	1.00	1.00	0.33
K_2O	3	1.65	1.70	1.83	2.04	2.44	2.68	2.76	2.16	0.62	2.11	1.49	2.84	1.61	0.29	2.04	2.04	2.04	2.41
TC	3	0.40	0.42	0.50	0.63	0.88	1.02	1.07	0.71	0.38	0.64	1.85	1.12	0.37	0.54	0.63	0.63	0.63	0.49
Corg	3	0.26	0.28	0.34	0.44	0.53	0.58	0.59	0.43	0.19	0.40	2.09	0.61	0.24	0.43	0.44	0.44	0.44	0.44
pH	3	6.38	6.44	6.64	6.98	7.49	7.80	7.90	6.70	6.59	7.10	2.71	8.00	6.31	0.98	6.98	6.98	6.98	5.21

三、园地土壤地球化学基准值

园地土壤地球化学基准值数据经正态分布检验,结果表明,原始数据中 Ag、Au、B、Ba、Be、Cd、Ce、Cl、Co、Cr、Cu、F、Ga、Ge、Hg、I、La、Li、Mn、Mo、N、Nb、Ni、P、Pb、Rb、Sb、Sc、Se、Sn、Sr、Th、Ti、Tl、U、V、W、Y、Zn、Zr、SiO_2、Al_2O_3、TFe_2O_3、MgO、Na_2O、K_2O、pH 共 47 项元素/指标符合正态分布,As、Bi、S、CaO、TC、Corg 共 6 项元素/指标符合对数正态分布,Br 不符合正态分布或对数正态分布(表 3-22)。

园地区深层土壤总体为酸性,土壤 pH 基准值为 5.67,极大值为 8.50,极小值为 4.71,与湖州市基准值基本接近。

各元素/指标中,大多数元素/指标变异系数在 0.40 以下,分布较为均匀;As、Au、Bi、Cd、Cl、Cu、Hg、I、P、S、Sb、Se、Sr、MgO、CaO、Na_2O、TC、Corg、pH 共 19 项元素/指标变异系数不小于 0.40,其中 S、CaO、pH 变异系数大于 0.80,空间变异性较大。

与湖州市土壤基准值相比,园地区土壤基准值中无明显偏低的元素/指标;Hg、Sb 基准值略高于湖州市基准值,为湖州市基准值的 1.2~1.4 倍;Na_2O、S 基准值明显高于湖州市基准值,为湖州市基准值的 1.4 倍以上;其他各项元素/指标基准值与湖州市基准值基本接近。

四、林地土壤地球化学基准值

林地土壤地球化学基准值数据经正态分布检验,结果表明,原始数据中 B、Co、Cr、F、Ga、Ge、I、La、Li、Mn、P、Pb、Rb、Sr、Ti、Tl、Y、Zr、SiO_2、Al_2O_3、TFe_2O_3、K_2O 共 22 项元素/指标符合正态分布,Ag、As、Au、Ba、Be、Bi、Br、Cl、Cu、Hg、Mo、N、Ni、Sc、Se、Sn、Th、U、V、W、Zn、MgO、CaO、Na_2O、pH 共 25 项元素/指标符合对数正态分布,Cd、Ce、Nb、S、Sb、Corg 剔除异常值后符合正态分布,TC 剔除异常值后符合对数正态分布(表 3-23)。

林地区深层土壤总体为酸性,土壤 pH 基准值为 5.83,极大值为 8.23,极小值为 4.82,与湖州市基准值基本接近。

各元素/指标中,大多数元素/指标变异系数在 0.40 以下,分布较为均匀;Ag、As、Au、B、Ba、Bi、Br、Cd、Cr、Cu、Hg、I、Mo、N、Ni、Se、Sn、MgO、CaO、Na_2O、pH 共 21 项元素/指标变异系数不小于 0.40,其中 Ag、Ba、Mo、Sn、pH 变异系数大于 0.80,空间变异性较大。

与湖州市土壤基准值相比,林地区土壤基准值中 B、Ni、CaO 基准值略低于湖州市基准值,为湖州市基准值的 60%~80%;Ba、Hg 基准值略高于湖州市基准值,为湖州市基准值的 1.2~1.4 倍;Br、S、I、Mo、Na_2O 基准值明显高于湖州市基准值,为湖州市基准值的 1.4 倍以上;其他各项元素/指标基准值与湖州市基准值基本接近。

表 3-22 园地土壤地球化学基准值参数统计表

元素/指标	N	$X_{5\%}$	$X_{10\%}$	$X_{25\%}$	$X_{50\%}$	$X_{75\%}$	$X_{90\%}$	$X_{95\%}$	$\bar{X}$	S	$\bar{X}_g$	S_g	X_{max}	X_{min}	CV	X_{me}	X_{mo}	分布类型	园地基准值	湖州市基准值
Ag	52	34.20	46.10	57.0	67.0	79.0	89.9	101	68.7	20.88	65.6	11.64	140	32.00	0.30	67.0	69.0	正态分布	68.7	68.7
As	52	4.03	5.43	6.76	9.08	12.51	16.24	18.38	10.57	6.78	9.31	3.87	48.89	3.35	0.64	9.08	13.14	对数正态分布	9.31	8.56
Au	52	0.91	0.96	1.17	1.50	2.01	2.51	2.83	1.71	0.82	1.57	1.64	5.74	0.67	0.48	1.50	1.78	正态分布	1.71	1.45
B	52	42.99	49.66	56.3	69.5	74.2	82.8	86.0	66.8	13.87	65.2	11.19	98.0	27.00	0.21	69.5	72.0	正态分布	66.8	73.0
Ba	52	283	341	427	469	517	563	623	466	94.0	455	33.41	680	214	0.20	469	469	正态分布	466	472
Be	52	1.29	1.52	1.87	2.28	2.63	2.79	2.94	2.21	0.51	2.15	1.65	3.34	1.06	0.23	2.28	2.28	正态分布	2.21	2.36
Bi	52	0.20	0.24	0.26	0.31	0.42	0.47	0.51	0.33	0.17	0.33	2.04	1.40	0.18	0.49	0.31	0.43	对数正态分布	0.33	0.35
Br	52	1.50	1.50	1.50	2.04	3.04	3.59	3.72	2.30	0.89	2.15	1.69	5.08	1.50	0.39	2.04	1.50	其他分布	1.50	1.50
Cd	52	0.04	0.04	0.06	0.08	0.11	0.12	0.14	0.08	0.04	0.08	4.52	0.23	0.03	0.45	0.08	0.08	正态分布	0.08	0.09
Ce	52	55.1	60.4	71.0	78.0	85.0	92.0	105	78.0	14.05	76.7	12.17	113	43.00	0.18	78.0	87.0	正态分布	78.0	80.3
Cl	52	37.96	43.66	47.57	59.0	75.4	94.0	103	67.3	29.81	62.7	11.35	189	36.60	0.44	59.0	53.0	正态分布	67.3	59.3
Co	52	9.21	10.28	13.47	15.75	17.92	19.96	20.64	15.67	4.33	15.06	4.78	33.80	5.40	0.28	15.75	16.60	正态分布	15.67	14.75
Cr	52	41.65	45.30	58.4	70.6	94.0	106	116	75.8	24.48	71.7	12.05	135	27.00	0.32	70.6	94.0	正态分布	75.8	67.2
Cu	52	10.80	12.78	17.90	21.20	27.99	33.19	38.85	23.80	12.01	21.68	6.13	82.1	9.20	0.50	21.20	25.27	正态分布	23.80	20.64
F	52	157	200	402	492	570	667	681	475	169	437	32.27	905	126	0.36	492	473	正态分布	475	515
Ga	52	7.78	11.81	15.07	16.70	18.40	20.12	20.70	16.13	3.54	15.62	4.85	21.40	5.90	0.22	16.70	15.80	正态分布	16.13	17.41
Ge	52	1.21	1.22	1.31	1.45	1.58	1.65	1.68	1.44	0.15	1.44	1.25	1.69	1.18	0.10	1.45	1.31	正态分布	1.44	1.50
Hg	52	0.02	0.02	0.03	0.04	0.06	0.08	0.12	0.05	0.03	0.04	6.33	0.13	0.02	0.56	0.04	0.03	正态分布	0.05	0.04
I	52	0.99	1.17	1.58	3.01	4.52	5.35	6.31	3.17	1.84	2.59	2.34	8.40	0.22	0.58	3.01	3.98	正态分布	3.17	2.87
La	52	29.40	31.89	36.48	41.05	43.75	47.83	51.0	40.28	6.68	39.68	8.25	54.8	21.80	0.17	41.05	39.00	正态分布	40.28	41.95
Li	52	25.34	30.10	33.45	40.45	45.83	50.9	55.0	39.87	9.65	38.70	8.28	67.7	19.10	0.24	40.45	42.10	正态分布	39.87	40.54
Mn	52	302	394	557	716	834	1091	1197	734	280	676	43.03	1617	156	0.38	716	557	正态分布	734	692
Mo	52	0.35	0.36	0.43	0.50	0.73	0.92	1.06	0.58	0.22	0.55	1.71	1.11	0.29	0.38	0.50	0.49	正态分布	0.58	0.70
N	52	0.36	0.38	0.44	0.50	0.62	0.80	0.85	0.55	0.18	0.52	1.62	1.34	0.25	0.33	0.50	0.49	正态分布	0.55	0.53
Nb	52	7.60	13.90	15.30	17.35	19.42	20.97	21.61	16.82	3.94	16.18	4.87	23.80	5.00	0.23	17.35	17.40	正态分布	16.82	18.04
Ni	52	16.20	17.59	22.65	28.30	36.20	42.82	44.72	29.53	9.08	28.12	6.98	52.1	12.10	0.31	28.30	25.40	正态分布	29.53	28.06
P	52	0.20	0.24	0.28	0.37	0.57	0.65	0.70	0.43	0.17	0.39	1.95	0.81	0.18	0.40	0.37	0.42	正态分布	0.43	0.39
Pb	52	18.02	19.40	21.60	25.15	28.50	32.45	34.45	25.61	5.42	25.07	6.50	42.60	15.90	0.21	25.15	25.00	正态分布	25.61	25.66

续表 3-22

元素/指标	N	$X_{5\%}$	$X_{10\%}$	$X_{25\%}$	$X_{50\%}$	$X_{75\%}$	$X_{90\%}$	$X_{95\%}$	$\overline{X}$	S	$\overline{X}_g$	S_g	X_{max}	X_{min}	CV	X_{me}	X_{mo}	分布类型	园地基准值	湖州市基准值
Rb	52	56.0	73.7	94.6	111	123	137	148	107	27.13	103	14.25	163	40.00	0.25	111	118	正态分布	107	121
S	52	50.00	50.00	69.2	112	187	550	881	218	279	135	18.74	1237	47.00	1.28	112	50.00	对数正态分布	135	50.00
Sb	52	0.37	0.43	0.56	0.78	0.96	1.18	1.32	0.82	0.47	0.74	1.60	3.38	0.31	0.57	0.78	0.85	正态分布	0.82	0.68
Sc	52	5.81	8.62	9.40	10.45	12.07	13.67	14.45	10.65	2.35	10.36	3.90	15.10	4.80	0.22	10.45	10.10	正态分布	10.65	10.35
Se	52	0.09	0.10	0.13	0.16	0.23	0.28	0.32	0.18	0.07	0.17	3.06	0.40	0.08	0.41	0.16	0.16	正态分布	0.18	0.18
Sn	52	2.32	2.58	3.12	3.45	4.06	5.36	6.34	3.73	1.13	3.58	2.18	6.70	1.75	0.30	3.45	3.43	正态分布	3.73	3.51
Sr	52	35.26	38.68	47.50	72.5	102	121	128	76.6	33.72	69.0	12.24	162	16.00	0.44	72.5	118	正态分布	76.6	84.2
Th	52	9.82	11.90	12.40	13.90	15.12	16.87	18.02	13.91	2.37	13.69	4.57	18.50	6.90	0.17	13.90	13.70	正态分布	13.91	14.40
Ti	52	2441	3892	4307	4730	5246	5983	6103	4645	1020	4496	121	6192	1475	0.22	4730	4820	正态分布	4645	4743
Tl	52	0.42	0.50	0.58	0.66	0.74	0.82	0.90	0.66	0.14	0.64	1.43	0.99	0.29	0.22	0.66	0.62	正态分布	0.66	0.75
U	52	2.03	2.14	2.36	2.75	3.22	3.51	3.67	2.81	0.55	2.76	1.85	4.00	1.75	0.19	2.75	3.09	正态分布	2.81	3.18
V	52	51.5	68.7	77.0	91.3	105	115	119	90.5	20.72	87.8	13.21	136	39.00	0.23	91.3	115	正态分布	90.5	90.5
W	52	1.02	1.40	1.55	1.75	2.02	2.29	2.36	1.82	0.49	1.76	1.52	3.89	0.92	0.27	1.75	1.99	正态分布	1.82	1.96
Y	52	17.55	22.07	24.38	26.05	28.00	30.00	32.89	26.04	4.65	25.57	6.44	39.00	12.00	0.18	26.05	28.00	正态分布	26.04	27.06
Zn	52	35.65	41.00	56.0	63.0	75.8	94.3	102	66.0	19.95	63.0	10.81	117	26.00	0.30	63.0	61.2	正态分布	66.0	70.2
Zr	52	210	217	245	284	321	342	361	284	50.2	279	25.39	404	187	0.18	284	321	正态分布	284	288
SiO$_2$	52	62.0	63.6	66.9	70.3	73.5	78.0	79.3	70.3	5.30	70.1	11.50	80.7	58.1	0.08	70.3	70.2	正态分布	70.3	69.4
Al$_2$O$_3$	52	10.57	11.04	12.56	13.63	15.15	16.29	16.57	13.66	1.93	13.52	4.49	17.11	8.49	0.14	13.63	15.38	正态分布	13.66	14.19
TFe$_2$O$_3$	52	3.10	3.38	4.67	5.23	5.80	6.56	7.25	5.15	1.26	4.98	2.55	8.09	2.17	0.24	5.23	5.11	正态分布	5.15	5.04
MgO	52	0.36	0.56	0.74	0.84	1.51	2.05	2.18	1.08	0.56	0.94	1.72	2.32	0.25	0.52	0.84	0.76	正态分布	1.08	1.02
CaO	52	0.13	0.16	0.23	0.43	0.85	1.73	1.97	0.69	0.64	0.47	2.67	2.81	0.06	0.93	0.43	0.35	对数正态分布	0.47	0.53
Na$_2$O	52	0.18	0.21	0.36	0.72	1.16	1.52	1.63	0.81	0.50	0.63	2.23	1.84	0.07	0.63	0.72	0.95	正态分布	0.81	0.33
K$_2$O	52	1.40	1.57	1.77	2.07	2.47	2.84	2.91	2.12	0.49	2.07	1.59	3.10	1.25	0.23	2.07	2.10	正态分布	2.12	2.41
TC	52	0.35	0.40	0.43	0.47	0.73	1.12	1.14	0.63	0.33	0.56	1.71	2.03	0.26	0.53	0.47	0.43	对数正态分布	0.56	0.49
Corg	52	0.23	0.27	0.33	0.41	0.51	0.66	0.78	0.46	0.26	0.41	1.97	1.89	0.17	0.57	0.41	0.34	对数正态分布	0.41	0.44
pH	52	5.11	5.17	5.51	6.62	7.47	8.15	8.21	5.67	5.44	6.55	3.02	8.50	4.71	0.96	6.62	8.21	正态分布	5.67	5.21

表 3-23 林地土壤地球化学基准值参数统计表

元素/指标	N	$X_{5\%}$	$X_{10\%}$	$X_{25\%}$	$X_{50\%}$	$X_{75\%}$	$X_{90\%}$	$X_{95\%}$	$\overline{X}$	S	$\overline{X}_g$	S_g	X_{max}	X_{min}	CV	X_{me}	X_{mo}	分布类型	林地基准值	湖州市基准值
Ag	147	32.00	35.00	45.00	61.0	95.0	164	302	96.0	131	70.4	12.68	1330	27.00	1.37	61.0	32.00	对数正态分布	70.4	68.7
As	147	4.32	4.78	6.14	8.39	13.20	21.49	30.18	11.42	8.82	9.34	4.18	51.9	3.09	0.77	8.39	7.23	对数正态分布	9.34	8.56
Au	147	0.63	0.73	0.96	1.21	1.74	2.19	2.80	1.43	0.77	1.28	1.62	6.39	0.46	0.54	1.21	1.10	对数正态分布	1.28	1.45
B	147	20.36	23.52	33.20	51.4	67.0	79.4	90.1	52.5	23.26	47.13	10.12	144	7.98	0.44	51.4	59.0	正态分布	52.5	73.0
Ba	147	321	361	444	524	718	1115	1542	720	737	597	39.55	7424	242	1.02	524	544	对数正态分布	597	472
Be	147	1.52	1.67	2.00	2.47	2.78	3.26	3.86	2.53	0.94	2.42	1.77	10.35	1.26	0.37	2.47	2.65	对数正态分布	2.42	2.36
Bi	147	0.20	0.22	0.26	0.31	0.43	0.58	0.75	0.39	0.25	0.34	2.13	1.89	0.14	0.64	0.31	0.26	对数正态分布	0.34	0.35
Br	147	1.50	1.51	2.35	3.10	4.05	5.47	7.13	3.58	2.17	3.15	2.18	17.26	0.91	0.61	3.10	1.50	对数正态分布	3.15	1.50
Cd	127	0.04	0.05	0.06	0.08	0.11	0.13	0.14	0.08	0.03	0.08	4.54	0.19	0.03	0.40	0.08	0.11	剔除后正态分布	0.08	0.09
Ce	136	64.0	70.7	78.0	83.3	91.5	101	107	84.5	11.99	83.7	12.69	117	58.0	0.14	83.3	80.0	剔除后正态分布	84.5	80.3
Cl	147	35.80	38.04	43.35	49.00	61.9	76.5	80.1	53.4	15.02	51.6	9.97	102	31.80	0.28	49.00	47.40	对数正态分布	51.6	59.3
Co	147	7.98	9.46	11.60	13.90	16.35	18.78	20.34	14.12	3.98	13.56	4.63	30.00	5.40	0.28	13.90	12.70	正态分布	14.12	14.75
Cr	147	25.27	28.48	37.40	53.0	68.5	86.0	98.4	55.7	23.02	51.1	10.35	132	17.50	0.41	53.0	53.0	正态分布	55.7	67.2
Cu	147	10.03	11.43	13.64	18.30	25.20	36.46	42.65	21.19	10.91	19.07	5.81	72.2	8.20	0.51	18.30	20.30	对数正态分布	19.07	20.64
F	147	228	281	388	505	615	757	875	518	193	482	12.69	1156	156	0.37	505	228	正态分布	518	515
Ga	147	9.60	11.36	15.85	18.20	20.80	22.68	23.84	17.92	4.20	17.36	5.14	28.60	7.70	0.23	18.20	20.20	正态分布	17.92	17.41
Ge	147	1.21	1.32	1.43	1.55	1.64	1.69	1.73	1.53	0.16	1.52	1.29	1.93	1.01	0.10	1.55	1.47	正态分布	1.53	1.50
Hg	147	0.02	0.03	0.03	0.05	0.06	0.10	0.11	0.05	0.03	0.05	6.36	0.25	0.01	0.58	0.05	0.05	对数正态分布	0.05	0.04
I	147	1.63	1.84	3.14	4.24	5.42	6.72	7.38	4.33	1.99	3.87	2.45	13.60	0.73	0.46	4.24	4.40	正态分布	4.33	2.87
La	147	33.73	36.72	40.15	43.40	47.40	52.8	54.7	44.17	7.14	43.64	8.69	78.5	29.90	0.16	43.40	42.50	正态分布	44.17	41.95
Li	147	25.58	27.40	31.05	37.70	43.50	51.1	56.9	38.37	9.76	37.19	8.17	67.0	20.00	0.25	37.70	40.00	正态分布	38.37	40.54
Mn	147	370	439	573	668	838	1000	1134	722	265	679	43.43	2071	194	0.37	668	660	正态分布	722	692
Mo	147	0.40	0.45	0.60	0.91	1.39	2.38	3.71	1.42	1.93	1.00	2.05	15.20	0.31	1.36	0.91	0.89	对数正态分布	1.00	0.70
N	147	0.31	0.34	0.41	0.49	0.63	0.76	0.84	0.55	0.22	0.51	1.67	1.88	0.26	0.41	0.49	0.65	对数正态分布	0.51	0.53
Nb	142	11.31	13.25	17.70	20.10	23.37	25.45	28.09	20.17	4.69	19.56	5.48	31.70	9.10	0.23	20.10	20.10	剔除后正态分布	20.17	18.04
Ni	147	11.60	13.26	16.75	21.70	29.05	37.24	42.51	24.50	11.89	22.33	6.37	97.5	7.91	0.49	21.70	24.00	对数正态分布	22.33	28.06
P	147	0.20	0.22	0.28	0.37	0.46	0.58	0.62	0.38	0.14	0.36	2.01	0.86	0.16	0.37	0.37	0.30	正态分布	0.38	0.39
Pb	147	19.86	20.82	23.45	27.00	30.70	33.34	36.61	27.63	6.25	27.03	6.75	64.8	17.70	0.23	27.00	30.70	正态分布	27.63	25.66

续表 3-23

元素/指标	N	$X_{5\%}$	$X_{10\%}$	$X_{25\%}$	$X_{50\%}$	$X_{75\%}$	$X_{90\%}$	$X_{95\%}$	$\overline{X}$	S	$\overline{X}_g$	S_g	X_{max}	X_{min}	CV	X_{me}	X_{mo}	分布类型	林地基准值	湖州市基准值
Rb	147	67.6	78.2	101	129	154	176	186	129	40.77	123	15.81	314	46.70	0.31	129	130	正态分布	129	121
S	138	50.00	68.0	97.0	124	151	179	190	125	41.37	118	15.54	247	50.00	0.33	124	50.00	剔除后正态分布	125	50.00
Sb	129	0.46	0.50	0.59	0.72	0.87	1.05	1.12	0.74	0.21	0.71	1.40	1.43	0.34	0.29	0.72	0.60	剔除后正态分布	0.74	0.68
Sc	147	7.03	7.40	8.60	9.60	10.80	12.78	13.58	9.82	2.08	9.62	3.72	16.50	5.80	0.21	9.60	9.60	对数正态分布	9.62	10.35
Se	147	0.10	0.12	0.15	0.21	0.27	0.39	0.55	0.24	0.14	0.21	2.80	0.97	0.08	0.60	0.21	0.27	对数正态分布	0.21	0.18
Sn	147	2.23	2.40	2.83	3.30	4.11	5.56	6.22	4.37	8.26	3.56	2.31	102	1.74	1.89	3.30	3.65	对数正态分布	3.56	3.51
Sr	147	35.30	41.28	47.00	63.7	84.4	106	111	68.2	26.74	63.5	11.12	213	23.00	0.39	63.7	46.00	正态分布	68.2	84.2
Th	147	10.59	11.96	13.20	15.10	16.75	20.04	22.86	15.62	3.99	15.20	4.84	37.60	9.30	0.26	15.10	15.60	正态分布	15.20	14.40
Ti	147	3160	3522	4243	4760	5466	5926	6111	4785	1009	4673	128	8339	2330	0.21	4760	4644	正态分布	4785	4743
Tl	147	0.46	0.51	0.65	0.83	0.95	1.11	1.19	0.82	0.25	0.79	1.41	1.83	0.37	0.30	0.83	0.83	正态分布	0.82	0.75
U	147	2.39	2.61	2.97	3.60	4.69	5.54	6.88	3.97	1.39	3.77	2.24	10.10	2.19	0.35	3.60	4.00	对数正态分布	3.77	3.18
V	147	51.6	55.6	67.5	80.3	99.5	121	148	87.5	32.67	82.8	13.03	255	39.30	0.37	80.3	76.0	对数正态分布	82.8	90.5
W	147	1.29	1.39	1.72	2.09	2.52	3.16	3.68	2.24	0.88	2.11	1.71	7.12	1.00	0.39	2.09	1.85	正态分布	2.11	1.96
Y	147	18.00	19.18	24.85	27.80	31.00	34.14	39.44	28.11	6.93	27.33	6.68	66.6	14.00	0.25	27.80	29.00	正态分布	28.11	27.06
Zn	147	40.30	46.60	58.1	71.3	84.4	98.3	117	74.0	27.79	70.1	11.53	254	28.00	0.38	71.3	58.0	正态分布	70.1	70.2
Zr	147	216	231	266	309	344	377	409	309	62.4	303	26.94	590	188	0.20	309	292	正态分布	309	288
SiO$_2$	147	61.4	63.0	67.3	70.5	73.4	76.1	78.2	70.2	4.93	70.0	11.65	81.0	57.9	0.07	70.5	68.6	正态分布	70.2	69.4
Al$_2$O$_3$	147	10.77	11.48	12.76	14.33	15.89	17.40	18.63	14.41	2.41	14.21	4.58	23.10	9.42	0.17	14.33	14.39	正态分布	14.41	14.19
TFe$_2$O$_3$	147	3.40	3.61	4.34	5.10	5.70	6.30	6.97	5.04	1.09	4.91	2.53	8.65	2.37	0.22	5.10	5.31	正态分布	5.04	5.04
MgO	147	0.43	0.53	0.65	0.81	1.04	1.48	1.94	0.97	0.70	0.85	1.61	5.76	0.33	0.72	0.81	0.82	对数正态分布	0.85	1.02
CaO	147	0.16	0.18	0.22	0.30	0.45	0.73	1.04	0.40	0.32	0.33	2.37	2.36	0.09	0.79	0.30	0.25	对数正态分布	0.33	0.53
Na$_2$O	147	0.22	0.27	0.35	0.50	0.71	0.97	1.22	0.57	0.31	0.50	1.90	1.80	0.15	0.54	0.50	0.33	对数正态分布	0.50	0.44
K$_2$O	147	1.55	1.65	2.01	2.59	3.04	3.44	3.65	2.55	0.66	2.47	1.75	3.98	1.21	0.26	2.59	2.59	正态分布	2.55	2.41
TC	133	0.33	0.37	0.43	0.48	0.55	0.62	0.67	0.49	0.10	0.48	1.60	0.79	0.27	0.20	0.48	0.50	剔除后对数正态分布	0.48	0.49
Corg	134	0.25	0.28	0.37	0.44	0.49	0.56	0.62	0.43	0.11	0.42	1.81	0.72	0.20	0.25	0.44	0.30	剔除后正态分布	0.43	0.44
pH	147	5.02	5.11	5.28	5.56	6.26	6.88	7.21	5.47	5.49	5.83	2.80	8.23	4.82	1.00	5.56	5.80	对数正态分布	5.83	5.21

第四章　土壤元素背景值

第一节　各行政区土壤元素背景值

一、湖州市土壤元素背景值

湖州市土壤元素背景值数据经正态分布检验,结果表明,原始数据中 Ga、TFe_2O_3 符合正态分布,Au、Li、Mn、Nb、S、Sc、Sn、W、Zr、SiO_2 符合对数正态分布,F、La、Y、TC 剔除异常值后符合正态分布,Bi、Br、Ce、Cl、Th 剔除异常值后符合对数正态分布,其他元素/指标不符合正态分布或对数正态分布(表 4-1)。

湖州市表层土壤总体呈酸性,土壤 pH 背景值为 5.34,极大值为 8.33,极小值为 3.47,基本接近于浙江省背景值,略低于中国背景值。

表层土壤各元素/指标中,绝大多数元素/指标变异系数小于 0.40,分布相对均匀;Au、Br、Cd、Hg、I、Mn、Sn、MgO、CaO、Na_2O、Corg、pH 共 12 项元素/指标变异系数大于 0.40,其中 Au、pH 变异系数大于 0.80,空间变异性较大。

与浙江省土壤元素背景值相比,湖州市土壤元素背景值中 Sr 背景值明显低于浙江省背景值,为浙江省背景值的 50%;Ag、I、As、Ce、N、Al_2O_3 背景值略低于浙江省背景值,是浙江省背景值的 60%～80%;Cd、S、W、Zr、TC 背景值略高于浙江省背景值,是浙江省背景值的 1.2～1.4 倍;Au、Bi、Cu、Li、Sb、Se、Sn、B、Br、Na_2O 背景值明显高于浙江省背景值,是浙江省背景值的 1.4 倍以上;其他元素/指标背景值则与浙江省背景值基本接近。

与中国土壤元素背景值相比,湖州市土壤元素背景值中 Sr、MgO、CaO、Na_2O 背景值明显偏低,均低于中国背景值的 60%,其中 CaO 背景值仅为中国背景值的 9.5%;As、Cl、Mn 背景值略低于中国背景值,是中国背景值的 60%～80%;Nb、Cu、Pb、TC、Cd、W、Ti、Zr、Ni、Li、S、Th、La、Ce、Co 背景值略高于中国背景值,是中国背景值的 1.2～1.4 倍;Au、B、Bi、Br、Cr、Hg、N、Se、Sn、V、Zn、Corg 背景值明显高于中国背景值,是中国背景值的 1.4 倍以上,Hg 的背景值最高;其他元素/指标背景值则与中国背景值基本接近。

二、安吉县土壤元素背景值

安吉县土壤元素背景值数据经正态分布检验,结果表明,原始数据中 Ga、Sc、Ti、Zr、SiO_2、Al_2O_3、TFe_2O_3 符合正态分布,Au、Be、Bi、Br、Cl、I、Li、Rb、S、Sr、Th、U、W、MgO、CaO、TC 符合对数正态分布,La、V 剔除异常值后符合正态分布,Ce、F、Ge、Hg、Mo、N、Nb、Ni、P、Pb、Sb、Sn、Y 剔除异常值后符合对数正态分布,其他元素/指标不符合正态分布或对数正态分布(表 4-2)。

安吉县表层土壤总体呈酸性,土壤 pH 背景值为 5.26,极大值为 6.43,极小值为 4.08,与湖州市背景值及浙江省背景值基本接近。

第四章 土壤元素背景值

表 4-1 湖州市土壤元素背景值参数统计表

元素/指标	N	$X_{5\%}$	$X_{10\%}$	$X_{25\%}$	$X_{50\%}$	$X_{75\%}$	$X_{90\%}$	$X_{95\%}$	$\bar{X}$	S	$\bar{X}_g$	S_g	X_{max}	X_{min}	CV	X_{me}	X_{mo}	分布类型	湖州市背景值	浙江省背景值	中国背景值
Ag	1343	60.0	69.0	82.0	110	136	164	181	113	37.71	107	15.29	227	11.00	0.33	110	70.0	其他分布	70.0	100.0	77.0
As	16 879	3.82	4.67	5.88	7.24	9.02	10.95	12.16	7.53	2.46	7.10	3.27	14.65	0.98	0.33	7.24	6.10	其他分布	6.10	10.10	9.00
Au	1435	0.98	1.15	1.54	2.40	3.67	5.29	6.78	3.08	3.27	2.46	2.20	77.4	0.60	1.06	2.40	2.40	对数正态分布	2.46	1.50	1.30
B	16 521	41.90	47.71	56.4	62.9	69.4	75.7	80.1	62.4	10.88	61.4	10.86	91.4	32.75	0.17	62.9	61.0	其他分布	61.0	20.00	43.0
Ba	1295	303	329	389	459	516	611	690	464	110	452	35.20	794	162	0.24	459	467	其他分布	467	475	512
Be	1384	1.30	1.45	1.78	2.21	2.49	2.79	2.99	2.16	0.51	2.10	1.68	3.62	0.84	0.24	2.21	2.33	其他分布	2.33	2.00	2.00
Bi	1325	0.29	0.31	0.36	0.43	0.51	0.63	0.69	0.45	0.12	0.43	1.71	0.82	0.20	0.27	0.43	0.43	剔除后对数分布	0.43	0.28	0.30
Br	1350	2.18	2.47	3.32	4.43	6.46	9.02	10.66	5.15	2.54	4.59	2.83	12.77	1.20	0.49	4.43	2.20	其他分布	4.59	2.20	2.20
Cd	16 778	0.07	0.09	0.13	0.18	0.23	0.29	0.32	0.18	0.07	0.17	2.94	0.41	0.02	0.41	0.18	0.19	其他分布	0.19	0.14	0.137
Ce	1351	63.3	66.7	71.6	76.8	83.3	91.5	96.3	77.9	9.57	77.4	12.42	105	53.6	0.12	76.8	75.0	剔除后对数分布	77.4	102	64.0
Cl	1361	42.00	46.00	52.9	61.3	71.9	83.9	90.5	63.2	14.55	61.5	10.99	105	28.00	0.23	61.3	55.0	剔除后对数分布	61.5	71.0	78.0
Co	17 612	6.58	7.94	10.36	12.68	14.60	16.20	17.40	12.40	3.20	11.93	4.36	21.14	3.85	0.26	12.68	13.30	其他分布	13.30	14.80	11.00
Cr	17 385	36.50	45.40	59.4	71.9	82.2	90.8	96.0	70.0	17.48	67.4	11.65	117	23.50	0.25	71.9	78.2	剔除后正态分布	78.2	82.0	53.0
Cu	17 207	13.78	16.10	19.80	24.72	29.16	33.40	36.30	24.70	6.79	23.68	6.56	44.10	5.43	0.27	24.72	27.30	其他分布	27.30	16.00	20.00
F	1409	261	301	376	482	573	655	710	480	137	459	36.50	862	171	0.28	482	574	剔除后正态分布	480	453	488
Ga	1435	10.34	11.44	13.37	15.70	17.90	19.70	21.00	15.72	3.33	15.36	5.07	29.00	7.60	0.21	15.70	17.00	正态分布	15.72	16.00	15.00
Ge	17 519	1.23	1.28	1.36	1.45	1.53	1.60	1.65	1.44	0.12	1.44	1.26	1.78	1.11	0.09	1.45	1.49	其他分布	1.49	1.44	1.30
Hg	16 604	0.05	0.06	0.09	0.12	0.17	0.23	0.27	0.13	0.07	0.12	3.43	0.34	0.01	0.50	0.12	0.11	其他分布	0.11	0.110	0.026
I	1410	0.92	1.10	1.60	2.90	5.70	8.40	9.61	3.91	2.85	2.97	2.82	12.40	0.40	0.73	2.90	1.20	其他分布	1.20	1.70	1.10
La	1397	32.07	33.90	37.00	40.40	43.73	47.30	49.70	40.48	5.16	40.15	8.53	54.3	27.20	0.13	40.40	42.00	剔除后对数分布	40.48	41.00	33.00
Li	1435	25.76	27.60	31.70	37.20	44.50	50.4	53.9	38.50	9.37	37.45	8.37	121	20.20	0.24	37.20	31.70	对数正态分布	37.45	25.00	30.00
Mn	17 804	200	241	322	437	598	769	891	481	232	434	34.66	6460	60.6	0.48	437	434	对数正态分布	434	440	569
Mo	16 461	0.37	0.42	0.50	0.61	0.76	0.93	1.05	0.65	0.20	0.62	1.50	1.26	0.17	0.31	0.61	0.58	其他分布	0.58	0.66	0.70
N	17 703	0.72	0.87	1.17	1.62	2.15	2.58	2.84	1.68	0.65	1.54	1.70	3.63	0.13	0.39	1.62	1.02	其他分布	1.02	1.28	0.707
Nb	1435	12.82	13.80	15.50	17.90	20.70	24.30	26.67	18.63	5.04	18.09	5.57	82.0	8.72	0.27	17.90	16.83	对数正态分布	18.09	16.83	13.00
Ni	17 748	11.72	14.40	19.79	27.41	34.00	38.40	41.00	26.92	9.16	25.12	6.88	54.8	3.20	0.34	27.41	30.00	其他分布	30.00	35.00	24.00
P	16 786	0.32	0.37	0.46	0.57	0.71	0.86	0.96	0.59	0.19	0.56	1.56	1.15	0.10	0.32	0.57	0.61	偏峰分布	0.61	0.60	0.57
Pb	17 175	22.10	24.00	27.50	31.60	35.50	39.66	42.49	31.72	6.02	31.14	7.51	48.44	15.30	0.19	31.60	30.00	其他分布	30.00	32.00	22.00

续表 4-1

元素/指标	N	$X_{5\%}$	$X_{10\%}$	$X_{25\%}$	$X_{50\%}$	$X_{75\%}$	$X_{90\%}$	$X_{95\%}$	$\bar{X}$	S	$\bar{X}_g$	S_g	X_{max}	X_{min}	CV	X_{me}	X_{mo}	分布类型	湖州市背景值	浙江省背景值	中国背景值
Rb	1397	65.0	72.0	87.0	107	127	152	167	109	29.96	105	15.66	192	49.00	0.27	107	113	偏峰分布	113	120	96.0
S	1435	202	223	255	300	355	416	461	314	89.5	303	27.06	1164	120	0.28	300	342	对数正态分布	303	248	245
Sb	1295	0.52	0.57	0.66	0.80	0.97	1.18	1.33	0.84	0.24	0.80	1.37	1.60	0.10	0.29	0.80	0.80	其他分布	0.80	0.53	0.73
Sc	1435	6.90	7.50	8.50	9.80	11.40	12.96	13.80	10.07	2.24	9.84	3.81	21.92	4.80	0.22	9.80	8.50	对数正态分布	9.84	8.70	10.00
Se	16 756	0.18	0.21	0.27	0.34	0.40	0.47	0.51	0.34	0.10	0.32	2.03	0.61	0.08	0.29	0.34	0.32	其他分布	0.32	0.21	0.17
Sn	1435	3.06	3.53	4.51	6.08	8.50	12.16	15.00	7.26	4.73	6.33	3.26	58.3	0.64	0.65	6.08	8.10	对数正态分布	6.33	3.60	3.00
Sr	1432	36.00	40.12	51.0	74.9	103	115	121	77.0	29.28	71.3	12.25	178	20.50	0.38	74.9	52.0	其他分布	52.0	105	197
Th	1382	10.31	10.98	12.16	13.50	15.20	16.79	17.80	13.75	2.27	13.57	4.59	20.40	7.50	0.16	13.50	13.10	剔除后对数正态分布	13.57	13.30	11.00
Ti	1412	3302	3616	4003	4385	4900	5511	5775	4458	718	4400	129	6330	2629	0.16	4385	4462	其他分布	4462	4665	3498
Tl	1806	0.44	0.48	0.55	0.66	0.82	0.95	1.05	0.69	0.19	0.67	1.41	1.24	0.22	0.27	0.66	0.60	偏峰分布	0.60	0.70	0.60
U	1356	2.20	2.32	2.57	3.01	3.60	4.06	4.46	3.12	0.70	3.05	1.99	5.39	1.82	0.22	3.01	2.65	偏峰分布	2.65	2.90	2.50
V	17 463	53.8	61.6	75.2	89.7	101	111	117	87.9	19.02	85.6	13.31	140	35.70	0.22	89.7	102	对数正态分布	102	106	70.0
W	1435	1.49	1.60	1.83	2.11	2.49	2.95	3.36	2.26	0.82	2.17	1.71	15.90	1.04	0.36	2.11	2.02	其他正态分布	2.17	1.80	1.60
Y	1378	17.22	18.91	21.91	24.60	27.37	30.09	31.90	24.61	4.30	24.22	6.48	36.30	13.33	0.17	24.60	27.00	剔除后正态分布	24.61	25.00	24.00
Zn	17 268	42.50	48.20	62.0	77.7	91.1	104	113	77.1	21.13	74.0	12.57	137	18.32	0.27	77.7	103	其他分布	103	101	66.0
Zr	1435	220	233	253	292	334	372	393	298	56.9	293	26.37	547	178	0.19	292	244	对数正态分布	293	243	230
SiO$_2$	1435	64.4	66.1	68.3	71.5	75.3	78.6	80.1	71.8	4.84	71.7	11.68	85.0	55.5	0.07	71.5	72.4	对数正态分布	71.7	71.3	66.7
Al$_2$O$_3$	1429	9.48	10.14	11.37	13.05	14.27	15.25	15.93	12.86	1.97	12.70	4.45	18.52	7.83	0.15	13.05	10.54	其他分布	10.54	13.20	11.90
TFe$_2$O$_3$	1435	2.93	3.16	3.64	4.16	4.67	5.19	5.57	4.18	0.80	4.10	2.37	7.85	1.93	0.19	4.16	4.16	正态分布	4.18	3.74	4.20
MgO	1423	0.45	0.49	0.59	0.80	1.16	1.45	1.56	0.89	0.36	0.82	1.51	2.01	0.33	0.41	0.80	0.59	其他分布	0.59	0.50	1.43
CaO	1409	0.16	0.19	0.26	0.46	0.86	1.06	1.16	0.57	0.35	0.46	2.23	1.76	0.08	0.62	0.46	0.26	其他分布	0.26	0.24	2.74
Na$_2$O	1435	0.24	0.27	0.41	0.74	1.26	1.51	1.58	0.83	0.46	0.69	1.95	1.80	0.15	0.55	0.74	0.29	其他分布	0.29	0.19	1.75
K$_2$O	17 027	1.23	1.35	1.68	2.09	2.36	2.62	2.83	2.04	0.49	1.98	1.62	3.44	0.69	0.24	2.09	2.21	其他分布	2.21	2.35	2.36
TC	1356	1.03	1.17	1.42	1.74	2.08	2.41	2.65	1.77	0.49	1.70	1.54	3.22	0.54	0.28	1.74	1.29	剔除后正态分布	1.77	1.43	1.30
Corg	17 581	0.69	0.82	1.11	1.51	2.08	2.53	2.80	1.61	0.66	1.47	1.70	3.56	0.13	0.41	1.51	1.34	其他分布	1.34	1.31	0.60
pH	17 754	4.68	4.89	5.23	5.75	6.47	7.09	7.49	5.29	4.95	5.89	2.81	8.33	3.47	0.94	5.75	5.34	其他分布	5.34	5.10	8.00

注：三氧化物、TC、Corg 单位为 %，N、P 单位为 g/kg，Au、Ag 单位为 μg/kg，pH 为无量纲，其他元素、指标单位为 mg/kg；浙江省基准值引自《浙江省土壤元素背景值》（黄春雷等，2023）；中国基准值引自《全国地球化学基准网建立与土壤地球化学基准值特征》（王学求等，2016）；后表单位和资料来源相同。

第四章 土壤元素背景值

表 4-2 安吉县土壤元素背景值参数统计表

元素/指标	N	$X_{5\%}$	$X_{10\%}$	$X_{25\%}$	$X_{50\%}$	$X_{75\%}$	$X_{90\%}$	$X_{95\%}$	$\bar{X}$	S	$\bar{X}_g$	S_g	X_{max}	X_{min}	CV	X_{me}	X_{mo}	分布类型	安吉县背景值	湖州市背景值	浙江省背景值
Ag	441	50.00	60.0	70.0	100.0	140	180	230	113	54.4	102	15.61	290	40.00	0.48	100.0	70.0	其他分布	70.0	70.0	100.0
As	3301	2.44	3.25	4.99	7.44	9.83	12.22	13.70	7.65	3.45	6.79	3.43	18.53	1.00	0.45	7.44	7.70	其他分布	7.70	6.10	10.10
Au	481	0.85	0.93	1.17	1.52	2.20	3.41	4.18	2.00	1.79	1.68	1.84	22.00	0.60	0.90	1.52	1.60	对数正态分布	1.68	2.46	1.50
B	3507	19.54	26.55	40.07	55.6	68.1	78.8	86.5	54.2	20.00	49.63	10.09	110	5.35	0.37	55.6	64.9	其他分布	64.9	61.0	20.00
Ba	429	317	343	398	474	623	804	947	531	191	502	37.74	1180	198	0.36	474	596	其他分布	596	467	475
Be	481	1.29	1.46	1.74	2.17	2.62	3.17	3.96	2.30	0.87	2.17	1.79	6.98	0.84	0.38	2.17	2.55	对数正态分布	2.17	2.33	2.00
Bi	481	0.30	0.32	0.38	0.47	0.66	0.90	1.23	0.61	0.63	0.52	1.78	11.10	0.20	1.03	0.47	0.37	对数正态分布	0.52	0.43	0.28
Br	481	2.00	2.60	4.15	6.75	9.40	13.57	15.64	7.42	4.49	6.19	3.71	32.45	1.20	0.61	6.75	2.10	对数正态分布	6.19	4.59	2.20
Cd	3223	0.06	0.08	0.11	0.16	0.26	0.37	0.45	0.20	0.12	0.16	3.16	0.59	0.03	0.60	0.16	0.15	其他分布	0.15	0.19	0.14
Ce	434	66.9	70.5	75.4	81.2	87.9	98.2	103	82.7	10.74	82.0	12.91	117	56.4	0.13	81.2	85.5	剔除后对数分布	82.0	77.4	102
Cl	481	43.00	46.50	53.7	62.6	77.6	93.5	111	67.6	20.79	64.9	11.55	161	31.00	0.31	62.6	43.00	对数正态分布	64.9	61.5	71.0
Co	3500	5.20	5.96	7.53	10.04	12.54	14.53	15.90	10.18	3.33	9.61	3.89	20.13	2.36	0.33	10.04	11.97	其他分布	11.97	13.30	14.80
Cr	3504	23.91	29.81	40.82	54.4	66.2	76.1	81.3	53.7	17.61	50.3	9.99	105	6.46	0.33	54.4	50.2	其他分布	50.2	78.2	82.0
Cu	3308	11.22	12.84	16.00	18.90	22.89	26.92	29.46	19.47	5.42	18.69	5.71	35.43	5.00	0.28	18.90	20.06	其他分布	20.06	27.30	16.00
F	468	308	334	403	484	592	708	791	505	143	486	37.30	902	202	0.28	484	322	剔除后对数分布	486	480	453
Ga	481	11.41	12.41	14.40	16.50	18.60	20.40	21.80	16.56	3.25	16.24	5.21	29.00	9.08	0.20	16.50	17.90	正态分布	16.56	15.72	16.00
Ge	3458	1.15	1.20	1.28	1.37	1.46	1.56	1.61	1.37	0.14	1.37	1.23	1.76	1.00	0.10	1.37	1.32	剔除后对数分布	1.37	1.49	1.44
Hg	3379	0.04	0.04	0.06	0.08	0.11	0.14	0.15	0.09	0.04	0.08	4.15	0.19	0.01	0.40	0.08	0.09	剔除后对数分布	0.08	0.11	0.110
I	481	0.99	1.30	3.00	5.23	7.33	9.70	11.20	5.55	3.37	4.43	3.40	26.40	0.40	0.61	5.23	1.20	对数正态分布	4.43	1.20	1.70
La	457	35.91	37.36	39.60	42.20	45.10	47.88	49.70	42.43	4.15	42.22	8.76	54.0	31.01	0.10	42.20	41.30	剔除后正态分布	42.43	40.48	41.00
Li	481	25.60	27.80	30.90	35.30	41.10	46.50	51.2	36.71	9.04	35.80	8.10	121	22.30	0.25	35.30	36.90	对数正态分布	35.80	37.45	25.00
Mn	3413	156	183	239	329	462	647	720	370	173	332	29.79	859	60.6	0.47	329	505	其他分布	505	434	440
Mo	3246	0.37	0.43	0.55	0.71	0.96	1.26	1.45	0.79	0.33	0.72	1.55	1.84	0.30	0.41	0.71	0.60	剔除后对数分布	0.72	0.58	0.66
N	3473	0.77	0.95	1.26	1.62	2.03	2.41	2.68	1.66	0.56	1.55	1.62	3.22	0.21	0.34	1.62	1.48	剔除后对数分布	1.55	1.02	1.28
Nb	450	15.90	16.63	17.90	19.00	20.80	22.91	24.60	19.46	2.53	19.30	5.62	26.70	13.39	0.13	19.00	18.90	剔除后对数分布	19.30	18.09	16.83
Ni	3401	9.42	11.30	14.65	18.33	23.17	28.11	31.50	19.17	6.44	18.07	5.63	37.69	3.65	0.34	18.33	18.33	剔除后对数分布	18.07	30.00	35.00
P	3364	0.27	0.31	0.37	0.45	0.57	0.71	0.79	0.48	0.15	0.46	1.71	0.92	0.12	0.32	0.45	0.51	剔除后对数分布	0.46	0.61	0.60
Pb	3391	21.65	23.31	26.10	30.14	34.63	38.87	41.63	30.62	6.14	30.01	7.33	48.83	13.72	0.20	30.14	28.56	剔除后对数分布	30.01	30.00	32.00

续表 4-2

元素/指标	N	$X_{5\%}$	$X_{10\%}$	$X_{25\%}$	$X_{50\%}$	$X_{75\%}$	$X_{90\%}$	$X_{95\%}$	$\bar{X}$	S	$\bar{X}_g$	S_g	X_{max}	X_{min}	CV	X_{me}	X_{mo}	分布类型	安吉县背景值	湖州市背景值	浙江省背景值
Rb	481	71.0	78.0	93.0	117	147	176	192	122	37.56	117	16.64	230	51.0	0.31	117	103	对数正态分布	117	113	120
S	481	222	234	257	290	346	415	465	311	79.7	302	27.78	802	178	0.26	290	242	对数正态分布	302	303	248
Sb	425	0.59	0.64	0.74	0.87	1.09	1.38	1.59	0.95	0.31	0.91	1.36	1.97	0.39	0.33	0.87	0.92	剔除后正态分布	0.91	0.80	0.53
Sc	481	7.00	7.50	8.30	9.20	10.20	11.20	11.80	9.31	1.43	9.20	3.66	14.30	5.80	0.15	9.20	9.50	正态分布	9.31	9.84	8.70
Se	3252	0.23	0.25	0.29	0.35	0.44	0.54	0.61	0.38	0.12	0.36	1.90	0.74	0.10	0.31	0.35	0.48	其他分布	0.48	0.32	0.21
Sn	453	2.80	3.09	3.80	4.69	6.05	7.58	8.49	5.05	1.72	4.77	2.64	10.10	0.64	0.34	4.69	4.55	剔除后对数正态分布	4.77	6.33	3.60
Sr	481	34.70	37.70	44.60	57.0	75.1	93.5	103	62.4	23.71	58.5	10.95	173	27.10	0.38	57.0	61.0	对数正态分布	58.5	52.0	105
Th	481	10.80	11.36	12.50	14.00	15.90	18.70	21.00	14.75	3.61	14.39	4.81	36.20	8.95	0.24	14.00	12.50	正态分布	14.39	13.57	13.30
Ti	481	3272	3658	4256	4904	5485	5879	6134	4831	864	4748	133	7282	2240	0.18	4904	4847	其他分布	4831	4462	4665
Tl	815	0.43	0.47	0.55	0.71	0.90	1.04	1.13	0.73	0.22	0.70	1.43	1.42	0.29	0.31	0.71	0.56	对数正态分布	0.56	0.60	0.70
U	481	2.30	2.46	2.82	3.47	4.19	5.61	6.64	3.81	1.59	3.58	2.30	15.70	1.84	0.42	3.47	2.58	剔除后对数正态分布	3.58	2.65	2.90
V	3363	43.28	48.91	60.0	73.4	86.7	98.8	106	73.9	19.49	71.2	12.04	133	19.86	0.26	73.4	86.0	正态分布	73.9	102	106
W	481	1.61	1.73	1.96	2.22	2.65	3.08	3.38	2.42	1.06	2.30	1.78	15.90	1.16	0.44	2.22	2.03	对数正态分布	2.30	2.17	1.80
Y	451	19.01	20.20	22.30	24.40	26.86	29.80	31.78	24.73	3.76	24.45	6.42	35.90	15.64	0.15	24.40	23.60	剔除后对数正态分布	24.45	24.61	25.00
Zn	3403	36.98	41.01	49.42	67.8	87.1	103	114	70.2	24.65	66.0	11.88	150	18.32	0.35	67.8	58.4	偏峰分布	58.4	103	101
Zr	481	208	223	264	297	332	367	387	298	55.2	293	26.11	507	178	0.19	297	281	其他分布	298	293	243
SiO₂	481	62.9	64.5	68.4	72.1	75.0	78.0	79.2	71.6	4.97	71.4	11.63	82.7	55.5	0.07	72.1	71.8	正态分布	71.6	71.7	71.3
Al₂O₃	481	9.73	10.03	11.18	12.50	13.97	15.28	16.43	12.66	2.07	12.50	4.43	19.54	8.12	0.16	12.50	12.61	正态分布	12.66	10.54	13.20
TFe₂O₃	481	3.05	3.36	3.84	4.37	5.00	5.60	6.01	4.45	0.88	4.37	2.44	7.85	2.17	0.20	4.37	4.81	正态分布	4.45	4.18	3.74
MgO	481	0.48	0.52	0.61	0.77	0.96	1.23	1.70	0.88	0.52	0.80	1.50	5.13	0.37	0.59	0.77	0.62	对数正态分布	0.80	0.59	0.50
CaO	481	0.16	0.17	0.21	0.31	0.46	0.66	0.81	0.39	0.31	0.33	2.30	3.05	0.09	0.79	0.31	0.19	对数正态分布	0.33	0.26	0.24
Na₂O	466	0.21	0.24	0.30	0.48	0.68	0.84	1.01	0.52	0.25	0.46	1.96	1.28	0.15	0.48	0.48	0.25	偏峰分布	0.25	0.29	0.19
K₂O	3537	1.14	1.29	1.57	2.21	2.93	3.74	4.09	2.34	0.92	2.17	1.84	4.90	0.58	0.39	2.21	2.35	其他分布	2.35	2.21	2.35
TC	481	1.14	1.30	1.48	1.86	2.52	3.86	4.78	2.24	1.17	2.02	1.88	8.88	0.72	0.52	1.86	1.46	对数正态分布	2.02	1.77	1.43
Corg	3419	0.74	0.89	1.20	1.43	1.76	2.29	2.44	1.49	0.49	1.40	1.54	2.73	0.32	0.33	1.43	1.34	其他分布	1.34	1.34	1.31
pH	3374	4.53	4.68	4.94	5.22	5.49	5.80	6.03	5.03	4.99	5.23	2.61	6.43	4.08	0.99	5.22	5.26	其他分布	5.26	5.34	5.10

在土壤各元素/指标中,绝大多数元素/指标变异系数小于0.40,分布相对均匀;Ag、As、Au、Bi、Br、Cd、I、Mn、Mo、U、W、MgO、CaO、Na$_2$O、TC、pH共16项元素/指标变异系数大于0.40,其中Au、Bi、pH变异系数大于0.80,空间变异性较大。

与湖州市土壤元素背景值相比,安吉县土壤元素背景值中Zn背景值明显偏低,仅为湖州市背景值的57%;Au、Cr、Cd、Cu、Hg、Ni、P、Sn、V背景值略低于湖州市背景值,为湖州市背景值的60%~80%;As、Ba、Bi、Br、Mo、U、Al$_2$O$_3$、MgO、CaO背景值略高于湖州市背景值,是湖州市背景值的1.2~1.4倍;Se、N、I背景值明显高于湖州市背景值,是湖州市背景值的1.4倍以上。其他元素/指标背景值则与湖州市背景值基本接近。

与浙江省土壤元素背景值相比,安吉县土壤元素背景值中Ni、Sr、Zn背景值明显低于浙江省背景值,在浙江省背景值的60%以下;Ag、As、Cr、Hg、P、V背景值略低于浙江省背景值,为浙江省背景值的60%~80%;Ba、Cu、N、S、Sn、U、W、Zr、CaO、Na$_2$O背景值略高于浙江省背景值,为浙江省背景值的1.2~1.4倍;Bi、Br、I、Sb、Se、B、Li、MgO、TC背景值明显高于浙江省背景值,为浙江省背景值的1.4倍以上;其他元素/指标背景值则与浙江省背景值基本接近。

三、德清县土壤元素背景值

德清县土壤元素背景值数据经正态分布检验,结果表明,原始数据中Ga、La、Li、S、Sr、SiO$_2$、Al$_2$O$_3$、TFe$_2$O$_3$、TC符合正态分布,Au、Br、Ce、Cl、N、Nb、Sb、Sc、Sn、Th、Tl、U、W、Y符合对数正态分布,Ag、Ba、Be、F、Rb剔除异常值后符合正态分布,Bi、Cd、Hg、Mn、Mo、Pb、Se、Zn、Zr剔除异常值后符合对数正态分布,其他元素/指标不符合正态分布或对数正态分布(表4-3)。

德清县表层土壤总体呈酸性,土壤pH背景值为6.40,极大值为8.25,极小值为4.13,与湖州市背景值基本接近,略高于浙江省背景值。

在土壤各元素/指标中,绝大多数元素/指标变异系数小于0.40,分布相对均匀;Au、Br、Ce、Hg、I、N、Sb、Sn、CaO、Na$_2$O、pH共11项元素/指标变异系数大于0.40,其中Au、Sb、pH变异系数大于0.80,空间变异性较大。

与湖州市土壤元素背景值相比,德清县土壤元素背景值中Cd、Corg背景值略低于湖州市背景值,为湖州市背景值的60%~80%;Cr、I、N、Tl、U、Al$_2$O$_3$背景值略高于湖州市背景值,是湖州市背景值的1.2~1.4倍;Ag、As、Sr、Na$_2$O背景值明显高于湖州市背景值,是湖州市背景值的1.4倍以上;其他元素/指标背景值则与湖州市背景值基本接近。

与浙江省土壤元素背景值相比,德清县土壤元素背景值中无明显偏低的元素/指标;Ce、Corg背景值略低于浙江省背景值,为浙江省背景值的60%~80%;Be、Cr、F、W、CaO背景值略高于浙江省背景值,为浙江省背景值的1.2~1.4倍;Au、B、Bi、Br、Cu、Li、Sb、Se、Sn、Na$_2$O背景值明显高于浙江省背景值,为浙江省背景值的1.4倍以上;其他元素/指标背景值则与浙江省背景值基本接近。

四、南浔区土壤元素背景值

南浔区土壤元素背景值数据经正态分布检验,结果表明,原始数据Ba、Be、Bi、Br、Ce、F、Ga、La、Li、Nb、Sc、Sr、Th、Ti、Tl、U、W、Y、SiO$_2$、Al$_2$O$_3$、TFe$_2$O$_3$、MgO、Na$_2$O、TC符合正态分布,Ag、Au、Cl、I、Sn符合对数正态分布,As、Rb、S、Sb、Zr、CaO、pH剔除异常值后符合正态分布,B、Cu、P、Pb剔除异常值后符合对数正态分布,其他元素/指标不符合正态分布或对数正态分布(表4-4)。

南浔区表层土壤总体呈酸性,土壤pH背景值为5.60,极大值为8.56,极小值为4.11,与湖州市背景值及浙江省背景值基本接近。

在土壤各元素/指标中,绝大多数元素/指标变异系数小于0.40,分布相对均匀;Ag、Au、Hg、I、Sn、pH

表 4-3 德清县土壤元素背景值参数统计表

元素/指标	N	$X_{5\%}$	$X_{10\%}$	$X_{25\%}$	$X_{50\%}$	$X_{75\%}$	$X_{90\%}$	$X_{95\%}$	$\bar{X}$	S	$\bar{X}_g$	S_g	X_{max}	X_{min}	CV	X_{me}	X_{mo}	分布类型	德清县背景值	湖州市背景值	浙江省背景值
Ag	212	70.0	80.0	100.0	114	130	150	161	114	24.72	111	15.35	174	60.0	0.22	114	130	剔除后正态分布	114	70.0	100.0
As	3316	4.08	4.82	5.86	6.94	8.19	9.65	10.60	7.08	1.90	6.82	3.14	12.70	1.88	0.27	6.94	10.10	偏峰分布	10.10	6.10	10.10
Au	236	1.07	1.20	1.82	2.60	3.46	4.65	7.40	3.46	5.79	2.59	2.33	77.4	0.66	1.68	2.60	3.00	对数偏峰分布	2.59	2.46	1.50
B	3373	41.90	48.82	56.4	63.3	70.5	75.8	79.7	62.8	11.00	61.8	10.84	93.2	31.20	0.18	63.3	62.8	偏峰分布	62.8	61.0	20.00
Ba	211	322	345	444	494	570	676	745	507	120	493	35.77	820	238	0.24	494	478	剔除后正态分布	507	467	475
Be	213	1.96	2.08	2.31	2.49	2.73	3.00	3.18	2.52	0.36	2.50	1.74	3.55	1.58	0.14	2.49	2.53	剔除后正态分布	2.52	2.33	2.00
Bi	218	0.29	0.31	0.36	0.42	0.48	0.56	0.62	0.43	0.10	0.42	1.73	0.70	0.22	0.23	0.42	0.45	对数正态分布	0.43	0.43	0.28
Br	236	2.89	3.23	3.92	4.80	7.33	11.04	13.00	6.08	3.45	5.39	2.92	29.29	2.06	0.57	4.80	4.21	剔除后正态分布	5.39	4.59	2.20
Cd	3479	0.07	0.09	0.12	0.15	0.19	0.23	0.25	0.15	0.05	0.14	3.16	0.30	0.03	0.36	0.15	0.13	对数正态分布	0.14	0.19	0.14
Ce	236	66.7	69.0	72.1	76.0	83.5	93.6	103	81.8	41.08	79.2	12.46	685	60.0	0.50	76.0	74.0	对数正态分布	81.8	77.4	102
Cl	236	42.37	45.95	51.7	59.7	66.4	76.8	82.5	60.9	14.73	59.5	10.65	174	39.90	0.24	59.7	63.4	剔除后正态分布	60.9	61.5	71.0
Co	3505	7.04	8.49	11.70	13.90	15.41	17.10	18.30	13.41	3.22	12.96	4.49	21.60	5.27	0.24	13.90	14.30	其他分布	13.41	13.30	14.80
Cr	3295	46.10	56.9	68.7	77.0	86.3	96.1	102	76.6	15.61	74.8	12.13	116	33.90	0.20	77.0	101	其他分布	76.6	78.2	82.0
Cu	3389	11.90	15.70	22.10	27.00	31.60	37.10	40.50	26.78	8.12	25.35	6.82	49.10	6.37	0.30	27.00	26.40	剔除后正态分布	26.78	27.30	16.00
F	226	403	434	501	549	614	670	720	556	91.1	549	38.48	787	329	0.16	549	549	正态分布	556	480	453
Ga	236	13.97	14.55	15.80	17.30	18.80	20.05	21.23	17.33	2.31	17.18	5.19	27.80	12.20	0.13	17.30	17.00	其他分布	17.33	15.72	16.00
Ge	3560	1.30	1.34	1.41	1.48	1.56	1.63	1.66	1.48	0.11	1.48	1.27	1.78	1.19	0.07	1.48	1.49	剔除后正态分布	1.48	1.49	1.44
Hg	3470	0.05	0.06	0.09	0.12	0.16	0.20	0.23	0.13	0.05	0.12	3.40	0.28	0.01	0.41	0.12	0.11	对数正态分布	0.13	0.11	0.110
I	235	1.30	1.50	1.90	3.09	6.90	9.58	11.13	4.46	3.22	3.47	2.75	13.50	0.97	0.72	3.09	1.60	其他分布	4.46	1.20	1.70
La	236	33.66	35.00	38.00	41.30	44.60	48.45	50.2	41.49	5.03	41.19	8.63	54.3	26.00	0.12	41.30	41.00	正态分布	41.49	40.48	41.00
Li	236	28.08	31.60	35.48	45.10	50.00	55.0	59.0	43.85	9.76	42.76	8.83	78.8	24.40	0.22	45.10	44.30	正态分布	43.85	37.45	25.00
Mn	3542	214	276	375	503	650	795	880	522	198	481	36.08	1091	82.0	0.38	503	492	剔除后正态分布	481	434	440
Mo	3372	0.38	0.43	0.53	0.67	0.86	1.14	1.30	0.73	0.27	0.68	1.52	1.55	0.30	0.38	0.67	0.53	剔除后正态分布	0.68	0.58	0.66
N	3635	0.62	0.75	0.99	1.33	1.78	2.30	2.64	1.44	0.63	1.31	1.64	5.50	0.13	0.44	1.33	1.16	对数正态分布	1.44	1.02	1.28
Nb	236	14.85	14.85	16.83	19.05	23.30	26.40	28.57	20.71	6.44	20.01	5.78	64.3	12.87	0.31	19.05	16.83	剔除后正态分布	20.01	18.09	16.83
Ni	3622	9.57	12.60	23.32	32.10	36.60	40.40	43.19	29.56	10.15	27.16	7.15	54.7	3.74	0.34	32.10	34.00	其他分布	29.56	30.00	35.00
P	3430	0.30	0.36	0.47	0.58	0.71	0.87	0.98	0.60	0.20	0.57	1.59	1.15	0.10	0.33	0.58	0.59	其他分布	0.60	0.61	0.60
Pb	3551	21.20	23.00	26.00	29.90	33.80	37.30	39.50	30.00	5.57	29.47	7.27	46.00	13.90	0.19	29.90	30.00	剔除后对数分布	29.47	30.00	32.00

第四章 土壤元素背景值

续表 4-3

元素/指标	N	$X_{5\%}$	$X_{10\%}$	$X_{25\%}$	$X_{50\%}$	$X_{75\%}$	$X_{90\%}$	$X_{95\%}$	$\overline{X}$	S	$\overline{X}_g$	S_g	X_{max}	X_{min}	CV	X_{me}	X_{mo}	分布类型	德清县背景值	湖州市背景值	浙江省背景值
Rb	225	94.7	102	113	125	143	164	174	129	24.07	127	16.51	191	72.0	0.19	125	113	剔除后正态分布	129	113	120
S	236	171	192	225	261	301	333	360	266	66.0	259	24.77	683	120	0.25	261	231	正态分布	266	303	248
Sb	236	0.50	0.52	0.59	0.73	0.96	1.31	1.84	0.90	0.77	0.79	1.54	10.60	0.47	0.85	0.73	0.53	对数正态分布	0.79	0.80	0.53
Sc	236	7.35	7.80	8.60	10.20	12.18	13.48	14.07	10.41	2.23	10.17	3.84	16.04	6.10	0.21	10.20	9.20	对数正态分布	10.17	9.84	8.70
Se	3496	0.14	0.17	0.24	0.32	0.40	0.50	0.57	0.33	0.13	0.30	2.20	0.69	0.03	0.38	0.32	0.26	剔除后对数正态分布	0.30	0.32	0.21
Sn	236	3.60	4.23	5.62	7.80	9.75	12.80	15.55	8.22	3.75	7.49	3.46	25.70	2.29	0.46	7.80	8.30	正态分布	7.49	6.33	3.60
Sr	236	38.00	45.20	64.1	88.8	106	116	122	85.3	27.88	80.1	12.61	190	22.40	0.33	88.8	79.7	对数正态分布	85.3	52.0	105
Th	236	11.67	12.15	13.00	14.30	16.00	17.85	20.82	14.99	3.77	14.67	4.82	43.60	10.50	0.25	14.30	13.50	对数正态分布	14.67	13.57	13.30
Ti	216	3609	3914	4160	4401	4704	5218	5428	4457	502	4429	126	5741	3201	0.11	4401	4271	对数正态分布	4457	4462	4665
Tl	304	0.53	0.56	0.63	0.71	0.84	0.97	1.13	0.76	0.22	0.73	1.33	2.42	0.44	0.28	0.71	0.70	对数正态分布	0.73	0.60	0.70
U	236	2.22	2.33	2.57	3.15	3.72	4.21	4.87	3.32	1.11	3.19	2.08	11.50	2.02	0.33	3.15	3.13	对数正态分布	3.19	2.65	2.90
V	3449	57.5	67.3	84.4	96.0	107	118	125	94.6	19.12	92.4	13.75	144	44.80	0.20	96.0	101	其他分布	101	102	106
W	236	1.69	1.73	1.92	2.20	2.62	3.37	4.15	2.42	0.78	2.32	1.76	6.15	1.50	0.32	2.20	2.22	对数正态分布	2.32	2.17	1.80
Y	236	22.84	23.40	25.00	27.00	29.92	32.00	33.85	27.78	4.31	27.49	6.84	57.3	20.00	0.16	27.00	27.00	对数正态分布	27.49	24.61	25.00
Zn	3486	54.8	61.0	70.8	80.9	92.4	104	112	81.9	16.78	80.2	12.82	128	36.70	0.20	80.9	102	偏峰分布	102	103	101
Zr	224	223	231	243	266	312	353	377	281	50.1	277	25.68	430	200	0.18	266	250	剔除后对数分布	277	293	243
SiO$_2$	236	64.4	65.7	67.3	68.9	71.7	74.1	75.6	69.5	3.31	69.4	11.56	78.8	61.5	0.05	68.9	67.3	正态分布	69.5	71.7	71.3
Al$_2$O$_3$	236	11.16	11.74	13.18	14.23	14.96	16.05	16.61	14.08	1.62	13.98	4.59	19.22	9.51	0.11	14.23	14.22	正态分布	14.08	10.54	13.20
TFe$_2$O$_3$	236	3.43	3.66	4.03	4.46	4.78	5.17	5.43	4.42	0.61	4.38	2.35	6.52	2.60	0.14	4.46	4.54	正态分布	4.42	4.18	3.74
MgO	236	0.49	0.51	0.61	0.99	1.43	1.54	1.58	1.02	0.41	0.93	1.54	1.76	0.39	0.40	0.99	0.50	其他分布	0.50	0.59	0.50
CaO	232	0.19	0.21	0.29	0.64	0.94	1.10	1.20	0.65	0.37	0.53	2.14	1.81	0.13	0.58	0.64	0.30	其他分布	0.30	0.26	0.24
Na$_2$O	236	0.30	0.38	0.56	0.97	1.32	1.50	1.56	0.95	0.42	0.84	1.73	1.67	0.20	0.45	0.97	1.05	其他分布	1.05	0.29	0.19
K$_2$O	3174	1.83	1.98	2.17	2.33	2.53	2.75	2.87	2.35	0.31	2.33	1.66	3.22	1.51	0.13	2.33	2.34	正态分布	2.34	2.21	2.35
TC	236	0.93	1.12	1.29	1.62	1.94	2.25	2.48	1.66	0.50	1.58	1.49	3.80	0.68	0.30	1.62	1.29	其他分布	1.66	1.77	1.43
Corg	3541	0.58	0.70	0.87	1.18	1.61	1.98	2.30	1.27	0.51	1.16	1.57	2.78	0.13	0.40	1.18	0.90	其他分布	0.90	1.34	1.31
pH	3628	4.93	5.16	5.70	6.34	6.76	7.13	7.38	5.60	5.24	6.23	2.88	8.25	4.13	0.94	6.34	6.40	其他分布	6.40	5.34	5.10

表 4-4 南浔区土壤元素背景值参数统计表

元素/指标	N	$X_{5\%}$	$X_{10\%}$	$X_{25\%}$	$X_{50\%}$	$X_{75\%}$	$X_{90\%}$	$X_{95\%}$	$\bar{X}$	S	$\bar{X}_g$	S_g	X_{max}	X_{min}	CV	X_{me}	X_{mo}	分布类型	南浔区背景值	湖州市背景值	浙江省背景值
Ag	168	99.0	103	113	128	149	172	187	138	65.7	132	16.97	906	81.0	0.48	128	113	对数正态分布	132	70.0	100.0
As	3012	4.13	4.54	5.29	6.06	6.89	7.66	8.15	6.09	1.21	5.97	2.91	9.44	2.82	0.20	6.06	6.16	剔除后正态分布	6.09	6.10	10.10
Au	168	2.60	2.80	3.30	4.40	5.83	7.33	9.08	4.97	2.39	4.55	2.58	19.50	1.80	0.48	4.40	4.40	对数正态分布	4.55	2.46	1.50
B	3036	47.30	51.0	56.6	63.3	70.9	78.3	83.4	64.1	10.73	63.2	11.04	94.1	34.70	0.17	63.3	57.6	剔除后正态分布	63.2	61.0	20.00
Ba	168	420	427	447	466	483	505	515	466	30.70	465	34.71	552	393	0.07	466	467	正态分布	466	467	475
Be	168	1.97	2.06	2.21	2.33	2.51	2.66	2.77	2.35	0.24	2.34	1.66	3.12	1.75	0.10	2.33	2.25	正态分布	2.35	2.33	2.00
Bi	168	0.30	0.31	0.34	0.39	0.45	0.50	0.54	0.40	0.08	0.39	1.79	0.72	0.20	0.20	0.39	0.39	正态分布	0.40	0.43	0.28
Br	168	3.04	3.20	3.70	4.37	5.04	5.67	5.97	4.44	1.01	4.32	2.37	7.56	2.10	0.23	4.37	4.50	其他分布	4.44	4.59	2.20
Cd	3015	0.11	0.12	0.15	0.19	0.24	0.28	0.30	0.20	0.06	0.19	2.69	0.37	0.04	0.30	0.19	0.20	正态分布	0.20	0.19	0.14
Ce	168	62.8	64.0	68.2	71.2	74.9	77.5	79.6	71.2	4.99	71.0	11.70	82.0	54.5	0.07	71.2	70.0	对数正态分布	71.2	77.4	102
Cl	168	51.5	54.9	61.8	72.8	87.9	108	133	78.6	25.92	75.2	11.85	194	40.41	0.33	72.8	70.5	偏峰分布	75.2	61.5	71.0
Co	3092	9.75	10.60	12.20	13.90	15.50	16.70	17.60	13.82	2.36	13.61	4.57	20.40	7.28	0.17	13.90	13.90	偏峰分布	13.90	13.30	14.80
Cr	3044	60.5	64.7	72.4	79.9	86.5	92.9	96.1	79.3	10.63	78.5	12.47	108	50.4	0.13	79.9	79.9	其他分布	79.9	78.2	82.0
Cu	3018	20.59	22.20	25.00	28.40	32.30	35.70	38.28	28.77	5.31	28.27	7.07	43.80	14.00	0.18	28.40	27.30	剔除后正态分布	28.27	27.30	16.00
F	168	407	438	504	555	602	661	687	552	87.7	545	38.67	751	224	0.16	555	541	正态分布	552	480	453
Ga	168	11.45	12.22	13.60	14.95	16.28	17.51	18.25	14.93	2.06	14.78	4.80	20.72	10.28	0.14	14.95	14.33	正态分布	14.93	15.72	16.00
Ge	3028	1.34	1.37	1.43	1.49	1.56	1.62	1.66	1.49	0.10	1.49	1.27	1.75	1.24	0.06	1.49	1.46	其他分布	1.46	1.49	1.44
Hg	2905	0.07	0.10	0.14	0.20	0.29	0.41	0.48	0.23	0.12	0.20	2.67	0.59	0.03	0.53	0.20	0.14	其他分布	0.14	0.11	0.110
I	168	0.90	1.07	1.40	1.80	2.30	3.10	3.50	1.93	0.78	1.78	1.73	4.90	0.70	0.41	1.80	1.90	对数正态分布	1.78	1.20	1.70
La	168	30.31	31.32	32.46	34.93	38.19	40.23	41.89	35.54	4.04	35.33	7.81	53.1	27.20	0.11	34.93	36.21	正态分布	35.54	40.48	41.00
Li	168	34.02	36.67	41.38	45.30	49.00	52.7	55.1	45.18	6.28	44.72	9.11	62.4	26.90	0.14	45.30	44.30	正态分布	45.18	37.45	25.00
Mn	3058	295	329	396	503	632	751	825	524	162	499	36.63	1000	164	0.31	503	465	其他分布	465	434	440
Mo	3002	0.39	0.44	0.52	0.61	0.71	0.81	0.88	0.62	0.14	0.60	1.45	1.01	0.23	0.24	0.61	0.57	其他分布	0.57	0.58	0.66
N	3105	0.80	0.93	1.28	1.81	2.45	2.90	3.13	1.88	0.74	1.72	1.76	4.20	0.33	0.39	1.81	1.56	其他分布	1.56	1.02	1.28
Nb	168	12.36	13.01	13.79	14.75	15.66	16.86	17.52	14.79	1.56	14.71	4.75	19.15	10.87	0.11	14.75	14.77	正态分布	14.79	18.09	16.83
Ni	3066	23.92	25.90	29.80	33.80	37.40	40.80	42.40	33.54	5.61	33.05	7.60	48.80	18.20	0.17	33.80	33.80	偏峰分布	33.80	30.00	35.00
P	2919	0.42	0.47	0.56	0.67	0.81	0.95	1.06	0.69	0.19	0.67	1.42	1.26	0.21	0.28	0.67	0.67	剔除后对数分布	0.67	0.61	0.60
Pb	3014	23.20	25.00	28.30	31.90	36.10	40.20	42.73	32.34	5.85	31.81	7.63	48.60	16.30	0.18	31.90	30.00	剔除后对数分布	31.81	30.00	32.00

第四章 土壤元素背景值

续表 4-4

元素/指标	N	$X_{5\%}$	$X_{10\%}$	$X_{25\%}$	$X_{50\%}$	$X_{75\%}$	$X_{90\%}$	$X_{95\%}$	$\bar{X}$	S	$\bar{X}_g$	S_g	X_{max}	X_{min}	CV	X_{me}	X_{mo}	分布类型	南浔区背景值	湖州市背景值	浙江省背景值
Rb	157	89.6	94.0	105	111	117	123	125	110	10.77	109	15.13	137	83.0	0.10	111	113	剔除后正态分布	110	113	120
S	162	193	226	278	334	387	448	479	333	85.3	322	27.40	553	150	0.26	334	346	剔除后正态分布	333	303	248
Sb	159	0.48	0.50	0.54	0.60	0.67	0.72	0.78	0.61	0.09	0.60	1.40	0.84	0.43	0.15	0.60	0.58	剔除后正态分布	0.61	0.80	0.53
Sc	168	9.27	9.79	10.57	11.71	12.51	13.48	14.01	11.64	1.48	11.54	4.17	15.40	8.02	0.13	11.71	11.90	正态分布	11.64	9.84	8.70
Se	3082	0.16	0.19	0.24	0.31	0.37	0.42	0.45	0.30	0.09	0.29	2.12	0.56	0.05	0.29	0.31	0.30	其他分布	0.30	0.32	0.21
Sn	168	5.33	5.67	7.07	9.30	13.22	18.29	23.86	11.27	6.40	10.01	4.02	45.30	4.40	0.57	9.30	9.90	对数正态分布	10.01	6.33	3.60
Sr	168	98.8	104	110	115	120	127	130	115	10.40	115	15.38	186	91.8	0.09	115	111	正态分布	115	52.0	105
Th	168	8.99	9.76	10.98	11.82	13.20	14.81	15.28	12.10	1.87	11.95	4.19	18.20	7.50	0.15	11.82	12.30	正态分布	12.10	13.57	13.30
Ti	168	3694	3774	3943	4154	4388	4618	4706	4177	319	4165	123	5076	3401	0.08	4154	4318	正态分布	4177	4462	4665
Tl	168	0.47	0.49	0.54	0.59	0.64	0.70	0.74	0.59	0.08	0.59	1.39	0.86	0.42	0.14	0.59	0.62	正态分布	0.59	0.60	0.70
U	168	2.05	2.13	2.26	2.42	2.54	2.66	2.74	2.42	0.24	2.40	1.67	3.48	1.82	0.10	2.42	2.45	其他分布	2.42	2.65	2.90
V	3058	70.7	75.3	84.7	93.7	101	109	114	92.9	12.62	92.1	13.66	125	59.8	0.14	93.7	101	正态分布	101	102	106
W	168	1.36	1.41	1.54	1.69	1.87	2.04	2.14	1.72	0.26	1.70	1.41	2.89	1.04	0.15	1.69	1.59	正态分布	1.72	2.17	1.80
Y	168	20.31	20.80	21.97	23.27	25.44	27.06	27.80	23.72	2.46	23.59	6.23	31.37	18.24	0.10	23.27	23.62	正态分布	23.72	24.61	25.00
Zn	3001	65.7	70.9	80.0	90.3	102	113	120	91.4	16.47	89.9	13.69	139	44.80	0.18	90.3	103	偏峰分布	103	103	101
Zr	159	216	224	234	246	260	276	290	248	20.98	248	23.83	304	204	0.08	246	244	剔除后正态分布	248	293	243
SiO_2	168	65.1	66.0	66.9	68.4	70.5	72.6	73.7	68.8	2.73	68.7	11.41	76.7	61.6	0.04	68.4	69.0	正态分布	68.8	71.7	71.3
Al_2O_3	168	11.90	12.29	13.11	13.90	14.38	15.36	15.58	13.80	1.10	13.75	4.59	16.87	10.75	0.08	13.90	13.45	正态分布	13.80	10.54	13.20
TFe_2O_3	168	3.27	3.47	3.86	4.27	4.65	4.93	5.10	4.25	0.58	4.21	2.35	5.85	2.79	0.14	4.27	4.25	正态分布	4.25	4.18	3.74
MgO	168	0.89	1.02	1.23	1.36	1.52	1.59	1.62	1.35	0.22	1.33	1.29	1.79	0.73	0.17	1.36	1.36	正态分布	1.35	0.59	0.50
CaO	150	0.86	0.90	0.96	1.03	1.10	1.17	1.25	1.03	0.11	1.03	1.12	1.35	0.76	0.11	1.03	1.04	剔除后正态分布	1.03	0.26	0.24
Na_2O	168	1.19	1.25	1.41	1.52	1.61	1.67	1.69	1.49	0.15	1.48	1.28	1.76	1.07	0.10	1.52	1.57	正态分布	1.49	0.29	0.19
K_2O	3055	1.77	1.89	2.08	2.25	2.39	2.54	2.61	2.23	0.24	2.22	1.60	2.84	1.63	0.11	2.25	2.21	其他分布	2.21	2.21	2.35
TC	168	1.17	1.40	1.63	1.96	2.27	2.50	2.66	1.96	0.47	1.90	1.54	3.85	0.93	0.24	1.96	2.14	正态分布	1.96	1.77	1.43
Corg	3104	0.85	1.01	1.35	1.86	2.49	2.95	3.17	1.93	0.73	1.78	1.75	4.06	0.34	0.38	1.86	1.98	其他分布	1.98	1.34	1.31
pH	3086	4.88	5.30	5.88	6.42	7.03	7.64	7.91	5.60	5.13	6.43	2.93	8.56	4.11	0.92	6.42	6.51	剔除后正态分布	5.60	5.34	5.10

共6项元素/指标变异系数大于0.40,其中pH变异系数大于0.80,空间变异性较大。

与湖州市土壤元素背景值相比,南浔区土壤元素背景值中Sb、W背景值略低于湖州市背景值,是湖州市背景值的60%~80%;Cl、Hg、Li、Al_2O_3背景值略高于湖州市背景值,是湖州市背景值的1.2~1.4倍;Ag、Au、I、N、Sn、Sr、MgO、CaO、Na_2O、Corg背景值明显高于湖州市背景值,是湖州市背景值的1.4倍以上。其他元素/指标背景值则与湖州市背景值基本接近。

与浙江省土壤元素背景值相比,南浔区土壤元素背景值中As、Ce背景值略低于浙江省背景值,是浙江省背景值的60%~80%;Ag、F、Hg、N、S、Sc、TC背景值略高于浙江省背景值,是浙江省背景值的1.2~1.4倍;Au、B、Bi、Br、Cd、Cu、Li、Se、Sn、MgO、CaO、Na_2O、Corg背景值明显高于浙江省背景值,是浙江省背景值的1.4倍以上;其他元素/指标背景值则与浙江省背景值基本接近。

五、吴兴区土壤元素背景值

吴兴区土壤元素背景值数据经正态分布检验,结果表明,原始数据F、Ga、La、Li、S、Sc、V、Y、Zr、SiO_2、Al_2O_3、TFe_2O_3、TC符合正态分布,Ag、Au、Ba、Be、Bi、Br、Ce、Cl、Co、I、Nb、Sb、Sn、Th、Tl、U、W、MgO、K_2O、pH符合对数正态分布,As、Cu、Ge、Ni、Pb、Rb剔除异常值后符合正态分布,Mn、Mo、P、Ti、Zn剔除异常值后符合对数正态分布,其他元素/指标不符合正态分布或对数正态分布(表4-5)。

吴兴区表层土壤总体呈酸性,土壤pH背景值为6.06,极大值为8.87,极小值为3.53,与湖州市背景值及浙江省背景值基本接近。

在土壤各元素/指标中,绝大多数元素/指标变异系数小于0.40,分布相对均匀;Au、Bi、Br、Hg、I、Sb、Sn、CaO、pH共9项元素/指标变异系数大于0.40,其中Bi、pH变异系数大于0.80,空间变异性较大。

与湖州市土壤元素背景值相比,吴兴区土壤元素背景值中Cr、Zn背景值略低于湖州市背景值,是湖州市背景值的60%~80%;Au、Bi、N、Tl、U、Al_2O_3背景值略高于湖州市背景值,是湖州市背景值的1.2~1.4倍;Ag、Hg、I、Sr、MgO、CaO、Na_2O背景值明显高于湖州市背景值,是湖州市背景值的1.4倍以上;其他元素/指标背景值则与湖州市背景值基本接近。

与浙江省土壤元素背景值相比,吴兴区土壤元素背景值中As、Ce、Cr、Ni、Sr、V背景值略低于浙江省背景值,是浙江省背景值的60%~80%;Ag、Cd、S、W、Zr、TC背景值略高于浙江省背景值,是浙江省背景值的1.2~1.4倍;Au、B、Bi、Br、Cu、Hg、I、Li、Sb、Se、Sn、MgO、CaO、Na_2O背景值明显高于浙江省背景值,是浙江省背景值的1.4倍以上;其他元素/指标背景值则与浙江省背景值基本接近。

六、长兴县土壤元素背景值

长兴县土壤元素背景值数据经正态分布检验,结果表明,原始数据Ba、Cr、Th、Tl、U、Zr、Al_2O_3、TFe_2O_3符合正态分布,Au、Be、Br、Ce、Cl、Ga、Ge、La、Li、Nb、Rb、Sc、Sn、W、Y、MgO符合对数正态分布,Ag、Bi、S、TC剔除异常值后符合正态分布,As、Hg、Mo、P、Sb剔除异常值后符合对数正态分布,其他元素/指标不符合正态分布或对数正态分布(表4-6)。

长兴县表层土壤总体呈酸性,土壤pH背景值为5.23,极大值为7.29,极小值为3.95,与湖州市背景值及浙江省背景值基本接近。

在土壤各元素/指标中,绝大多数元素/指标变异系数小于0.40,分布相对均匀,Au、Br、Cd、Hg、I、Sn、CaO、Na_2O、pH共9项元素/指标变异系数大于0.40,其中Au、pH变异系数大于0.80,空间变异性较大。

与湖州市土壤元素背景值相比,长兴县土壤元素背景值中CaO背景值明显低于湖州市背景值,为湖州市背景值的58%;Be、F、Rb、Zn背景值略低于湖州市背景值,是湖州市背景值的60%~80%;Ag、As、N背景值明显高于湖州市背景值,是湖州市背景值的1.4倍以上;其他元素/指标背景值则与湖州市背景值基本接近。

第四章 土壤元素背景值

表4-5 吴兴区土壤元素背景值参数统计表

元素/指标	N	$X_{5\%}$	$X_{10\%}$	$X_{25\%}$	$X_{50\%}$	$X_{75\%}$	$X_{90\%}$	$X_{95\%}$	$\bar{X}$	S	$\bar{X}_g$	S_g	X_{max}	X_{min}	CV	X_{mc}	X_{mo}	分布类型	吴兴区背景值	湖州市背景值	浙江省背景值
Ag	211	79.0	90.0	109	126	150	190	224	136	52.4	128	16.54	480	50.00	0.39	126	110	对数正态分布	128	70.0	100.0
As	2068	4.03	4.65	5.68	6.76	7.98	9.16	10.00	6.84	1.78	6.60	3.10	11.90	2.01	0.26	6.76	7.20	剔除后正态分布	6.84	6.10	10.10
Au	211	1.35	1.59	2.30	3.28	4.15	5.80	7.30	3.57	2.01	3.14	2.21	14.80	1.01	0.56	3.28	3.60	对数正态分布	3.14	2.46	1.50
B	2083	40.13	45.40	53.2	61.5	68.8	75.5	80.3	61.0	11.86	59.7	10.69	93.1	28.20	0.19	61.5	62.9	偏峰分布	62.9	61.0	20.00
Ba	211	336	378	438	502	586	702	826	526	144	507	37.19	1102	130	0.27	502	525	对数正态分布	507	467	475
Be	211	1.73	1.83	2.07	2.33	2.56	2.96	3.25	2.41	0.63	2.34	1.73	7.59	1.12	0.26	2.33	2.33	对数正态分布	2.34	2.33	2.00
Bi	211	0.32	0.35	0.41	0.49	0.62	0.77	1.23	0.65	1.04	0.53	1.80	14.70	0.29	1.60	0.49	0.41	对数正态分布	0.53	0.43	0.28
Br	211	2.70	2.86	3.40	4.12	5.65	7.94	10.35	5.01	2.56	4.54	2.70	15.50	1.70	0.51	4.12	3.23	对数正态分布	4.54	4.59	2.20
Cd	2094	0.10	0.12	0.15	0.20	0.26	0.31	0.34	0.21	0.07	0.20	2.68	0.41	0.04	0.35	0.20	0.19	其他分布	0.19	0.19	0.14
Ce	211	64.0	66.9	71.6	75.9	81.0	89.5	94.5	77.1	8.70	76.6	12.27	110	54.0	0.11	75.9	75.0	对数正态分布	76.6	77.4	102
Cl	211	48.35	50.7	59.5	69.0	80.8	101	120	74.2	24.70	71.1	11.54	222	40.80	0.33	69.0	69.0	对数正态分布	71.1	61.5	71.0
Co	2171	8.14	9.02	10.60	12.50	14.40	16.20	17.50	12.58	2.92	12.23	4.32	27.50	3.88	0.23	12.50	12.00	对数正态分布	12.23	13.30	14.80
Cr	2097	35.78	46.46	56.3	65.6	75.5	84.7	89.7	65.4	15.23	63.4	11.13	105	25.70	0.23	65.6	62.4	偏峰分布	62.4	78.2	82.0
Cu	2132	15.50	17.40	20.20	24.40	28.67	32.68	35.05	24.70	6.02	23.95	6.48	41.70	7.80	0.24	24.40	25.00	剔除后正态分布	24.70	27.30	16.00
F	211	321	344	390	456	554	640	685	485	143	468	35.17	1632	230	0.29	456	354	正态分布	485	480	453
Ga	211	10.87	11.62	13.52	15.70	17.62	19.50	20.30	15.66	3.01	15.37	5.05	25.60	9.30	0.19	15.70	16.60	正态分布	15.66	15.72	16.00
Ge	2134	1.32	1.35	1.42	1.49	1.56	1.62	1.67	1.49	0.11	1.49	1.27	1.77	1.21	0.07	1.49	1.50	剔除后正态分布	1.49	1.49	1.44
Hg	2065	0.07	0.09	0.12	0.17	0.23	0.30	0.34	0.18	0.08	0.16	2.90	0.41	0.01	0.44	0.17	0.16	其他分布	0.16	0.11	0.110
I	211	0.90	1.10	1.45	2.60	6.00	8.60	9.65	3.87	3.11	2.84	2.85	17.40	0.70	0.80	2.60	1.30	对数正态分布	2.84	1.20	1.70
La	211	34.34	35.00	36.83	39.80	42.47	46.50	49.02	40.18	4.63	39.92	8.38	59.5	30.10	0.12	39.80	41.90	正态分布	40.18	40.48	41.00
Li	211	27.35	29.70	34.49	39.60	44.55	51.0	53.8	40.19	8.97	39.29	8.49	95.1	23.10	0.22	39.60	43.10	正态分布	40.19	37.45	25.00
Mn	2136	260	290	364	479	633	788	887	512	189	478	35.24	1058	122	0.37	479	348	剔除后对数分布	478	434	440
Mo	2082	0.42	0.47	0.56	0.69	0.85	1.02	1.14	0.72	0.22	0.69	1.44	1.34	0.20	0.30	0.69	0.59	剔除后正态分布	0.69	0.58	0.66
N	2170	0.76	0.92	1.24	1.73	2.29	2.72	2.97	1.78	0.69	1.64	1.74	3.86	0.26	0.39	1.73	1.37	其他分布	1.37	1.02	1.28
Nb	211	13.37	14.16	15.57	18.80	22.80	25.30	27.90	19.93	6.94	19.13	5.82	82.0	12.05	0.35	18.80	21.70	对数正态分布	19.13	18.09	16.83
Ni	2153	11.90	15.20	21.30	26.60	31.70	36.50	39.14	26.35	7.90	24.99	6.64	47.00	6.64	0.30	26.60	29.00	剔除后对数分布	26.35	30.00	35.00
P	2049	0.37	0.41	0.51	0.62	0.81	1.04	1.16	0.68	0.24	0.64	1.53	1.37	0.20	0.35	0.62	0.57	剔除后对数分布	0.64	0.61	0.60
Pb	2102	21.50	23.80	27.80	32.50	37.10	41.70	44.59	32.64	6.85	31.89	7.64	52.2	14.30	0.21	32.50	36.00	剔除后正态分布	32.64	30.00	32.00

95

续表 4-5

元素/指标	N	$X_{5\%}$	$X_{10\%}$	$X_{25\%}$	$X_{50\%}$	$X_{75\%}$	$X_{90\%}$	$X_{95\%}$	$\overline{X}$	S	$\overline{X}_g$	S_g	X_{max}	X_{min}	CV	X_{me}	X_{mo}	分布类型	吴兴区背景值	湖州市背景值	浙江省背景值
Rb	204	79.2	84.0	95.0	109	126	144	152	112	22.64	110	15.56	178	69.0	0.20	109	115	剔除后正态分布	112	113	120
S	211	210	225	263	330	392	435	476	332	85.7	322	27.42	724	167	0.26	330	327	正态分布	332	303	248
Sb	211	0.58	0.63	0.70	0.83	0.95	1.15	1.24	0.93	0.58	0.86	1.41	6.05	0.51	0.63	0.83	0.87	对数正态分布	0.86	0.80	0.53
Sc	211	7.05	7.50	8.50	9.80	11.30	12.70	13.32	9.96	2.03	9.75	3.71	17.25	4.80	0.20	9.80	8.30	正态分布	9.96	9.84	8.70
Se	2095	0.18	0.21	0.27	0.33	0.39	0.45	0.49	0.33	0.09	0.32	2.01	0.59	0.08	0.28	0.33	0.36	其他分布	0.36	0.32	0.21
Sn	211	3.83	4.32	5.25	7.67	10.40	13.20	15.35	8.56	5.47	7.57	3.39	58.3	2.92	0.64	7.67	8.10	对数正态分布	7.57	6.33	3.60
Sr	210	44.78	52.9	70.0	97.3	109	116	119	90.4	25.77	86.1	12.97	165	20.50	0.29	97.3	77.6	偏峰分布	77.6	52.0	105
Th	211	10.46	11.02	12.56	14.10	15.87	17.60	19.30	14.45	3.06	14.17	4.75	32.90	9.56	0.21	14.10	15.20	剔除后正态分布	14.17	13.57	13.30
Ti	207	3605	3800	4053	4385	4945	5500	5787	4504	676	4455	129	6386	2759	0.15	4385	4237	对数正态分布	4455	4462	4665
Tl	211	0.48	0.53	0.62	0.75	0.88	1.04	1.15	0.77	0.20	0.75	1.34	1.82	0.43	0.26	0.75	0.73	对数正态分布	0.75	0.60	0.70
U	211	2.32	2.50	2.75	3.32	3.91	4.81	5.42	3.56	1.27	3.41	2.19	13.10	2.15	0.36	3.32	3.25	正态分布	3.41	2.65	2.90
V	2171	56.5	61.5	71.0	83.4	95.2	106	112	83.6	17.23	81.7	12.85	145	28.10	0.21	83.4	102	正态分布	83.6	102	106
W	211	1.49	1.66	1.90	2.26	2.69	3.25	3.85	2.38	0.76	2.29	1.77	7.30	1.13	0.32	2.26	2.17	对数正态分布	2.29	2.17	1.80
Y	211	18.88	20.40	22.89	25.80	28.66	31.50	32.70	25.85	4.49	25.46	6.68	42.40	13.39	0.17	25.80	25.90	正态分布	25.85	24.61	25.00
Zn	2080	53.0	58.3	67.6	82.0	97.5	112	123	83.6	21.06	81.0	12.98	147	36.50	0.25	82.0	103	剔除后正态分布	81.0	103	101
Zr	211	222	236	259	297	348	386	433	306	64.7	300	27.29	526	189	0.21	297	279	正态分布	306	293	243
SiO_2	211	65.1	66.3	68.4	70.6	73.0	75.2	75.8	70.6	3.22	70.5	11.63	76.5	62.5	0.05	70.6	70.7	正态分布	70.6	71.7	71.3
Al_2O_3	211	10.96	11.33	12.34	13.58	14.75	15.47	15.96	13.52	1.54	13.43	4.51	17.02	10.27	0.11	13.58	13.58	正态分布	13.52	10.54	13.20
TFe_2O_3	211	3.14	3.36	3.71	4.16	4.59	5.10	5.50	4.20	0.71	4.14	2.32	6.59	2.34	0.17	4.16	4.16	正态分布	4.20	4.18	3.74
MgO	211	0.49	0.52	0.62	0.87	1.15	1.29	1.35	0.90	0.30	0.84	1.46	1.77	0.37	0.34	0.87	1.23	其他分布	0.84	0.59	0.50
CaO	209	0.26	0.28	0.39	0.77	0.93	1.06	1.21	0.70	0.32	0.62	1.88	1.59	0.22	0.46	0.77	0.89	对数正态分布	0.89	0.26	0.24
Na_2O	211	0.37	0.44	0.69	1.05	1.35	1.53	1.58	1.02	0.40	0.92	1.65	1.66	0.15	0.39	1.05	1.32	其他分布	1.32	0.29	0.19
K_2O	2171	1.56	1.64	1.80	2.07	2.34	2.63	2.86	2.11	0.42	2.07	1.58	4.65	0.84	0.20	2.07	1.70	对数正态分布	2.07	2.21	2.35
TC	211	1.06	1.19	1.46	1.81	2.23	2.48	2.66	1.84	0.50	1.77	1.52	3.36	0.78	0.27	1.81	1.94	正态分布	1.84	1.77	1.43
Corg	2120	0.74	0.86	1.13	1.62	2.11	2.55	2.84	1.66	0.66	1.53	1.69	3.59	0.23	0.40	1.62	1.34	其他分布	1.34	1.34	1.31
pH	2171	4.61	4.81	5.32	5.96	6.64	7.56	7.97	5.27	4.88	6.06	2.82	8.87	3.53	0.93	5.96	5.96	对数正态分布	6.06	5.34	5.10

第四章 土壤元素背景值

表 4-6 长兴县土壤环境参数统计表

元素/指标	N	$X_{5\%}$	$X_{10\%}$	$X_{25\%}$	$X_{50\%}$	$X_{75\%}$	$X_{90\%}$	$X_{95\%}$	$\bar{X}$	S	$\bar{X}_g$	S_g	X_{max}	X_{min}	CV	X_{me}	X_{mo}	分布类型	长兴县背景值	湖州市背景值	浙江省背景值
Ag	325	57.2	63.0	75.0	97.0	121	142	158	100.0	31.83	95.3	14.11	197	11.00	0.32	97.0	66.0	剔除后正态分布	100.0	70.0	100.0
As	5108	5.64	6.30	7.39	8.77	10.35	12.16	13.29	9.00	2.28	8.71	3.56	15.50	2.88	0.25	8.77	9.00	剔除后对数正态分布	8.71	6.10	10.10
Au	339	1.30	1.40	1.80	2.40	3.60	4.80	5.71	3.08	2.93	2.59	2.15	33.90	0.80	0.95	2.40	2.20	对数正态分布	2.59	2.46	1.50
B	4960	53.5	56.5	60.2	63.9	68.2	72.8	75.6	64.2	6.40	63.9	11.03	81.3	46.86	0.10	63.9	63.3	其他分布	63.3	61.0	20.00
Ba	339	280	300	335	385	458	512	548	400	86.8	391	32.26	863	241	0.22	385	374	正态分布	400	467	475
Be	339	1.19	1.29	1.46	1.73	2.12	2.36	2.47	1.78	0.41	1.74	1.51	2.70	0.97	0.23	1.73	1.53	对数正态分布	1.74	2.33	2.00
Bi	319	0.28	0.30	0.35	0.42	0.47	0.53	0.59	0.42	0.09	0.41	1.74	0.68	0.22	0.22	0.42	0.43	对数正态分布	0.42	0.43	0.28
Br	339	1.90	2.20	2.50	3.40	5.40	8.28	11.50	4.49	3.06	3.81	2.45	21.61	1.20	0.68	3.40	2.20	剔除后正态分布	3.81	4.59	2.20
Cd	5124	0.07	0.09	0.13	0.19	0.24	0.29	0.32	0.19	0.08	0.17	2.91	0.41	0.02	0.41	0.19	0.20	其他分布	0.20	0.19	0.14
Ce	339	59.9	63.6	71.0	78.2	83.5	93.5	100.0	78.5	11.98	77.6	12.55	124	53.6	0.15	78.2	78.0	对数正态分布	77.6	77.4	102
Cl	339	37.90	40.00	48.00	57.00	64.5	75.0	85.1	58.4	16.19	56.5	10.41	173	22.00	0.28	57.0	55.0	对数正态分布	56.5	61.5	71.0
Co	5200	7.89	8.93	10.69	12.50	14.16	15.62	16.51	12.39	2.59	12.10	4.30	19.56	5.29	0.21	12.50	12.27	偏峰分布	12.27	13.30	14.80
Cr	5345	47.70	53.7	63.0	73.5	82.9	91.4	96.4	73.0	14.93	71.3	11.87	178	21.20	0.20	73.5	73.8	正态分布	73.0	78.2	82.0
Cu	5267	15.48	17.05	20.34	24.40	27.94	30.97	32.89	24.24	5.34	23.62	6.44	39.61	9.40	0.22	24.40	24.24	其他分布	24.24	27.30	16.00
F	338	208	239	278	330	435	512	547	359	105	345	30.39	628	171	0.29	330	330	偏峰分布	330	480	453
Ga	339	8.63	9.40	11.32	13.28	15.87	18.56	20.37	13.84	3.75	13.37	4.68	28.89	7.60	0.27	13.28	13.84	对数正态分布	13.37	15.72	16.00
Ge	5345	1.24	1.27	1.33	1.42	1.50	1.57	1.62	1.42	0.12	1.41	1.24	3.32	1.02	0.09	1.42	1.39	对数正态分布	1.41	1.49	1.44
Hg	4984	0.04	0.06	0.09	0.12	0.15	0.19	0.22	0.12	0.05	0.11	3.51	0.27	0.01	0.42	0.12	0.11	剔除后对数正态分布	0.11	0.11	0.110
I	317	0.90	1.00	1.30	1.80	3.40	5.00	6.22	2.46	1.66	2.02	2.02	7.60	0.50	0.67	1.80	1.20	其他分布	1.20	1.20	1.70
La	339	31.00	32.78	35.69	40.38	43.72	50.1	52.5	40.62	6.72	40.09	8.62	64.0	27.26	0.17	40.38	32.07	对数正态分布	40.09	40.48	41.00
Li	339	24.08	25.55	27.94	31.80	37.20	41.65	44.22	32.95	6.44	32.35	7.60	64.3	20.20	0.20	31.80	36.93	对数正态分布	32.35	37.45	25.00
Mn	5067	200	234	297	379	502	643	731	410	157	381	31.42	868	73.4	0.38	379	458	其他分布	458	434	440
Mo	5090	0.36	0.40	0.47	0.55	0.65	0.75	0.81	0.56	0.14	0.55	1.53	0.96	0.19	0.24	0.55	0.49	剔除后正态分布	0.55	0.58	0.66
N	5337	0.74	0.89	1.22	1.73	2.20	2.50	2.70	1.72	0.62	1.59	1.73	3.65	0.20	0.36	1.73	1.57	其他分布	1.57	1.02	1.28
Nb	339	11.05	12.12	13.95	15.99	18.02	20.86	23.62	16.33	3.51	15.97	5.15	27.35	8.72	0.22	15.99	15.99	对数正态分布	15.97	18.09	16.83
Ni	5338	13.90	16.00	20.00	25.90	31.70	36.40	38.80	26.03	7.71	24.82	6.70	48.60	4.10	0.30	25.90	27.20	其他分布	27.20	30.00	35.00
P	5020	0.34	0.39	0.48	0.57	0.68	0.79	0.88	0.58	0.16	0.56	1.51	1.03	0.16	0.27	0.57	0.65	剔除后对数分布	0.56	0.61	0.60
Pb	5035	23.87	25.91	29.42	32.94	35.91	39.99	42.60	32.84	5.35	32.39	7.67	46.92	19.15	0.16	32.94	31.00	其他分布	31.00	30.00	32.00

续表 4-6

元素/指标	N	$X_{5\%}$	$X_{10\%}$	$X_{25\%}$	$X_{50\%}$	$X_{75\%}$	$X_{90\%}$	$X_{95\%}$	$\bar{X}$	S	$\bar{X}_g$	S_g	X_{max}	X_{min}	CV	X_{me}	X_{mo}	分布类型	长兴县背景值	湖州市背景值	浙江省背景值
Rb	339	57.0	60.0	68.5	80.0	96.0	107	111	82.5	17.94	80.6	12.95	143	49.00	0.22	80.0	68.0	对数正态分布	80.6	113	120
S	328	213	233	269	318	358	389	419	315	63.5	308	27.60	495	148	0.20	318	342	剔除后正态分布	315	303	248
Sb	306	0.65	0.68	0.75	0.87	1.04	1.35	1.48	0.94	0.25	0.91	1.29	1.72	0.58	0.27	0.87	0.75	剔除后对数分布	0.91	0.80	0.53
Sc	339	6.49	6.89	8.06	9.67	11.61	14.28	15.98	10.22	3.03	9.82	3.94	21.92	5.56	0.30	9.67	10.98	对数正态分布	9.82	9.84	8.70
Se	4988	0.24	0.26	0.30	0.35	0.40	0.46	0.50	0.36	0.08	0.35	1.88	0.58	0.15	0.22	0.35	0.36	其他分布	0.36	0.32	0.21
Sn	339	2.86	3.32	4.12	5.43	6.98	8.61	10.17	5.88	2.48	5.45	2.92	22.20	2.16	0.42	5.43	5.11	对数正态分布	5.45	6.33	3.60
Sr	337	34.66	37.89	45.46	60.3	86.6	98.0	103	64.9	22.73	61.0	11.53	115	27.75	0.35	60.3	45.46	其他分布	45.46	52.0	105
Th	339	10.08	10.78	12.04	13.45	14.98	16.61	17.76	13.63	2.34	13.43	4.59	21.57	7.81	0.17	13.45	14.00	正态分布	13.63	13.57	13.30
Ti	337	2997	3278	3707	4167	4441	4720	4888	4079	555	4039	122	5541	2669	0.14	4167	4144	偏峰分布	4144	4462	4665
Tl	339	0.39	0.42	0.49	0.60	0.68	0.78	0.84	0.60	0.14	0.58	1.47	1.06	0.22	0.24	0.60	0.62	正态分布	0.60	0.60	0.70
U	339	2.32	2.43	2.70	3.00	3.37	3.71	3.88	3.04	0.49	3.00	1.95	4.51	1.82	0.16	3.00	3.04	正态分布	3.04	2.65	2.90
V	5319	60.6	67.2	80.0	92.7	103	112	117	91.3	16.97	89.6	13.56	138	44.90	0.19	92.7	91.0	其他分布	91.0	102	106
W	339	1.46	1.60	1.86	2.07	2.38	2.69	2.89	2.13	0.46	2.08	1.62	4.28	1.08	0.22	2.07	1.97	对数正态分布	2.08	2.17	1.80
Y	339	14.93	15.87	18.07	22.05	27.04	30.45	34.45	22.87	6.13	22.10	6.27	43.16	12.22	0.27	22.05	22.17	对数正态分布	22.10	24.61	25.00
Zn	5315	40.30	44.30	53.4	68.3	82.1	91.3	96.7	68.3	18.00	65.8	11.70	126	23.60	0.26	68.3	68.7	其他分布	68.7	103	101
Zr	339	251	258	284	320	346	379	395	319	44.53	316	27.67	467	228	0.14	320	316	正态分布	319	293	243
SiO$_2$	338	68.8	69.8	73.0	76.7	79.4	81.4	82.5	76.1	4.29	76.0	12.14	85.0	65.2	0.06	76.7	78.2	偏峰分布	78.2	71.7	71.3
Al$_2$O$_3$	339	8.55	9.15	10.12	11.32	13.00	14.10	14.64	11.52	1.86	11.37	4.13	16.23	7.83	0.16	11.32	11.01	正态分布	11.52	10.54	13.20
TFe$_2$O$_3$	339	2.59	2.82	3.12	3.57	4.00	4.41	4.59	3.58	0.63	3.53	2.12	5.77	1.93	0.18	3.57	3.43	正态分布	3.58	4.18	3.74
MgO	339	0.40	0.42	0.49	0.59	0.84	1.10	1.19	0.68	0.25	0.64	1.52	1.42	0.33	0.37	0.59	0.59	对数正态分布	0.64	0.59	0.50
CaO	328	0.15	0.16	0.23	0.40	0.65	0.82	0.88	0.45	0.25	0.38	2.20	1.10	0.08	0.55	0.40	0.15	其他分布	0.15	0.26	0.24
Na$_2$O	339	0.24	0.27	0.34	0.62	1.08	1.26	1.31	0.70	0.38	0.60	1.89	1.74	0.18	0.55	0.62	0.27	其他分布	0.27	0.29	0.19
K$_2$O	5325	1.17	1.24	1.39	1.70	2.03	2.23	2.33	1.72	0.39	1.68	1.46	2.99	0.76	0.22	1.70	2.13	偏峰分布	2.13	2.21	2.35
TC	330	0.92	1.08	1.35	1.67	1.92	2.10	2.20	1.63	0.42	1.57	1.50	2.80	0.54	0.25	1.67	2.10	剔除后正态分布	1.63	1.77	1.43
Corg	5307	0.68	0.84	1.17	1.68	2.21	2.57	2.80	1.71	0.68	1.56	1.76	3.77	0.13	0.40	1.68	1.22	其他分布	1.22	1.34	1.31
pH	5123	4.76	4.93	5.18	5.51	5.95	6.42	6.74	5.29	5.15	5.60	2.72	7.29	3.95	0.97	5.51	5.23	偏峰分布	5.23	5.34	5.10

与浙江省土壤元素背景值相比，长兴县土壤元素背景值中 Sr 背景值明显低于浙江省背景值，为浙江省背景值的 43%；Cl、Ce、F、I、Ni、Rb、Zn、CaO 背景值略低于浙江省背景值，是浙江省背景值的 60%~80%；Li、N、S、Zr、MgO 背景值略高于浙江省背景值，是浙江省背景值的 1.2~1.4 倍；Au、B、Bi、Br、Cd、Cu、Sb、Se、Sn、Na_2O 背景值明显高于浙江省背景值，是浙江省背景值的 1.4 倍；其他元素/指标背景值则与浙江省背景值基本接近。

第二节　主要土壤母质类型元素背景值

一、松散岩类沉积物土壤母质元素背景值

松散岩类沉积物土壤母质元素背景值数据经正态分布检验，结果表明，原始数据中 Br、Ga、Li、Sc、Th、TFe_2O_3、TC 符合正态分布，Au、Ce、Cl、La、Mn、Nb、S、Sn、Tl、U、W、Y、SiO_2 符合对数正态分布，Ti 剔除异常值后符合正态分布，Bi、I、Sb 剔除异常值后符合对数正态分布，其他元素/指标不符合正态分布或对数正态分布（表 4-7）。

松散岩类沉积物区表层土壤总体为酸性，土壤 pH 背景值为 5.34，极大值为 8.41，极小值为 3.73，与湖州市背景值相同。

表层土壤各元素/指标中，绝大多数元素/指标变异系数小于 0.40，分布相对均匀；Au、Hg、Mn、Sn、pH 共 5 项指标变异系数大于 0.40，其中 pH 变异系数大于 0.80，空间变异性较大。

与湖州市土壤元素背景值相比，松散岩类沉积物区土壤元素背景值中 Corg 背景值略低于湖州市背景值，是湖州市背景值的 67%；Hg、I、Sn、Al_2O_3 背景值略高于湖州市背景值，是湖州市背景值的 1.2~1.4 倍；Ag、Au、Sr、MgO、CaO、Na_2O 背景值明显高于湖州市背景值，是湖州市背景值的 1.4 倍以上，其中 Na_2O 背景值最高，为湖州市背景值的 5.4 倍；其他元素/指标背景值则与湖州市背景值基本接近。

二、古土壤风化物土壤母质元素背景值

古土壤风化物土壤母质元素背景值数据经正态分布检验，结果表明，原始数据中 Ba、Be、Br、Ce、Cl、Cr、F、Ga、I、La、Li、Nb、Rb、S、Sc、Sn、Sr、Th、Ti、Tl、U、V、W、Zr、SiO_2、Al_2O_3、TFe_2O_3、MgO、Na_2O、TC 共 30 项元素/指标符合正态分布，Ag、As、Au、Bi、Co、Ge、Hg、Mn、Mo、N、Ni、P、Sb、Y、Zn、CaO、Corg 背景值符合对数正态分布，B、Cu、Pb 剔除异常值后符合正态分布，Cd、Se、K_2O、pH 剔除异常值后符合对数正态分布（表 4-8）。

古土壤风化物区表层土壤总体为酸性，土壤 pH 背景值为 5.37，极大值为 7.10，极小值为 4.19，基本接近湖州市背景值。

表层土壤各元素/指标中，绝大多数元素/指标变异系数小于 0.40，分布相对均匀；Ag、Au、Bi、Br、Cd、Hg、I、Mn、N、P、Sn、CaO、Corg、pH 共 14 项元素/指标变异系数大于 0.40，其中 I、pH 变异系数大于 0.80，空间变异性较大。

与湖州市土壤元素背景值相比，古土壤风化物区土壤元素背景值中 Zn 背景值明显低于湖州市背景值，为湖州市背景值的 52%；Ba、Be、Cu、F、Ga、Cd、Ni、Rb、K_2O 背景值略低于湖州市背景值，是湖州市背景值的 60%~80%；Ag、Sb、Zr、CaO 背景值略高于湖州市背景值，是湖州市背景值的 1.2~1.4 倍；As、I、Na_2O 背景值明显高于湖州市背景值，是湖州市背景值的 1.4 倍以上，其中 I 背景值最高，为湖州市背景值的 2.7 倍以上；其他元素/指标背景值则与湖州市背景值基本接近。

表 4-7 松散岩类沉积物土壤母质元素背景值参数统计表

元素/指标	N	$X_{5\%}$	$X_{10\%}$	$X_{25\%}$	$X_{50\%}$	$X_{75\%}$	$X_{90\%}$	$X_{95\%}$	$\bar{X}$	S	$\bar{X}_g$	S_g	X_{max}	X_{min}	CV	X_{me}	X_{mo}	分布类型	松散岩类沉积物背景值	湖州市背景值
Ag	598	72.8	89.0	106	121	142	168	180	124	30.58	120	16.23	207	47.00	0.25	121	121	偏峰分布	121	70.0
As	12 733	4.36	4.98	5.96	7.14	8.61	10.11	11.05	7.35	2.00	7.07	3.20	13.00	1.83	0.27	7.14	6.10	其他分布	6.10	6.10
Au	631	1.70	2.00	2.50	3.40	4.50	6.40	7.57	3.91	2.37	3.46	2.36	31.60	0.74	0.61	3.40	3.20	对数正态分布	3.46	2.46
B	12 512	47.50	51.6	57.7	63.2	68.8	74.5	78.0	63.1	8.83	62.5	10.92	86.7	39.69	0.14	63.2	61.0	其他分布	61.0	61.0
Ba	576	381	398	442	476	512	568	591	479	62.1	475	35.57	650	326	0.13	476	467	偏峰分布	467	467
Be	601	1.73	1.84	2.12	2.33	2.52	2.74	2.88	2.32	0.34	2.29	1.68	3.17	1.46	0.15	2.33	2.33	剔除后正态分布	2.32	2.33
Bi	595	0.31	0.32	0.36	0.42	0.48	0.55	0.59	0.43	0.08	0.42	1.72	0.66	0.20	0.20	0.42	0.43	剔除后对数分布	0.42	0.43
Br	631	1.90	2.20	2.90	3.65	4.50	5.34	5.80	3.76	1.24	3.55	2.30	10.00	1.20	0.33	3.65	2.90	正态分布	3.76	4.59
Cd	12 606	0.10	0.11	0.14	0.19	0.24	0.29	0.32	0.19	0.07	0.18	2.77	0.40	0.03	0.35	0.19	0.20	其他分布	0.20	0.19
Ce	631	64.0	67.2	71.4	76.0	81.4	89.8	98.5	77.7	10.02	77.1	12.24	124	54.5	0.13	76.0	75.0	对数正态分布	77.1	77.4
Cl	631	43.00	47.66	55.7	64.7	77.3	94.7	114	69.8	23.59	66.7	11.42	222	28.00	0.34	64.7	61.0	对数正态分布	66.7	61.5
Co	12 949	8.43	9.52	11.27	13.10	14.80	16.20	17.20	13.00	2.62	12.71	4.42	20.20	5.80	0.20	13.10	13.30	偏峰分布	13.30	13.30
Cr	12 932	48.19	54.6	64.6	74.9	83.8	91.7	96.7	74.0	14.45	72.4	12.01	113	34.68	0.20	74.9	73.4	其他分布	73.4	78.2
Cu	12 714	17.11	18.90	22.46	26.30	30.00	33.81	36.30	26.34	5.70	25.70	6.74	42.33	10.80	0.22	26.30	27.30	偏峰分布	27.30	27.30
F	628	307	340	426	512	574	632	675	499	112	486	12.01	765	224	0.22	512	541	其他分布	541	480
Ga	631	10.94	11.77	13.69	15.56	17.06	18.80	20.05	15.49	2.86	15.23	4.93	28.89	8.30	0.18	15.56	17.00	正态分布	15.49	15.72
Ge	13 001	1.27	1.31	1.39	1.46	1.54	1.61	1.65	1.46	0.11	1.46	1.26	1.77	1.16	0.08	1.46	1.49	其他分布	1.49	1.49
Hg	12 187	0.06	0.07	0.10	0.14	0.19	0.25	0.30	0.15	0.07	0.14	3.13	0.37	0.01	0.46	0.14	0.15	剔除后对数正态分布	0.15	0.11
I	598	0.80	0.90	1.20	1.60	2.10	2.70	3.10	1.70	0.68	1.57	1.65	3.70	0.40	0.40	1.60	1.20	偏峰分布	1.57	1.20
La	631	31.62	33.00	36.11	40.00	43.17	47.60	50.8	40.22	5.86	39.82	8.34	64.0	27.20	0.15	40.00	43.00	对数正态分布	39.82	40.48
Li	631	28.75	31.07	35.70	41.70	47.00	51.6	54.4	41.63	8.11	40.83	8.82	79.6	23.10	0.19	41.70	44.30	正态分布	41.63	37.45
Mn	13 183	231	268	341	449	598	753	861	488	210	449	34.71	4666	66.2	0.43	449	434	对数正态分布	449	434
Mo	12 478	0.37	0.42	0.49	0.59	0.71	0.84	0.92	0.61	0.16	0.59	1.49	1.10	0.17	0.27	0.59	0.58	其他分布	0.58	0.58
N	13 145	0.77	0.91	1.23	1.71	2.23	2.65	2.90	1.75	0.66	1.62	1.70	3.73	0.20	0.38	1.71	1.16	其他分布	1.16	1.02
Nb	631	12.98	13.57	14.85	16.31	18.37	20.88	22.38	16.90	3.35	16.63	5.14	44.40	10.45	0.20	16.31	16.83	对数正态分布	16.63	18.09
Ni	13 150	15.63	18.30	24.00	30.20	35.20	39.10	41.50	29.51	7.84	28.33	7.15	51.9	7.40	0.27	30.20	30.00	其他分布	30.00	30.00
P	12 347	0.36	0.41	0.50	0.60	0.72	0.88	0.97	0.62	0.18	0.60	1.49	1.15	0.18	0.29	0.60	0.61	其他分布	0.61	0.61
Pb	12 744	22.90	24.79	28.20	32.10	35.70	39.70	42.30	32.15	5.73	31.63	7.57	47.80	16.70	0.18	32.10	30.00	其他分布	30.00	30.00

第四章 土壤元素背景值

续表 4-7

元素/指标	N	$X_{5\%}$	$X_{10\%}$	$X_{25\%}$	$X_{50\%}$	$X_{75\%}$	$X_{90\%}$	$X_{95\%}$	$\bar{X}$	S	$\bar{X}_g$	S_g	X_{max}	X_{min}	CV	X_{me}	X_{mo}	分布类型	松散岩类沉积物背景值	湖州市背景值
Rb	620	74.0	79.0	94.0	107	118	130	139	106	18.82	104	15.18	153	60.0	0.18	107	113	其他分布	113	113
S	631	188	217	262	323	371	424	466	324	97.4	311	27.10	1164	120	0.30	323	342	对数正态分布	311	303
Sb	595	0.50	0.53	0.60	0.73	0.87	1.02	1.14	0.75	0.19	0.73	1.39	1.33	0.19	0.25	0.73	0.80	剔除后对数正态分布	0.73	0.80
Sc	631	7.99	8.61	9.81	11.28	12.57	13.80	15.01	11.36	2.26	11.15	4.08	21.92	6.10	0.20	11.28	8.30	正态分布	11.36	9.84
Se	12 749	0.18	0.21	0.27	0.33	0.38	0.44	0.48	0.33	0.09	0.31	2.04	0.57	0.09	0.27	0.33	0.32	其他分布	0.32	0.32
Sn	631	4.62	5.00	6.10	7.92	10.30	14.00	17.52	9.07	5.01	8.19	3.69	58.3	2.73	0.55	7.92	8.10	对数正态分布	8.19	6.33
Sr	626	58.6	64.3	84.8	102	113	120	124	97.4	20.68	94.9	14.23	152	41.72	0.21	102	104	偏峰分布	104	52.0
Th	631	10.29	10.98	12.01	13.45	14.91	16.38	17.26	13.62	2.28	13.44	4.51	25.00	7.50	0.17	13.45	13.00	正态分布	13.62	13.57
Ti	597	3728	3843	4035	4271	4479	4687	4832	4270	332	4257	125	5189	3386	0.08	4271	4302	剔除后正态分布	4270	4462
Tl	813	0.47	0.50	0.56	0.64	0.74	0.84	0.89	0.66	0.13	0.64	1.38	1.24	0.22	0.20	0.64	0.61	对数正态分布	0.64	0.60
U	631	2.19	2.26	2.45	2.80	3.33	3.80	4.03	2.96	0.70	2.89	1.90	7.62	1.82	0.24	2.80	2.50	对数正态分布	2.89	2.65
V	12 983	63.0	69.7	81.5	93.0	103	112	118	91.9	16.18	90.4	13.59	136	48.41	0.18	93.0	101	其他分布	101	102
W	631	1.45	1.56	1.72	1.95	2.20	2.49	2.76	2.01	0.43	1.97	1.54	4.83	1.04	0.21	1.95	1.94	对数正态分布	1.97	2.17
Y	631	19.82	20.91	22.95	25.36	28.36	31.10	33.09	25.84	4.24	25.51	6.56	43.16	15.67	0.16	25.36	27.00	对数正态分布	25.51	24.61
Zn	12 797	47.10	54.2	68.1	81.0	93.0	105	113	80.6	19.24	78.1	12.81	133	29.70	0.24	81.0	103	其他分布	103	103
Zr	626	222	231	244	262	304	337	352	274	40.86	271	25.10	392	193	0.15	262	244	其他正态分布	244	293
SiO_2	631	65.5	66.5	68.0	70.1	73.6	77.5	79.1	71.0	4.19	70.9	11.62	83.5	61.6	0.06	70.1	69.7	对数正态分布	70.9	71.7
Al_2O_3	622	10.51	10.99	12.35	13.61	14.42	15.27	15.68	13.36	1.61	13.26	4.53	17.16	9.09	0.12	13.61	13.43	偏峰分布	13.43	10.54
TFe_2O_3	631	3.01	3.27	3.69	4.13	4.55	4.87	5.04	4.10	0.63	4.05	2.31	6.31	2.17	0.15	4.13	4.16	正态分布	4.10	4.18
MgO	631	0.52	0.58	0.85	1.14	1.37	1.53	1.58	1.10	0.34	1.04	1.43	1.79	0.36	0.31	1.14	1.23	偏峰分布	1.23	0.59
CaO	608	0.32	0.41	0.62	0.86	1.02	1.12	1.23	0.82	0.28	0.76	1.55	1.63	0.13	0.34	0.86	0.89	偏峰分布	0.89	0.26
Na_2O	630	0.54	0.72	0.98	1.28	1.48	1.59	1.64	1.21	0.34	1.14	1.44	1.76	0.24	0.28	1.28	1.57	其他分布	1.57	0.29
K_2O	12 900	1.32	1.47	1.81	2.13	2.35	2.55	2.69	2.07	0.41	2.03	1.59	3.19	0.99	0.20	2.13	2.21	对数正态分布	2.21	2.21
TC	631	1.04	1.21	1.48	1.79	2.09	2.34	2.53	1.79	0.45	1.73	1.50	3.85	0.54	0.25	1.79	1.94	正态分布	1.79	1.77
Corg	13 074	0.72	0.85	1.17	1.61	2.19	2.62	2.89	1.69	0.68	1.55	1.71	3.74	0.13	0.40	1.61	1.23	其他分布	0.90	1.34
pH	13 154	4.89	5.10	5.43	6.00	6.63	7.21	7.60	5.46	5.07	6.07	2.84	8.41	3.73	0.93	6.00	5.34	其他分布	5.34	5.34

注：氧化物、TC、Corg 单位为%，N、P 单位为 g/kg，Au、Ag 单位为 μg/kg，pH 为无量纲，其他元素/指标单位为 mg/kg；后表单位相同。

表 4-8 古土壤风化物土壤母质元素背景值参数统计表

元素/指标	N	$X_{5\%}$	$X_{10\%}$	$X_{25\%}$	$X_{50\%}$	$X_{75\%}$	$X_{90\%}$	$X_{95\%}$	$\overline{X}$	S	$\overline{X}_g$	S_g	X_{max}	X_{min}	CV	X_{me}	X_{mo}	分布类型	古土壤风化物背景值	湖州市背景值
Ag	46	53.5	61.0	67.5	77.5	95.0	142	211	93.8	50.1	85.5	13.28	300	41.00	0.53	77.5	69.0	对数正态分布	85.5	70.0
As	602	5.97	7.04	8.58	10.79	12.91	15.54	17.32	11.18	4.02	10.57	3.99	44.30	2.60	0.36	10.79	10.80	对数正态分布	10.57	6.10
Au	46	1.27	1.35	1.60	2.20	3.08	3.71	4.20	2.62	1.95	2.29	1.96	13.80	1.00	0.74	2.20	1.60	对数正态分布	2.29	2.46
B	584	46.57	52.3	61.9	70.3	76.7	82.3	86.6	68.9	11.84	67.8	11.47	100.0	38.05	0.17	70.3	72.1	剔除后正态分布	68.9	61.0
Ba	46	269	296	320	350	392	434	442	358	56.0	354	29.63	516	265	0.16	350	348	正态分布	358	467
Be	46	1.21	1.27	1.41	1.57	1.75	2.01	2.06	1.59	0.26	1.57	1.37	2.21	1.16	0.16	1.57	1.58	正态分布	1.59	2.33
Bi	46	0.30	0.33	0.35	0.40	0.47	0.74	1.23	0.50	0.30	0.44	1.85	1.60	0.28	0.61	0.40	0.40	对数正态分布	0.44	0.43
Br	46	1.98	2.20	2.60	3.20	4.70	6.12	6.68	3.80	2.00	3.44	2.23	12.97	1.80	0.53	3.20	2.60	正态分布	3.80	4.59
Cd	552	0.05	0.06	0.08	0.12	0.16	0.22	0.25	0.13	0.06	0.12	3.58	0.31	0.02	0.47	0.12	0.10	剔除后对数分布	0.12	0.19
Ce	46	63.2	67.2	71.9	81.0	85.0	94.0	95.5	79.2	9.71	78.6	12.37	96.3	61.3	0.12	81.0	77.8	正态分布	79.2	77.4
Cl	46	37.50	39.00	45.47	52.5	62.8	68.0	70.9	54.9	14.21	53.4	10.04	118	35.00	0.26	52.5	52.0	正态分布	54.9	61.5
Co	602	6.56	7.92	9.41	11.82	15.02	18.00	19.95	12.47	4.23	11.78	4.24	35.28	3.18	0.34	11.82	11.08	对数正态分布	11.78	13.30
Cr	602	43.91	49.12	57.8	67.8	80.5	91.2	97.7	69.8	18.16	67.6	11.34	227	27.40	0.26	67.8	88.3	正态分布	69.8	78.2
Cu	567	14.80	15.54	17.39	20.01	22.32	25.03	27.83	20.16	3.83	19.80	5.69	31.19	9.79	0.19	20.01	16.60	剔除后正态分布	20.16	27.30
F	46	230	252	279	318	342	432	464	323	67.4	317	27.66	477	193	0.21	318	322	正态分布	323	480
Ga	46	8.82	9.77	10.66	12.12	13.79	14.91	16.21	12.48	2.63	12.23	4.30	23.40	8.64	0.21	12.12	10.41	正态分布	12.48	15.72
Ge	602	1.22	1.25	1.31	1.39	1.48	1.57	1.64	1.41	0.15	1.40	1.24	2.55	1.02	0.10	1.39	1.44	对数正态分布	1.40	1.49
Hg	602	0.04	0.04	0.06	0.08	0.12	0.17	0.22	0.10	0.07	0.09	4.11	0.58	0.01	0.67	0.08	0.08	对数正态分布	0.09	0.11
I	46	1.00	1.05	1.42	2.29	4.15	7.50	9.22	3.30	2.70	2.51	2.37	12.30	0.60	0.82	2.29	1.20	对数正态分布	3.30	1.20
La	46	33.23	34.63	36.46	40.05	43.91	47.73	49.65	40.55	5.55	40.20	8.45	59.1	31.71	0.14	40.05	34.63	正态分布	40.55	40.48
Li	46	25.31	25.51	27.03	30.00	32.70	38.20	38.75	30.75	4.70	30.42	7.20	44.20	23.09	0.15	30.00	30.80	正态分布	30.75	37.45
Mn	602	189	228	283	395	601	820	940	468	248	412	32.57	1747	102	0.53	395	494	对数正态分布	412	434
Mo	602	0.38	0.44	0.54	0.67	0.83	1.03	1.19	0.72	0.29	0.68	1.53	3.07	0.19	0.40	0.67	0.78	对数正态分布	0.68	0.58
N	602	0.57	0.72	0.94	1.21	1.56	1.96	2.30	1.29	0.53	1.19	1.58	3.95	0.26	0.41	1.21	1.20	对数正态分布	1.19	1.02
Nb	46	12.03	12.57	13.76	16.20	17.54	20.05	21.35	16.22	3.17	15.93	5.01	26.70	10.83	0.20	16.20	17.60	正态分布	16.22	18.09
Ni	602	13.20	14.60	16.80	19.70	24.10	28.99	32.78	20.98	6.47	20.12	5.75	62.6	8.60	0.31	19.70	18.00	对数正态分布	20.12	30.00
P	602	0.29	0.34	0.42	0.54	0.69	0.87	1.00	0.58	0.25	0.54	1.66	2.53	0.14	0.44	0.54	0.58	对数正态分布	0.54	0.61
Pb	555	20.97	23.36	26.66	29.28	32.64	36.00	38.53	29.54	4.92	29.12	7.14	43.40	17.01	0.17	29.28	30.00	剔除后正态分布	29.54	30.00

续表 4-8

元素/指标	N	$X_{5\%}$	$X_{10\%}$	$X_{25\%}$	$X_{50\%}$	$X_{75\%}$	$X_{90\%}$	$X_{95\%}$	$\bar{X}$	S	$\bar{X}_g$	S_g	X_{max}	X_{min}	CV	X_{me}	X_{mo}	分布类型	古土壤风化物背景值	湖州市背景值
Rb	46	56.2	57.0	63.8	70.0	82.8	90.0	93.8	74.9	21.67	72.9	11.96	196	53.0	0.29	70.0	68.0	正态分布	74.9	113
S	46	217	236	253	282	319	366	401	299	71.9	292	26.12	590	184	0.24	282	313	正态分布	299	303
Sb	46	0.73	0.77	0.88	0.97	1.14	1.50	2.16	1.11	0.43	1.05	1.36	2.71	0.67	0.39	0.97	0.92	对数正态分布	1.05	0.80
Sc	46	6.89	7.19	7.83	9.37	10.34	10.99	11.86	9.16	1.56	9.03	3.59	11.98	5.96	0.17	9.37	8.84	正态分布	9.16	9.84
Se	570	0.23	0.26	0.30	0.36	0.44	0.52	0.58	0.37	0.11	0.36	1.91	0.68	0.09	0.29	0.36	0.36	剔除后正态分布	0.36	0.32
Sn	46	3.29	3.39	3.97	4.91	6.50	8.06	10.25	5.61	2.71	5.17	2.83	15.60	3.02	0.48	4.91	5.02	正态分布	5.61	6.33
Sr	46	37.98	41.53	45.05	51.0	59.3	69.3	75.9	53.5	11.90	52.3	10.06	91.7	34.27	0.22	51.0	54.0	正态分布	53.5	52.0
Th	46	10.64	10.96	11.71	13.35	14.61	15.79	17.00	13.35	1.95	13.21	4.45	17.84	10.21	0.15	13.35	13.90	正态分布	13.35	13.57
Ti	46	3354	3598	3860	4298	4711	4892	5438	4313	687	4262	123	6631	2812	0.16	4298	4329	正态分布	4313	4462
Tl	63	0.35	0.42	0.45	0.54	0.59	0.62	0.70	0.53	0.10	0.52	1.53	0.82	0.30	0.19	0.54	0.45	正态分布	0.53	0.60
U	46	2.39	2.55	2.74	3.02	3.26	3.51	3.65	3.03	0.42	3.00	1.92	4.49	2.31	0.14	3.02	2.65	正态分布	3.03	2.65
V	602	56.5	63.0	71.4	81.9	95.1	105	112	83.4	17.40	81.5	12.60	181	35.40	0.21	81.9	81.0	正态分布	83.4	102
W	46	1.58	1.64	1.82	2.09	2.39	2.63	2.72	2.15	0.48	2.10	1.59	4.28	1.46	0.22	2.09	2.18	正态分布	2.15	2.17
Y	46	16.14	16.62	17.99	19.14	21.43	25.16	25.38	20.33	4.54	19.96	5.73	43.70	15.88	0.22	19.14	20.14	对数正态分布	19.96	24.61
Zn	602	35.91	38.80	43.72	51.4	62.6	80.8	89.3	56.4	20.88	53.6	10.34	238	27.37	0.37	51.4	54.7	正态分布	53.6	103
Zr	46	316	320	335	361	388	400	412	363	31.02	361	29.41	430	309	0.09	361	357	正态分布	363	293
SiO₂	46	72.5	73.2	76.0	79.5	80.8	81.6	82.8	78.3	3.91	78.2	12.21	83.8	62.9	0.05	79.5	78.2	正态分布	78.3	71.7
Al₂O₃	46	8.50	8.93	9.44	10.05	11.42	12.95	13.33	10.62	1.78	10.49	3.90	17.20	8.33	0.17	10.05	11.01	正态分布	10.62	10.54
TFe₂O₃	46	2.69	2.84	3.02	3.37	4.02	4.32	4.74	3.52	0.64	3.46	2.10	4.83	2.40	0.18	3.37	3.02	正态分布	3.52	4.18
MgO	46	0.40	0.42	0.46	0.53	0.62	0.70	0.76	0.54	0.12	0.53	1.51	0.86	0.34	0.22	0.53	0.55	正态分布	0.54	0.59
CaO	46	0.18	0.20	0.24	0.33	0.41	0.61	0.63	0.36	0.19	0.33	2.09	1.03	0.11	0.51	0.33	0.24	对数正态分布	0.33	0.26
Na₂O	46	0.29	0.33	0.39	0.47	0.64	0.71	0.79	0.51	0.16	0.48	1.64	0.89	0.25	0.31	0.47	0.48	正态分布	0.51	0.29
K₂O	568	1.05	1.12	1.22	1.34	1.48	1.65	1.77	1.36	0.21	1.35	1.26	1.93	0.82	0.15	1.34	1.12	剔除后正态分布	1.35	2.21
TC	46	0.91	1.06	1.24	1.44	1.71	1.92	2.03	1.46	0.34	1.42	1.39	2.12	0.69	0.24	1.44	1.48	正态分布	1.46	1.77
Corg	602	0.50	0.66	0.90	1.17	1.50	1.91	2.32	1.24	0.54	1.13	1.62	3.74	0.20	0.43	1.17	1.20	对数正态分布	1.13	1.34
pH	562	4.59	4.70	4.95	5.22	5.67	6.33	6.63	5.08	5.05	5.37	2.66	7.10	4.19	1.00	5.22	5.06	剔除后对数分布	5.37	5.34

三、碎屑岩类风化物土壤母质元素背景值

碎屑岩类风化物土壤母质元素背景值数据经正态分布检验,结果表明,原始数据中 Ga、Sc、Zr、SiO_2、Al_2O_3、TFe_2O_3 符合正态分布,Au、Be、Br、Cl、Co、Ge、I、Li、N、Se、Sn、Sr、Th、Tl、U、W、MgO、Na_2O、K_2O、TC 符合对数正态分布,Ce、Cr、F、La、Rb 剔除异常值后符合正态分布,As、Ba、Bi、Cu、Hg、Mo、Ni、P、Pb、Sb、V、Zn、CaO、pH 剔除异常值后符合对数正态分布,其他元素/指标不符合正态分布或对数正态分布(表4-9)。

碎屑岩类风化物区表层土壤总体为酸性,土壤 pH 背景值为5.17,极大值为6.65,极小值为3.93,基本接近于湖州市背景值。

表层土壤各元素/指标中,绝大多数元素/指标变异系数小于0.40,分布相对均匀;As、Au、Be、Br、Cd、Hg、I、Mn、Mo、Se、Sn、U、W、MgO、CaO、Na_2O、K_2O、pH 共18项元素/指标变异系数大于0.40,其中 Au、Cd、pH 变异系数大于0.80,空间变异性较大。

与湖州市土壤元素背景值相比,碎屑岩类风化物区土壤元素背景值中 Be、Cd、Co、Cr、Cu、Hg、Ni、P、Sn、V、Zn 背景值略低于湖州市背景值,是湖州市背景值的60%~80%;As、Br、Mo、Sb、Se、MgO、Na_2O 背景值略高于湖州市背景值,是湖州市背景值的1.2~1.4倍;I、N 背景值明显高于湖州市背景值,为湖州市背景值的1.4倍以上;其他元素/指标背景值则与湖州市背景值基本接近。

四、碳酸盐岩类风化物土壤母质元素背景值

碳酸盐岩类风化物土壤母质元素背景值数据经正态分布检验,结果表明,原始数据中 B、Ba、Be、Br、Ce、Cl、Co、F、Ga、I、La、Li、N、Nb、Rb、S、Sc、Sr、Th、Ti、Tl、Y、Zr、SiO_2、Al_2O_3、TFe_2O_3、MgO、Na_2O、TC、Corg 符合正态分布,As、Au、Bi、Cd、Ge、Hg、Mo、Ni、P、Sb、Se、Sn、U、V、W、CaO、K_2O、pH 符合对数正态分布,Cr、Zn 剔除异常值后符合正态分布,Cu、Pb 剔除异常值后符合对数正态分布,其他元素/指标不符合正态分布或对数正态分布(表4-10)。

碳酸盐岩类风化物区表层土壤总体为弱酸性,土壤 pH 背景值为5.94,极大值为8.24,极小值为3.87,基本接近于湖州市背景值。

表层土壤各元素/指标中,绝大多数元素/指标变异系数小于0.40,分布相对均匀,仅 Ag、As、Au、Ba、Bi、Cd、Hg、I、Mn、Mo、Ni、P、Sb、Se、Sn、Sr、U、V、W、MgO、CaO、Na_2O、pH 共23项指标变异系数大于0.40,其中 As、Au、Bi、Cd、Mo、Sb、CaO、pH 变异系数大于0.80,空间变异性较大。

与湖州市土壤元素背景值相比,碳酸盐岩类风化物区土壤元素背景值中 Sr、TC、Corg 背景值略高于湖州市背景值,是湖州市背景值的1.2~1.4倍;Ag、As、Ba、Bi、Br、Cd、Ce、F、I、Mo、N、Sb、Se、Tl、U、MgO、CaO、Na_2O 背景值明显高于湖州市背景值,是湖州市背景值的1.4倍以上;其他元素/指标背景值则与湖州市背景值基本接近。

五、紫色碎屑岩类风化物土壤母质元素背景值

紫色碎屑岩类风化物土壤母质元素背景值数据经正态分布检验,结果表明,原始数据中 Ag、As、Au、Ba、Be、Bi、Br、Ce、Cl、Cr、F、Ga、I、La、Li、Nb、Rb、S、Sb、Sc、Sn、Sr、Th、Ti、Tl、U、V、W、Y、Zr、SiO_2、Al_2O_3、TFe_2O_3、MgO、CaO、Na_2O、TC 共37项元素/指标符合正态分布,Co、Ge、Hg、Mo、N、Ni、P、Se、Zn、Corg、pH 符合对数正态分布,Cd、Cu、Pb 剔除异常值后符合正态分布,K_2O 剔除异常值后符合对数正态分布,其他元素/指标不符合正态分布或对数正态分布(表4-11)。

紫色碎屑岩类风化物区表层土壤总体为酸性,土壤 pH 背景值为5.29,极大值为7.68,极小值为3.96,基本接近湖州市背景值。

第四章 土壤元素背景值

表 4-9 碎屑岩类风化物土壤母质元素背景值参数统计表

元素/指标	N	$X_{5\%}$	$X_{10\%}$	$X_{25\%}$	$X_{50\%}$	$X_{75\%}$	$X_{90\%}$	$X_{95\%}$	$\overline{X}$	S	$\overline{X}_g$	S_g	X_{max}	X_{min}	CV	X_{me}	X_{mo}	分布类型	碎屑岩类风化物背景值	湖州市背景值
Ag	334	51.3	60.0	70.0	90.0	130	160	180	102	40.25	95.2	14.19	240	40.00	0.39	90.0	70.0	其他分布	70.0	70.0
As	1623	2.67	3.47	5.19	8.10	11.30	15.40	18.49	8.83	4.65	7.60	3.78	23.60	1.02	0.53	8.10	10.50	剔除后对数正态分布	7.60	6.10
Au	362	0.90	1.04	1.35	1.85	2.68	4.17	5.03	2.57	3.17	2.02	2.03	37.40	0.60	1.24	1.85	1.80	对数正态分布	2.02	2.46
B	1736	25.89	33.78	47.09	59.6	69.7	79.7	87.0	58.1	17.87	54.7	10.50	104	12.16	0.31	59.6	53.1	偏峰分布	53.1	61.0
Ba	330	294	310	342	399	472	554	639	418	103	407	33.18	752	241	0.25	399	440	剔除后对数正态分布	407	467
Be	362	1.14	1.28	1.45	1.77	2.15	2.72	3.67	1.98	0.92	1.84	1.70	6.98	0.84	0.47	1.77	2.06	对数正态分布	1.84	2.33
Bi	330	0.27	0.29	0.33	0.42	0.51	0.63	0.70	0.44	0.14	0.42	1.77	0.89	0.20	0.31	0.42	0.37	剔除后正态分布	0.42	0.43
Br	362	2.90	3.40	4.67	6.37	8.26	11.40	12.69	6.90	3.14	6.26	3.14	21.61	2.07	0.45	6.37	3.40	对数正态分布	6.26	4.59
Cd	1382	0.04	0.05	0.09	0.14	0.22	0.38	0.58	0.19	0.19	0.14	3.65	1.45	0.02	0.97	0.14	0.12	其他分布	0.12	0.19
Ce	338	59.9	64.0	70.1	75.3	79.6	86.3	88.7	75.0	8.57	74.5	12.21	98.2	53.6	0.11	75.3	76.6	剔除后正态分布	75.0	77.4
Cl	362	41.05	44.00	49.50	57.0	68.7	82.1	93.5	61.3	18.84	59.0	10.73	174	22.00	0.31	57.0	55.0	剔除后正态分布	59.0	61.5
Co	1769	5.39	6.20	7.92	10.45	13.34	16.05	18.26	10.91	4.02	10.19	4.10	31.10	2.36	0.37	10.45	10.50	对数正态分布	10.19	13.30
Cr	1746	27.85	36.13	47.23	58.9	70.8	81.3	87.9	58.7	17.55	55.7	10.51	107	11.22	0.30	58.9	63.5	剔除后对数正态分布	58.7	78.2
Cu	1656	11.34	13.01	15.97	19.30	23.88	28.92	31.78	20.21	6.15	19.28	5.82	38.66	5.15	0.30	19.30	19.60	剔除后对数正态分布	19.28	27.30
F	354	232	253	317	424	523	619	682	433	139	410	34.96	826	171	0.32	424	301	剔除后正态分布	433	480
Ga	362	9.09	10.20	12.40	14.50	16.40	18.79	20.68	14.59	3.50	14.18	4.90	29.00	7.60	0.24	14.50	15.20	正态分布	14.59	15.72
Ge	1769	1.16	1.20	1.28	1.39	1.50	1.61	1.68	1.40	0.18	1.39	1.25	3.71	0.76	0.13	1.39	1.48	剔除后正态分布	1.39	1.49
Hg	1665	0.04	0.04	0.06	0.08	0.10	0.13	0.15	0.08	0.03	0.08	4.28	0.19	0.02	0.42	0.08	0.09	其他分布	0.08	0.11
I	362	1.75	2.40	3.52	5.09	6.85	8.90	10.08	5.47	2.73	4.81	2.88	18.60	0.83	0.50	5.09	4.60	对数正态分布	4.81	1.20
La	348	31.52	33.56	36.88	39.85	42.82	45.90	47.19	39.73	4.62	39.45	8.51	51.6	28.88	0.12	39.85	39.60	剔除后正态分布	39.73	40.48
Li	362	24.61	26.01	28.91	33.59	41.10	47.28	52.8	35.75	10.06	34.62	8.08	121	21.10	0.28	33.59	34.70	剔除后正态分布	34.62	37.45
Mn	1699	146	173	233	348	525	719	826	398	212	345	31.33	1038	60.6	0.53	348	353	其他分布	353	434
Mo	1620	0.37	0.41	0.52	0.70	0.95	1.24	1.39	0.77	0.32	0.71	1.56	1.84	0.26	0.42	0.70	0.64	剔除后对数正态分布	0.71	0.58
N	1769	0.68	0.85	1.14	1.51	1.91	2.37	2.70	1.57	0.61	1.45	1.62	5.20	0.30	0.39	1.51	1.26	对数正态分布	1.45	1.02
Nb	348	11.50	12.95	15.57	18.25	19.42	21.20	23.03	17.64	3.22	17.33	5.44	25.20	10.11	0.18	18.25	18.90	其他分布	18.90	18.09
Ni	1702	10.05	11.89	15.40	19.30	23.80	28.60	31.82	19.84	6.38	18.78	5.72	38.25	4.10	0.32	19.30	18.40	剔除后对数正态分布	18.78	30.00
P	1651	0.27	0.31	0.38	0.48	0.61	0.80	0.89	0.52	0.19	0.48	1.70	1.10	0.15	0.37	0.48	0.36	剔除后正态分布	0.48	0.61
Pb	1663	19.53	21.30	24.00	27.70	32.38	37.58	40.63	28.56	6.35	27.87	6.99	47.60	13.72	0.22	27.70	25.00	剔除后对数正态分布	27.87	30.00

续表 4-9

元素/指标	N	$X_{5\%}$	$X_{10\%}$	$X_{25\%}$	$X_{50\%}$	$X_{75\%}$	$X_{90\%}$	$X_{95\%}$	$\overline{X}$	S	$\overline{X}_g$	S_g	X_{max}	X_{min}	CV	X_{me}	X_{mo}	分布类型	碎屑岩类风化物背景值	湖州市背景值
Rb	348	61.0	66.0	77.0	93.0	112	131	140	95.9	24.83	92.8	14.45	170	49.00	0.26	93.0	79.0	剔除后正态分布	95.9	113
S	347	212	222	246	274	322	370	407	287	58.3	281	25.87	451	169	0.20	274	248	偏峰分布	248	303
Sb	329	0.61	0.65	0.78	0.96	1.23	1.64	1.92	1.06	0.40	1.00	1.41	2.44	0.49	0.38	0.96	0.87	剔除后对数正态分布	1.00	0.80
Sc	362	6.56	7.03	8.10	8.90	10.00	10.80	11.41	9.02	1.49	8.89	3.63	15.14	5.56	0.17	8.90	8.90	正态分布	9.02	9.84
Se	1769	0.23	0.25	0.31	0.41	0.54	0.71	0.90	0.47	0.26	0.42	1.88	2.60	0.12	0.55	0.41	0.48	对数正态分布	0.42	0.32
Sn	362	2.67	2.93	3.56	4.55	6.13	8.63	10.58	5.47	4.04	4.83	2.80	54.7	1.77	0.74	4.55	4.97	对数正态分布	4.83	6.33
Sr	362	31.80	34.15	39.09	45.69	59.2	78.4	91.4	52.2	19.57	49.35	9.93	149	27.10	0.37	45.69	52.0	对数正态分布	49.35	52.0
Th	362	9.98	10.51	11.54	12.60	14.00	15.70	17.63	13.20	3.09	12.93	4.50	36.20	7.81	0.23	12.60	12.60	对数正态分布	12.93	13.57
Ti	362	3209	3410	4050	5018	5534	5912	6112	4815	931	4717	137	6551	2544	0.19	5018	4890	偏峰分布	4890	4462
Tl	456	0.39	0.43	0.51	0.62	0.77	0.98	1.10	0.67	0.21	0.63	1.48	1.40	0.27	0.32	0.62	0.64	对数正态分布	0.63	0.60
U	362	2.14	2.29	2.53	2.84	3.37	4.18	5.21	3.17	1.34	3.01	2.04	15.70	1.82	0.42	2.84	2.58	对数正态分布	3.01	2.65
V	1707	47.14	51.0	61.4	73.2	88.3	101	108	75.2	19.10	72.7	12.11	133	19.80	0.25	73.2	106	剔除后对数正态分布	72.7	102
W	362	1.44	1.59	1.86	2.12	2.50	2.95	3.37	2.30	1.05	2.18	1.75	15.90	1.08	0.46	2.12	2.03	对数正态分布	2.18	2.17
Y	344	14.83	16.30	19.10	23.17	25.10	27.40	29.55	22.37	4.31	21.93	6.24	33.80	12.22	0.19	23.17	23.30	其他分布	21.93	24.61
Zn	1672	37.48	43.13	51.8	65.2	80.9	97.4	108	68.0	21.54	64.7	11.52	133	18.32	0.32	65.2	61.1	剔除后对数正态分布	64.7	103
Zr	362	222	245	281	307	335	356	379	305	46.57	302	26.61	491	178	0.15	307	287	正态分布	305	293
SiO₂	362	65.2	69.2	71.7	74.4	76.9	79.5	80.3	74.1	4.52	73.9	11.89	85.0	55.5	0.06	74.4	79.6	正态分布	74.1	71.7
Al₂O₃	362	9.23	9.69	10.54	11.62	12.74	13.92	14.91	11.77	1.82	11.64	4.21	19.54	7.85	0.15	11.62	10.54	正态分布	11.77	10.54
TFe₂O₃	362	2.94	3.08	3.64	4.29	4.91	5.51	5.84	4.30	0.92	4.20	2.44	7.85	1.93	0.21	4.29	3.82	正态分布	4.30	4.18
MgO	362	0.43	0.47	0.56	0.68	0.86	1.07	1.31	0.78	0.50	0.71	1.52	5.13	0.33	0.64	0.68	0.59	对数正态分布	0.71	0.59
CaO	329	0.14	0.15	0.17	0.22	0.32	0.43	0.49	0.26	0.11	0.24	2.47	0.65	0.08	0.45	0.22	0.17	剔除后对数正态分布	0.24	0.26
Na₂O	362	0.19	0.22	0.26	0.32	0.43	0.69	0.80	0.39	0.24	0.35	2.10	1.80	0.15	0.60	0.32	0.29	对数正态分布	0.35	0.29
K₂O	1769	1.06	1.17	1.40	1.80	2.45	3.32	3.86	2.03	0.85	1.88	1.70	5.00	0.58	0.42	1.80	1.37	对数正态分布	1.88	2.21
TC	362	1.03	1.14	1.36	1.70	2.09	2.65	3.09	1.83	0.72	1.71	1.62	5.50	0.69	0.39	1.70	2.01	对数正态分布	1.71	1.77
Corg	1712	0.63	0.81	1.11	1.39	1.71	2.11	2.38	1.43	0.49	1.33	1.56	2.72	0.22	0.35	1.39	1.34	其他分布	1.34	1.34
pH	1684	4.43	4.57	4.80	5.10	5.47	5.92	6.20	4.91	4.86	5.17	2.59	6.65	3.93	0.99	5.10	5.00	剔除后对数分布	5.17	5.34

第四章 土壤元素背景值

表 4-10 碳酸盐岩类风化物土壤母质元素背景值参数统计表

元素/指标	N	$X_{5\%}$	$X_{10\%}$	$X_{25\%}$	$X_{50\%}$	$X_{75\%}$	$X_{90\%}$	$X_{95\%}$	$\bar{X}$	S	$\bar{X}_g$	S_g	X_{max}	X_{min}	CV	X_{mc}	X_{mo}	分布类型	碳酸盐岩类风化物背景值	湖州市背景值
Ag	55	61.2	67.6	111	180	365	552	691	257	203	192	25.34	870	40.00	0.79	180	180	偏峰分布	180	70.0
As	363	4.28	5.53	9.02	15.00	25.74	38.07	49.82	19.59	15.72	14.93	5.70	104	1.95	0.80	15.00	15.10	对数正态分布	14.93	6.10
Au	59	1.38	1.65	1.96	2.51	3.69	5.70	6.63	3.34	2.67	2.80	2.26	16.50	0.88	0.80	2.51	2.85	正态分布	2.80	2.46
B	363	26.21	36.49	56.4	70.3	84.1	101	117	70.7	26.68	64.9	11.68	181	8.92	0.38	70.3	70.7	正态分布	70.7	61.0
Ba	59	285	330	496	1384	2211	3044	3507	1563	1101	1144	75.0	4549	266	0.70	1384	351	对数分布	1563	467
Be	59	1.48	1.58	1.90	2.19	2.62	3.14	3.37	2.30	0.65	2.21	1.75	4.46	1.12	0.28	2.19	2.18	正态分布	2.30	2.33
Bi	59	0.38	0.42	0.53	0.64	0.82	1.65	2.70	1.02	1.50	0.74	1.92	11.10	0.26	1.47	0.64	0.71	对数正态分布	0.74	0.43
Br	59	2.57	3.34	4.43	6.50	8.25	9.84	11.43	6.53	2.60	5.97	3.23	12.96	1.80	0.40	6.50	4.30	正态分布	6.53	4.59
Cd	363	0.10	0.13	0.23	0.51	1.02	1.86	3.74	1.04	1.82	0.52	3.16	14.41	0.03	1.74	0.51	1.11	对数正态分布	0.52	0.19
Ce	59	68.1	74.4	83.9	123	154	188	211	126	47.27	118	17.07	261	56.9	0.37	123	134	正态分布	126	77.4
Cl	59	43.32	46.80	53.0	60.2	67.3	76.3	84.6	61.4	13.74	60.0	10.90	106	33.00	0.22	60.2	61.4	正态分布	61.4	61.5
Co	363	6.19	6.81	9.28	12.43	15.61	18.19	20.42	12.65	4.42	11.85	4.33	28.50	3.77	0.35	12.43	13.97	正态分布	12.65	13.30
Cr	331	38.38	45.50	59.5	68.4	77.8	85.9	94.7	67.8	15.58	65.9	11.30	107	29.74	0.23	68.4	68.3	剔除后正态分布	67.8	78.2
Cu	342	16.15	18.10	22.49	29.62	40.30	49.89	54.9	32.28	12.90	29.75	7.57	71.0	6.43	0.40	29.62	28.90	剔除后正态分布	29.75	27.30
F	59	328	358	482	672	838	960	1169	677	259	626	44.46	1329	207	0.38	672	455	正态分布	677	480
Ga	59	12.23	12.82	14.25	16.20	17.80	20.32	21.62	16.24	2.90	15.97	5.12	22.70	7.99	0.18	16.20	15.70	正态分布	16.24	15.72
Ge	363	1.13	1.18	1.24	1.36	1.47	1.64	1.77	1.38	0.20	1.37	1.25	2.63	0.80	0.14	1.36	1.42	对数正态分布	1.37	1.49
Hg	363	0.04	0.05	0.07	0.10	0.13	0.19	0.24	0.11	0.07	0.10	3.87	0.59	0.02	0.59	0.10	0.09	正态分布	0.10	0.11
I	59	1.49	2.29	3.87	5.33	6.68	8.12	9.14	5.34	2.36	4.71	2.99	12.50	0.60	0.44	5.33	5.68	正态分布	5.34	1.20
La	59	34.46	35.30	38.92	42.00	44.65	47.50	49.77	41.97	4.92	41.67	8.71	53.5	29.26	0.12	42.00	44.50	正态分布	41.97	40.48
Li	59	29.50	30.08	33.10	37.78	43.30	50.4	51.7	38.84	7.45	38.13	8.27	54.0	22.25	0.19	37.78	36.80	正态分布	38.84	37.45
Mn	356	142	162	218	378	594	762	864	428	245	362	30.99	1181	93.9	0.57	378	415	偏峰分布	415	434
Mo	363	0.48	0.59	0.90	1.62	3.75	7.52	10.98	3.27	5.11	1.91	2.89	69.7	0.27	1.57	1.62	1.54	对数正态分布	1.91	0.58
N	363	0.69	0.88	1.29	1.68	2.13	2.51	2.80	1.71	0.66	1.57	1.71	5.50	0.20	0.38	1.68	1.51	正态分布	1.71	1.02
Nb	59	14.99	15.56	16.80	17.80	18.75	20.62	21.50	17.82	2.39	17.65	5.33	26.60	8.72	0.13	17.80	17.80	正态分布	17.82	18.09
Ni	363	12.64	16.01	21.74	28.97	38.85	48.85	63.5	32.44	19.46	28.74	7.41	267	4.76	0.60	28.97	28.88	对数正态分布	28.74	30.00
P	363	0.31	0.35	0.46	0.59	0.76	0.96	1.12	0.65	0.35	0.59	1.65	4.18	0.20	0.54	0.59	0.66	对数分布	0.59	0.61
Pb	333	25.64	27.64	30.78	34.30	38.85	45.78	51.3	35.55	7.26	34.84	7.91	56.5	17.50	0.20	34.30	36.02	剔除后对数分布	34.84	30.00

续表 4-10

元素/指标	N	$X_{5\%}$	$X_{10\%}$	$X_{25\%}$	$X_{50\%}$	$X_{75\%}$	$X_{90\%}$	$X_{95\%}$	$\overline{X}$	S	$\overline{X}_g$	S_g	X_{max}	X_{min}	CV	X_{me}	X_{mo}	分布类型	碳酸盐岩类风化物背景值	湖州市背景值
Rb	59	68.0	75.6	92.5	105	120	137	148	108	26.67	105	15.25	203	55.0	0.25	105	113	正态分布	108	113
S	59	224	244	294	335	392	447	482	344	88.7	333	28.86	628	148	0.26	335	346	正态分布	344	303
Sb	59	0.79	1.08	1.32	2.22	4.52	9.61	12.64	4.40	6.59	2.64	3.02	43.90	0.58	1.50	2.22	1.79	对数正态分布	2.64	0.80
Sc	59	8.62	8.96	9.30	10.19	10.75	11.46	12.45	10.15	1.31	10.06	3.84	14.10	5.82	0.13	10.19	10.50	正态分布	10.15	9.84
Se	363	0.30	0.35	0.44	0.61	0.88	1.38	1.70	0.75	0.47	0.64	1.77	3.58	0.19	0.63	0.61	0.71	对数正态分布	0.64	0.32
Sn	59	3.29	3.59	4.23	5.07	7.50	10.56	12.69	6.21	3.00	5.66	3.02	15.00	2.86	0.48	5.07	4.95	对数正态分布	5.66	6.33
Sr	59	37.20	40.42	47.30	57.5	78.8	105	137	69.8	34.85	63.6	11.77	204	32.22	0.50	57.5	49.30	正态分布	69.8	52.0
Th	59	12.29	12.48	13.15	14.50	15.62	16.96	17.86	14.73	2.48	14.55	4.74	24.80	9.25	0.17	14.50	15.20	正态分布	14.73	13.57
Ti	59	3587	4058	4612	5023	5486	5709	5904	4918	717	4860	135	6437	2720	0.15	5023	5548	正态分布	4918	4462
Tl	86	0.56	0.62	0.79	0.92	1.06	1.25	1.38	0.94	0.24	0.90	1.32	1.63	0.35	0.26	0.92	1.01	正态分布	0.94	0.60
U	59	2.84	2.98	3.47	4.02	6.55	7.91	9.54	5.10	2.29	4.68	2.81	12.10	2.13	0.45	4.02	5.52	对数正态分布	4.68	2.65
V	363	55.7	66.8	88.2	108	150	224	271	134	87.5	117	16.39	702	29.36	0.65	108	123	剔除后正态分布	117	102
W	59	1.78	1.84	2.07	2.37	2.71	3.30	3.33	2.61	1.44	2.44	1.88	12.30	1.11	0.55	2.37	2.37	正态分布	2.44	2.17
Y	59	16.85	21.09	22.85	26.00	29.35	33.30	35.89	26.37	5.94	25.74	6.75	44.60	13.39	0.23	26.00	26.60	正态分布	26.37	24.61
Zn	333	49.72	54.4	69.5	95.4	122	155	172	100.0	37.91	93.3	14.38	218	37.64	0.38	95.4	118	对数正态分布	100.0	103
Zr	59	191	198	214	251	309	353	359	263	57.5	257	23.72	381	180	0.22	251	218	正态分布	263	293
SiO₂	59	64.2	66.0	70.2	71.8	73.2	75.0	77.0	71.5	3.83	71.4	11.57	81.8	62.0	0.05	71.8	72.9	正态分布	71.5	71.7
Al₂O₃	59	9.82	10.64	11.21	11.93	12.87	14.11	14.69	12.16	1.57	12.07	4.21	17.54	8.47	0.13	11.93	11.93	正态分布	12.16	10.54
TFe₂O₃	59	3.62	3.83	4.17	4.84	5.38	5.82	6.32	4.81	0.88	4.72	2.54	7.06	2.72	0.18	4.84	5.05	正态分布	4.81	4.18
MgO	59	0.46	0.53	0.72	1.12	1.64	2.02	2.30	1.26	0.71	1.09	1.75	3.99	0.36	0.57	1.12	0.97	正态分布	1.26	0.59
CaO	59	0.26	0.30	0.38	0.56	0.94	1.60	2.05	0.89	1.07	0.65	2.15	7.59	0.11	1.19	0.56	0.53	对数正态分布	0.65	0.26
Na₂O	59	0.22	0.24	0.29	0.35	0.48	0.71	0.79	0.42	0.20	0.38	1.97	1.11	0.20	0.48	0.35	0.31	正态分布	0.42	0.29
K₂O	363	1.21	1.33	1.71	2.30	2.74	3.47	3.89	2.33	0.81	2.20	1.78	5.31	0.90	0.35	2.30	2.31	正态分布	2.20	2.21
TC	59	1.00	1.23	1.62	2.28	2.77	3.24	3.67	2.24	0.85	2.06	1.88	4.79	0.55	0.38	2.28	2.52	正态分布	2.24	1.77
Corg	363	0.61	0.88	1.27	1.58	2.09	2.48	2.76	1.67	0.67	1.52	1.73	4.25	0.16	0.40	1.58	1.43	正态分布	1.67	1.34
pH	363	4.90	4.99	5.28	5.79	6.39	7.25	7.74	5.36	5.00	5.94	2.79	8.24	3.87	0.93	5.79	5.94	对数正态分布	5.94	5.34

第四章 土壤元素背景值

表4-11 紫色碎屑岩类风化物土壤母质元素背景值参数统计表

元素/指标	N	$X_{5\%}$	$X_{10\%}$	$X_{25\%}$	$X_{50\%}$	$X_{75\%}$	$X_{90\%}$	$X_{95\%}$	$\overline{X}$	S	$\overline{X}_g$	S_g	X_{max}	X_{min}	CV	X_{me}	X_{mo}	分布类型	紫色碎屑岩类风化物背景值	湖州市背景值
Ag	35	50.00	50.00	56.0	61.0	73.0	83.4	90.0	65.5	14.47	64.1	10.78	113	47.00	0.22	61.0	50.00	正态分布	65.5	70.0
As	611	4.90	6.03	8.35	10.23	11.99	13.68	14.97	10.16	3.09	9.62	3.77	24.13	1.36	0.30	10.23	9.00	正态分布	10.16	6.10
Au	35	1.00	1.04	1.30	1.42	1.85	2.76	3.69	1.74	0.80	1.61	1.61	4.12	0.80	0.46	1.42	1.40	偏峰分布	1.74	2.46
B	604	36.38	42.64	55.2	65.4	72.9	79.3	82.9	63.3	13.74	61.6	11.13	98.4	28.57	0.22	65.4	58.6	正态分布	58.6	61.0
Ba	35	270	276	321	360	381	389	402	348	46.42	345	29.05	449	249	0.13	360	321	正态分布	348	467
Be	35	1.11	1.14	1.39	1.55	1.71	1.82	1.88	1.53	0.25	1.51	1.37	2.01	1.03	0.16	1.55	1.46	正态分布	1.53	2.33
Bi	35	0.29	0.29	0.32	0.35	0.39	0.41	0.44	0.36	0.07	0.35	1.83	0.62	0.26	0.18	0.35	0.36	正态分布	0.36	0.43
Br	35	1.81	1.90	2.20	3.10	4.00	4.86	5.49	3.21	1.21	3.00	2.13	6.03	1.40	0.38	3.10	2.20	正态分布	3.21	4.59
Cd	595	0.04	0.05	0.07	0.09	0.12	0.15	0.17	0.10	0.04	0.09	4.10	0.20	0.02	0.40	0.09	0.09	剔除后正态分布	0.10	0.19
Ce	35	63.1	67.2	71.2	73.8	80.3	89.5	101	76.9	11.11	76.2	12.05	113	60.8	0.14	73.8	76.8	正态分布	76.9	77.4
Cl	35	33.10	35.80	39.00	49.00	60.5	65.6	71.2	50.6	14.22	48.86	9.47	93.0	30.00	0.28	49.00	51.0	正态分布	50.6	61.5
Co	611	6.46	7.46	9.58	12.31	14.79	17.79	20.17	12.63	4.42	11.91	4.32	42.52	4.48	0.35	12.31	13.02	对数正态分布	11.91	13.30
Cr	611	41.91	46.57	55.0	64.6	75.5	84.6	92.7	65.8	16.28	63.8	11.09	141	21.40	0.25	64.6	57.3	正态分布	65.8	78.2
Cu	583	13.73	14.51	16.09	17.69	19.34	21.02	22.17	17.75	2.54	17.57	5.28	24.80	11.23	0.14	17.69	20.06	剔除后正态分布	17.75	27.30
F	35	218	238	280	322	392	457	472	336	98.3	324	28.69	682	180	0.29	322	322	正态分布	336	480
Ga	35	8.73	9.47	11.09	12.24	13.85	15.40	15.85	12.65	3.11	12.35	4.40	25.83	8.30	0.25	12.24	15.40	正态分布	12.65	15.72
Ge	611	1.23	1.27	1.33	1.40	1.49	1.57	1.63	1.42	0.17	1.41	1.24	3.32	1.05	0.12	1.40	1.41	对数正态分布	1.41	1.49
Hg	611	0.03	0.03	0.04	0.06	0.08	0.11	0.14	0.07	0.05	0.06	4.93	0.52	0.01	0.67	0.06	0.06	对数正态分布	0.06	0.11
I	35	1.01	1.20	1.45	1.80	2.80	4.52	5.16	2.48	1.66	2.08	2.11	8.77	0.50	0.67	1.80	1.50	正态分布	2.48	1.20
La	35	34.07	34.69	35.41	39.29	41.31	46.74	51.3	39.83	5.85	39.46	8.25	59.6	32.06	0.15	39.29	39.80	正态分布	39.83	40.48
Li	35	23.45	24.40	28.30	31.20	33.90	35.38	35.56	30.66	4.02	30.39	7.27	37.20	22.19	0.13	31.20	33.70	正态分布	30.66	37.45
Mn	584	171	202	263	359	470	614	688	382	154	351	29.93	840	113	0.40	359	381	偏峰分布	381	434
Mo	611	0.34	0.42	0.55	0.69	0.87	1.04	1.13	0.71	0.24	0.67	1.55	1.63	0.24	0.33	0.69	0.71	对数正态分布	0.67	0.58
N	611	0.55	0.64	0.81	1.06	1.32	1.70	1.93	1.12	0.43	1.04	1.49	3.03	0.21	0.39	1.06	1.46	正态分布	1.04	1.02
Nb	35	11.92	13.97	15.71	17.13	18.92	23.06	23.81	17.68	3.52	17.34	5.29	25.52	11.45	0.20	17.13	17.63	正态分布	17.68	18.09
Ni	611	12.21	13.23	15.50	17.85	20.24	22.90	24.70	18.14	4.90	17.64	5.30	79.6	7.00	0.27	17.85	19.40	对数正态分布	17.64	30.00
P	611	0.23	0.27	0.34	0.42	0.52	0.64	0.73	0.44	0.17	0.42	1.79	2.02	0.16	0.38	0.42	0.38	对数正态分布	0.42	0.61
Pb	594	20.16	21.91	24.14	26.78	29.00	31.18	33.16	26.61	3.73	26.34	6.71	36.72	16.88	0.14	26.78	25.00	剔除后正态分布	26.61	30.00

续表 4-11

元素/指标	N	$X_{5\%}$	$X_{10\%}$	$X_{25\%}$	$X_{50\%}$	$X_{75\%}$	$X_{90\%}$	$X_{95\%}$	$\overline{X}$	S	$\overline{X}_g$	S_g	X_{max}	X_{min}	CV	X_{me}	X_{mo}	分布类型	紫色碎屑岩类风化物背景值	湖州市背景值
Rb	35	51.7	54.8	68.0	75.0	80.5	87.6	96.0	74.4	13.78	73.1	12.18	114	51.0	0.19	75.0	76.0	正态分布	74.4	113
S	35	223	226	250	271	286	304	319	271	34.46	269	24.86	395	211	0.13	271	271	正态分布	271	303
Sb	35	0.64	0.70	0.82	0.99	1.12	1.22	1.24	0.96	0.20	0.94	1.24	1.33	0.58	0.20	0.99	0.99	正态分布	0.96	0.80
Sc	35	6.71	7.00	7.60	8.15	9.68	11.02	12.59	8.93	2.42	8.69	3.56	18.97	6.15	0.27	8.15	7.44	正态分布	8.93	9.84
Se	611	0.21	0.23	0.27	0.32	0.38	0.46	0.51	0.33	0.10	0.32	2.04	1.08	0.12	0.29	0.32	0.29	对数正态分布	0.32	0.32
Sn	35	2.79	3.19	3.64	4.43	5.29	6.63	7.00	4.70	1.42	4.51	2.52	9.01	2.58	0.30	4.43	4.40	正态分布	4.70	6.33
Sr	35	38.68	40.45	44.69	50.7	54.1	59.5	65.3	50.3	8.45	49.68	9.45	73.6	34.33	0.17	50.7	54.1	正态分布	50.3	52.0
Th	35	10.31	11.82	12.54	13.46	14.54	16.94	17.53	13.86	2.30	13.69	4.56	21.36	10.03	0.17	13.46	13.69	正态分布	13.86	13.57
Ti	35	3165	3344	4124	4386	4820	5230	5937	4439	788	4370	126	6256	2846	0.18	4386	4413	正态分布	4439	4462
Tl	63	0.38	0.42	0.47	0.51	0.57	0.61	0.64	0.52	0.09	0.52	1.51	0.93	0.35	0.18	0.51	0.54	正态分布	0.52	0.60
U	35	2.34	2.42	2.75	2.98	3.29	3.56	3.76	3.03	0.46	3.00	1.93	4.25	2.14	0.15	2.98	2.99	正态分布	3.03	2.65
V	611	54.1	58.6	68.2	78.3	89.5	98.7	104	78.9	16.66	77.1	12.27	197	33.70	0.21	78.3	88.0	正态分布	78.9	102
W	35	1.49	1.58	1.75	2.04	2.21	2.42	2.57	2.01	0.37	1.98	1.56	3.08	1.36	0.19	2.04	2.04	正态分布	2.01	2.17
Y	35	15.72	16.85	18.01	19.16	22.71	25.75	27.66	20.86	4.80	20.43	5.73	40.55	15.66	0.23	19.16	23.60	正态分布	20.86	24.61
Zn	611	33.87	36.20	40.72	45.50	51.1	56.7	61.1	46.53	9.25	45.70	9.11	123	23.60	0.20	45.50	45.18	对数正态分布	45.70	103
Zr	35	318	335	362	382	395	407	422	377	32.79	376	30.01	454	303	0.09	382	378	正态分布	377	293
SiO_2	35	74.4	75.8	77.7	78.8	81.0	82.8	83.3	79.2	2.63	79.1	12.18	84.2	73.6	0.03	78.8	78.8	正态分布	79.2	71.7
Al_2O_3	35	8.42	8.56	9.33	10.18	10.67	11.21	11.46	10.04	1.04	9.99	3.82	12.58	7.83	0.10	10.18	10.05	正态分布	10.04	10.54
TFe_2O_3	35	2.28	2.37	3.09	3.51	3.83	4.22	4.72	3.45	0.75	3.37	2.16	5.13	2.06	0.22	3.51	3.59	正态分布	3.45	4.18
MgO	35	0.40	0.41	0.46	0.52	0.55	0.64	0.71	0.52	0.09	0.51	1.49	0.72	0.36	0.17	0.52	0.52	正态分布	0.52	0.59
CaO	35	0.16	0.16	0.20	0.25	0.30	0.41	0.44	0.27	0.09	0.25	2.38	0.49	0.16	0.33	0.25	0.24	正态分布	0.27	0.26
Na_2O	35	0.26	0.31	0.43	0.48	0.58	0.64	0.70	0.50	0.14	0.48	1.68	0.91	0.21	0.28	0.48	0.45	正态分布	0.50	0.29
K_2O	566	1.13	1.20	1.29	1.44	1.60	1.85	1.98	1.47	0.26	1.45	1.31	2.25	0.72	0.17	1.44	1.48	剔除后对数分布	1.45	2.21
TC	35	1.16	1.21	1.27	1.38	1.50	1.84	1.88	1.43	0.25	1.41	1.31	1.99	0.84	0.17	1.38	1.46	正态分布	1.43	1.77
Corg	611	0.50	0.60	0.80	1.00	1.26	1.50	1.69	1.04	0.38	0.97	1.47	2.47	0.16	0.36	1.00	0.86	对数正态分布	0.97	1.34
pH	611	4.66	4.76	4.97	5.25	5.53	5.89	6.12	5.08	5.02	5.29	2.62	7.68	3.96	0.99	5.25	5.29	对数正态分布	5.29	5.34

第四章 土壤元素背景值

表层土壤各元素/指标中,绝大多数元素/指标变异系数小于0.40,分布相对均匀;Au、Hg、I、pH变异系数大于0.40,其中pH变异系数大于0.80,空间变异性较大。

与湖州市土壤元素背景值相比,紫色碎屑岩类风化物区土壤元素背景值中Cd、Hg、Ni、Zn背景值明显偏低,不足湖州市背景值的60%;Au、Ba、Be、Br、Cu、F、P、Rb、Sn、V、K_2O、Corg背景值略低于湖州市背景值,是湖州市背景值的60%~80%;Zr、Sb背景值略高于湖州市背景值,是湖州市背景值的1.2~1.4倍;As、I、Na_2O背景值明显高于湖州市背景值,是湖州市背景值的1.4倍以上,其中I背景值为湖州市背景值的2.07倍;其他元素/指标背景值则与湖州市背景值基本接近。

六、中酸性火成岩类风化物土壤母质元素背景值

中酸性火成岩类风化物土壤母质元素背景值数据经正态分布检验,结果表明,原始数据中Br、Ce、F、Ga、I、La、Rb、Sc、Ti、SiO_2、Al_2O_3、TFe_2O_3、MgO、K_2O符合正态分布,Ag、Au、B、Ba、Bi、Cl、Co、Cr、Ge、Hg、Li、Mo、N、Nb、P、Sn、Sr、Th、Tl、V、W、Y、Zn、Zr、CaO、Na_2O、TC符合对数正态分布,Be、Pb、S、Sb剔除异常值后符合正态分布,As、Cu、Cd、Ni、U、Corg、pH剔除异常值后符合对数正态分布,其他元素/指标背景值不符合正态分布或对数正态分布(表4-12)。

中酸性火成岩类风化物区表层土壤总体为酸性,土壤pH背景值为5.15,极大值为6.37,极小值为4.00,与湖州市背景值基本接近。

表层土壤各元素/指标中,大多数元素/指标变异系数小于0.40,分布相对均匀;Ag、As、Au、B、Bi、Br、Cd、Co、Cr、Hg、I、Mn、Mo、N、P、Sn、CaO、TC、pH共19项元素/指标变异系数大于0.40,其中Au、Bi、pH变异系数大于0.80,空间变异性较大。

与湖州市土壤元素背景值相比,中酸性火成岩类风化物区土壤元素背景值中B、Cr、Cu、Ni、V背景值明显偏低,不足湖州市背景值的60%;Au、Cd、Co、Mn、P、Zn背景值略低于湖州市背景值,是湖州市背景值的60%~80%;Bi、Nb、Rb、Sr、W、Al_2O_3、CaO、K_2O、TC背景值略高于湖州市背景值,是湖州市背景值的1.2~1.4倍;Ag、Br、I、Mo、N、Tl、U、Na_2O背景值明显高于湖州市背景值,是湖州市背景值的1.4倍以上,I背景值最高,为湖州市背景值的6.26倍;其他元素/指标背景值则与湖州市背景值基本接近。

第三节 主要土壤类型元素背景值

一、黄壤土壤元素背景值

黄壤土壤元素背景值数据经正态分布检验,结果表明,原始数据中仅P、Sb两项符合对数正态分布,其他元素/指标均符合正态分布(表4-13)。

黄壤土壤区表层土壤总体为酸性,土壤pH背景值为4.86,极大值为7.30,极小值为4.28,基本接近湖州市背景值。

在黄壤土壤区表层各元素/指标中,大多数元素/指标变异系数小于0.40,分布相对均匀;Mn、P、Se、Sn、Corg、pH共6项元素/指标变异系数大于0.40,其中pH变异系数大于0.80,空间变异性较大。

与湖州市土壤元素背景值相比,黄壤区土壤元素背景值中Au、B、Cr、Ni背景值明显低于湖州市背景值,不足湖州市背景值的60%;Co、Cu、V背景值略低于湖州市背景值,是湖州市背景值的60%~80%;Ba、Cd、Ga、Pb、S、Al_2O_3、MgO、CaO背景值略高于湖州市背景值,是湖州市背景值的1.2~1.4倍;Ag、Bi、Br、Cl、I、Mn、Mo、N、Rb、Se、Sr、Tl、U、Na_2O、K_2O、TC、Corg背景值明显高于湖州市背景值,是湖州市背景值

表4-12 中酸性火成岩类风化物土壤母质元素背景值参数统计表

元素/指标	N	$X_{5\%}$	$X_{10\%}$	$X_{25\%}$	$X_{50\%}$	$X_{75\%}$	$X_{90\%}$	$X_{95\%}$	$\bar{X}$	S	$\bar{X}_g$	S_g	X_{max}	X_{min}	CV	X_{me}	X_{mo}	分布类型	中酸性火成岩类风化物背景值	湖州市背景值
Ag	278	69.8	70.0	80.0	110	130	170	201	117	52.5	109	15.55	480	50.00	0.45	110	110	对数正态分布	109	70.0
As	1105	2.00	2.62	3.86	5.50	7.23	9.09	10.30	5.70	2.47	5.14	2.94	12.90	0.98	0.43	5.50	10.30	剔除后对数正态分布	5.14	6.10
Au	278	0.83	0.90	1.12	1.34	1.90	2.79	3.78	2.09	4.91	1.54	1.82	77.4	0.62	2.34	1.34	1.31	对数正态分布	1.54	2.46
B	1163	14.19	17.10	23.00	33.00	46.50	60.4	69.2	36.22	16.99	32.34	8.14	109	4.77	0.47	33.00	23.60	对数正态分布	32.34	61.0
Ba	278	290	349	430	533	717	887	1007	591	238	547	38.99	1568	130	0.40	533	629	正态分布	547	467
Be	259	1.72	1.82	2.13	2.41	2.71	2.97	3.29	2.43	0.46	2.39	1.74	3.72	1.27	0.19	2.41	2.39	剔除后正态分布	2.43	2.33
Bi	278	0.30	0.33	0.40	0.51	0.69	0.89	1.18	0.65	0.91	0.54	1.80	14.70	0.22	1.41	0.51	0.41	对数正态分布	0.54	0.43
Br	278	3.29	4.00	5.71	8.82	12.40	15.33	18.41	9.54	4.93	8.34	4.07	32.45	1.40	0.52	8.82	9.92	正态分布	9.54	4.59
Cd	1117	0.06	0.08	0.12	0.16	0.20	0.26	0.30	0.17	0.07	0.15	3.17	0.36	0.03	0.42	0.16	0.17	剔除后对数正态分布	0.15	0.19
Ce	278	67.1	71.1	76.8	84.7	91.5	99.7	102	84.7	11.45	84.0	13.05	130	54.0	0.14	84.7	85.4	正态分布	84.7	77.4
Cl	278	48.37	51.6	59.8	67.3	80.1	94.8	112	71.7	19.03	69.5	11.98	161	37.50	0.27	67.3	64.9	对数正态分布	69.5	61.5
Co	1163	4.32	4.85	6.24	8.11	10.60	13.20	14.99	8.71	3.58	8.08	3.58	47.60	1.94	0.41	8.11	10.50	对数正态分布	8.08	13.30
Cr	1163	17.24	19.58	24.19	31.40	42.64	60.5	71.1	36.09	17.44	32.67	8.01	124	6.46	0.48	31.40	23.70	对数正态分布	32.67	78.2
Cu	1112	7.80	9.04	11.59	15.00	18.70	23.09	25.55	15.44	5.28	14.53	5.03	30.60	3.52	0.34	15.00	16.50	剔除后对数正态分布	14.53	27.30
F	278	333	352	414	512	609	722	803	527	160	507	37.22	1632	274	0.30	512	574	正态分布	527	480
Ga	278	14.09	15.30	17.20	18.40	19.68	21.03	22.20	18.36	2.39	18.20	5.43	27.80	12.24	0.13	18.40	17.60	正态分布	18.36	15.72
Ge	1163	1.20	1.24	1.31	1.40	1.50	1.62	1.69	1.42	0.16	1.41	1.25	2.26	0.99	0.11	1.40	1.42	对数正态分布	1.41	1.49
Hg	1163	0.04	0.05	0.07	0.10	0.15	0.20	0.26	0.12	0.09	0.10	3.81	1.81	0.01	0.78	0.10	0.12	对数正态分布	0.10	0.11
I	278	2.17	3.06	5.21	7.25	9.50	11.43	12.73	7.51	3.55	6.62	3.56	26.40	0.96	0.47	7.25	10.90	正态分布	7.51	1.20
La	278	35.09	36.64	39.42	43.00	46.68	50.5	52.8	43.46	6.03	43.07	8.88	72.0	30.10	0.14	43.00	42.70	正态分布	43.46	40.48
Li	278	25.40	27.10	31.30	34.95	39.98	46.50	54.3	36.61	9.58	35.58	8.01	95.1	20.20	0.26	34.95	31.80	对数正态分布	35.58	37.45
Mn	1152	167	199	278	438	677	882	990	496	265	427	35.53	1286	62.8	0.53	438	287	偏峰分布	287	434
Mo	1163	0.53	0.58	0.73	0.97	1.34	1.78	2.21	1.15	0.83	1.01	1.60	13.90	0.31	0.72	0.97	0.94	对数正态分布	1.01	0.58
N	1159	0.67	0.86	1.19	1.58	2.01	2.56	2.93	1.67	0.72	1.51	1.84	4.95	0*	0.43	1.58	2.10	对数正态分布	1.51	1.02
Nb	278	18.29	18.78	20.70	23.15	25.50	28.10	29.80	23.86	6.21	23.34	6.22	82.0	15.84	0.26	23.15	22.40	对数正态分布	23.34	18.09
Ni	1103	7.00	8.07	9.35	11.70	14.86	18.87	21.10	12.47	4.22	11.79	4.42	24.90	3.20	0.34	11.70	13.90	剔除后对数正态分布	11.79	30.00
P	1163	0.23	0.27	0.36	0.48	0.63	0.83	0.99	0.53	0.26	0.48	1.83	2.38	0.10	0.49	0.48	0.42	对数正态分布	0.48	0.61
Pb	1121	24.79	26.80	30.00	34.00	38.00	42.00	44.70	34.15	5.94	33.63	7.78	50.9	17.85	0.17	34.00	37.50	剔除后正态分布	34.15	30.00

续表 4-12

元素/指标	N	$X_{5\%}$	$X_{10\%}$	$X_{25\%}$	$X_{50\%}$	$X_{75\%}$	$X_{90\%}$	$X_{95\%}$	$\overline{X}$	S	$\overline{X}_g$	S_g	X_{max}	X_{min}	CV	X_{me}	X_{mo}	分布类型	中酸性火成岩类风化物背景值	湖州市背景值
Rb	278	98.1	108	133	153	171	190	199	153	36.08	149	18.60	380	72.0	0.24	153	143	正态分布	153	113
S	264	212	236	257	295	340	393	424	304	62.4	298	27.35	483	173	0.21	295	309	剔除后正态分布	304	303
Sb	261	0.54	0.60	0.68	0.77	0.88	0.97	1.02	0.78	0.15	0.77	1.28	1.21	0.39	0.19	0.77	0.76	正态分布	0.78	0.80
Sc	278	6.60	6.89	7.70	8.60	9.57	10.70	11.31	8.69	1.43	8.58	3.51	13.17	4.80	0.16	8.60	8.50	正态分布	8.69	9.84
Se	1123	0.23	0.26	0.31	0.39	0.53	0.67	0.76	0.43	0.16	0.40	1.86	0.90	0.07	0.38	0.39	0.34	其他分布	0.34	0.32
Sn	278	3.06	3.49	4.09	5.12	7.00	9.96	12.61	6.31	4.42	5.55	2.97	45.80	0.64	0.70	5.12	4.77	对数分布	5.55	6.33
Sr	278	38.21	44.87	54.3	67.9	89.0	104	119	73.2	26.80	68.7	11.66	190	20.50	0.37	67.9	60.1	对数正态分布	68.7	52.0
Th	278	12.00	12.87	14.10	15.90	17.98	21.10	23.82	16.63	4.28	16.20	5.11	43.60	8.95	0.26	15.90	15.90	对数正态分布	16.20	13.57
Ti	278	2875	3114	3660	4334	4944	5444	5950	4316	936	4212	122	7282	1812	0.22	4334	4265	正态分布	4316	4462
Tl	333	0.54	0.62	0.76	0.88	1.00	1.13	1.22	0.89	0.23	0.86	1.30	2.42	0.36	0.26	0.88	0.95	对数正态分布	0.86	0.60
U	256	2.96	3.14	3.55	3.87	4.25	4.79	5.25	3.93	0.66	3.87	2.22	5.77	2.30	0.17	3.87	3.71	剔除后正态分布	3.87	2.65
V	1163	32.01	38.36	47.65	59.6	74.8	93.0	106	62.9	22.15	59.1	10.96	183	10.90	0.35	59.6	58.9	对数正态分布	59.1	102
W	278	1.83	2.04	2.28	2.59	2.96	3.74	4.35	2.76	0.81	2.67	1.85	7.30	1.52	0.29	2.59	2.58	对数正态分布	2.67	2.17
Y	278	20.37	21.47	23.50	26.60	29.00	32.80	38.06	27.21	6.15	26.65	6.67	59.0	16.30	0.23	26.60	27.00	对数正态分布	26.65	24.61
Zn	1163	46.60	50.7	61.5	73.4	86.5	98.6	108	75.1	21.19	72.5	12.18	293	23.60	0.28	73.4	111	对数正态分布	72.5	103
Zr	278	236	252	282	317	364	429	457	327	66.3	321	27.84	547	189	0.20	317	347	正态分布	321	293
SiO_2	278	62.3	63.9	66.5	68.9	72.0	74.4	75.5	69.0	3.95	68.9	11.43	79.0	58.9	0.06	68.9	69.0	正态分布	69.0	71.7
Al_2O_3	278	11.38	11.93	13.21	14.22	15.03	16.13	17.01	14.18	1.63	14.09	4.66	19.40	9.79	0.12	14.22	14.93	正态分布	14.18	10.54
TFe_2O_3	278	2.94	3.20	3.63	4.13	4.81	5.32	5.58	4.22	0.82	4.14	2.33	6.95	2.19	0.20	4.13	4.00	正态分布	4.22	4.18
MgO	278	0.45	0.48	0.53	0.64	0.76	0.87	0.97	0.67	0.18	0.65	1.41	1.43	0.37	0.26	0.64	0.49	正态分布	0.67	0.59
CaO	278	0.18	0.20	0.25	0.31	0.42	0.55	0.71	0.36	0.18	0.33	2.18	1.33	0.15	0.50	0.31	0.28	对数正态分布	0.33	0.26
Na_2O	278	0.38	0.45	0.54	0.68	0.86	1.08	1.23	0.73	0.26	0.68	1.54	1.74	0.22	0.36	0.68	0.54	对数正态分布	0.68	0.29
K_2O	278	1.61	1.90	2.43	3.07	3.73	4.24	4.49	3.06	0.89	2.92	1.99	5.92	0.69	0.29	3.07	3.81	正态分布	3.06	2.21
TC	278	1.12	1.31	1.54	1.94	2.75	4.23	5.16	2.41	1.35	2.14	1.99	8.88	0.74	0.56	1.94	1.77	对数正态分布	2.14	1.77
Corg	1103	0.67	0.84	1.13	1.46	1.85	2.33	2.54	1.51	0.55	1.40	1.62	3.06	0.13	0.37	1.46	1.48	剔除后对数分布	1.40	1.34
pH	1105	4.53	4.63	4.84	5.12	5.39	5.74	6.05	4.97	5.00	5.15	2.58	6.37	4.00	1.01	5.12	5.10	剔除后对数分布	5.15	5.34

注:表中 N 的极小值标记为"0","实际取值为 0.000 1。

表4-13 黄壤元素背景值参数统计表

元素/指标	N	$X_{5\%}$	$X_{10\%}$	$X_{25\%}$	$X_{50\%}$	$X_{75\%}$	$X_{90\%}$	$X_{95\%}$	$\overline{X}$	S	$\overline{X}_g$	S_g	X_{max}	X_{min}	CV	X_{me}	X_{mo}	分布类型	黄壤背景值	湖州市背景值
Ag	31	70.0	80.0	100.0	110	150	190	195	125	39.74	120	15.58	200	70.0	0.32	110	110	正态分布	125	70.0
As	60	3.14	3.70	4.57	6.16	7.82	9.15	9.81	6.42	2.10	6.06	3.13	11.10	2.64	0.33	6.16	6.17	正态分布	6.42	6.10
Au	31	0.77	0.83	0.96	1.17	1.31	1.60	2.01	1.21	0.37	1.16	1.34	2.20	0.73	0.31	1.17	0.98	正态分布	1.21	2.46
B	60	17.86	20.39	23.38	27.84	36.12	44.37	48.29	30.74	11.42	28.89	7.22	71.5	8.47	0.37	27.84	30.80	正态分布	30.74	61.0
Ba	31	399	417	438	566	708	838	867	596	167	574	38.88	974	389	0.28	566	596	正态分布	596	467
Be	31	1.99	2.06	2.22	2.41	2.86	3.13	3.30	2.54	0.45	2.50	1.73	3.71	1.87	0.18	2.41	2.58	正态分布	2.54	2.33
Bi	31	0.42	0.45	0.59	0.68	0.86	0.96	1.19	0.73	0.27	0.69	1.47	1.59	0.35	0.36	0.68	0.76	正态分布	0.73	0.43
Br	31	11.13	12.23	13.54	16.03	18.50	21.63	23.40	16.45	4.20	15.96	4.91	28.45	9.40	0.26	16.03	16.20	正态分布	16.45	4.59
Cd	60	0.15	0.17	0.19	0.24	0.30	0.36	0.39	0.26	0.08	0.24	2.28	0.51	0.09	0.33	0.24	0.24	正态分布	0.26	0.19
Ce	31	76.8	79.0	82.9	88.6	94.0	101	101	89.0	7.83	88.7	13.06	102	74.9	0.09	88.6	91.5	正态分布	89.0	77.4
Cl	31	68.2	70.5	79.6	85.4	101	114	116	89.6	16.12	88.2	13.11	124	64.8	0.18	85.4	85.4	正态分布	89.6	61.5
Co	60	6.88	7.08	7.59	8.61	10.53	11.48	13.15	9.41	2.93	9.10	3.61	26.42	5.71	0.31	8.61	8.53	正态分布	9.41	13.30
Cr	60	24.80	26.24	30.08	35.40	41.23	45.96	48.84	36.28	8.60	35.32	7.91	63.1	19.70	0.24	35.40	35.93	正态分布	36.28	78.2
Cu	60	11.39	12.13	13.73	16.39	20.36	24.10	26.42	17.38	4.68	16.78	5.05	27.40	8.90	0.27	16.39	17.00	正态分布	17.38	27.30
F	31	312	337	400	475	575	689	733	493	136	475	35.46	746	283	0.28	475	450	正态分布	493	480
Ga	31	17.50	17.60	18.10	19.20	19.70	20.30	20.50	18.97	1.01	18.95	5.43	20.80	17.50	0.05	19.20	19.70	正态分布	18.97	15.72
Ge	60	1.21	1.24	1.30	1.37	1.45	1.54	1.59	1.38	0.12	1.37	1.23	1.67	1.13	0.08	1.37	1.46	正态分布	1.38	1.49
Hg	60	0.05	0.06	0.09	0.12	0.15	0.18	0.19	0.12	0.05	0.11	3.48	0.21	0.04	0.38	0.12	0.12	正态分布	0.12	0.11
I	31	7.83	7.90	8.75	10.60	12.40	15.10	16.90	11.17	3.33	10.77	3.90	22.60	6.57	0.30	10.60	10.90	正态分布	11.17	1.20
La	31	38.90	39.80	42.60	45.90	47.80	49.80	52.8	45.47	4.19	45.28	8.88	54.9	37.30	0.09	45.90	46.10	正态分布	45.47	40.48
Li	31	29.05	30.10	33.05	34.90	38.90	42.10	45.65	36.53	6.69	36.03	7.83	63.2	28.00	0.18	34.90	39.60	正态分布	36.53	37.45
Mn	60	297	306	452	753	890	1064	1237	716	292	647	45.60	1286	190	0.41	753	802	正态分布	716	434
Mo	60	0.65	0.68	0.83	1.13	1.41	1.65	1.69	1.14	0.35	1.09	1.39	1.92	0.61	0.31	1.13	1.16	正态分布	1.14	0.58
N	59	1.46	1.54	2.05	2.75	3.56	4.30	4.67	2.83	1.07	2.61	2.15	4.95	0.61	0.38	2.75	2.82	正态分布	2.83	1.02
Nb	31	18.25	18.50	19.10	20.40	21.95	23.20	23.95	20.63	1.94	20.54	5.65	24.80	17.10	0.09	20.40	19.80	正态分布	20.63	18.09
Ni	60	11.80	12.23	13.89	15.91	19.12	20.94	21.22	16.27	3.35	15.92	5.02	23.87	8.78	0.21	15.91	16.30	正态分布	16.27	30.00
P	60	0.38	0.43	0.54	0.71	0.89	1.26	1.59	0.79	0.40	0.71	1.64	2.24	0.23	0.51	0.71	0.62	对数正态分布	0.71	0.61
Pb	60	28.42	28.94	32.58	36.91	40.30	42.49	49.47	36.86	5.89	36.40	8.09	52.0	26.17	0.16	36.91	34.97	正态分布	36.86	30.00

第四章 土壤元素背景值

续表 4-13

元素/指标	N	$X_{5\%}$	$X_{10\%}$	$X_{25\%}$	$X_{50\%}$	$X_{75\%}$	$X_{90\%}$	$X_{95\%}$	$\overline{X}$	S	$\overline{X}_g$	S_g	X_{max}	X_{min}	CV	X_{me}	X_{mo}	分布类型	黄壤背景值	湖州市背景值
Rb	31	136	138	146	155	170	181	192	159	18.54	158	18.25	202	128	0.12	155	148	正态分布	159	113
S	31	324	332	357	412	474	528	536	420	77.0	414	31.68	589	300	0.18	412	349	正态分布	420	303
Sb	31	0.67	0.72	0.75	0.82	0.90	0.94	0.97	0.86	0.26	0.84	1.26	2.19	0.62	0.30	0.82	0.81	对数正态分布	0.84	0.80
Sc	31	8.40	8.60	9.00	9.60	10.20	11.30	11.40	9.65	1.01	9.60	3.70	11.70	7.30	0.10	9.60	8.60	正态分布	9.65	9.84
Se	60	0.32	0.35	0.41	0.69	0.90	1.04	1.15	0.68	0.29	0.62	1.62	1.46	0.28	0.42	0.69	0.75	正态分布	0.68	0.32
Sn	31	2.86	2.98	3.83	4.77	6.08	7.89	9.23	5.36	2.37	4.97	2.70	14.00	2.62	0.44	4.77	5.37	正态分布	5.36	6.33
Sr	31	57.5	58.2	61.8	65.4	88.7	93.7	97.0	72.8	15.08	71.3	11.75	106	56.2	0.21	65.4	63.1	正态分布	72.8	52.0
Th	31	11.85	12.90	13.80	16.00	17.35	19.10	19.65	15.81	2.48	15.62	4.85	21.00	11.10	0.16	16.00	16.10	正态分布	15.81	13.57
Ti	31	3365	3479	3758	4317	4802	5055	5539	4320	714	4265	121	5984	3189	0.17	4317	4317	正态分布	4320	4462
Tl	35	0.68	0.71	0.77	0.85	0.96	1.09	1.14	0.88	0.16	0.86	1.21	1.29	0.58	0.18	0.85	0.85	正态分布	0.88	0.60
U	31	3.12	3.23	3.51	3.75	4.14	4.56	4.62	3.85	0.47	3.82	2.17	4.73	3.07	0.12	3.75	4.12	正态分布	3.85	2.65
V	60	47.95	51.2	58.1	67.8	76.5	95.3	99.3	69.9	18.44	67.8	11.33	143	36.80	0.26	67.8	68.7	正态分布	69.9	102
W	31	1.60	1.64	2.03	2.33	2.53	2.83	3.03	2.29	0.44	2.25	1.67	3.24	1.58	0.19	2.33	2.03	正态分布	2.29	2.17
Y	31	20.35	20.70	21.20	22.60	24.75	25.40	26.90	23.00	2.20	22.90	6.01	27.50	19.20	0.10	22.60	22.60	正态分布	23.00	24.61
Zn	60	76.0	77.6	82.2	89.2	98.5	103	108	90.1	11.14	89.4	13.27	119	64.6	0.12	89.2	77.6	正态分布	90.1	103
Zr	31	265	274	284	295	316	335	362	301	30.53	300	26.34	391	252	0.10	295	300	正态分布	301	293
SiO₂	31	62.7	63.3	64.7	65.7	67.1	68.6	68.8	65.9	2.05	65.9	10.96	71.0	61.5	0.03	65.7	66.6	正态分布	65.9	71.7
Al₂O₃	31	13.43	13.89	13.97	14.25	15.27	15.88	15.96	14.54	0.87	14.52	4.66	16.39	12.78	0.06	14.25	14.61	正态分布	14.54	10.54
TFe₂O₃	31	3.88	3.94	4.17	4.68	4.99	5.35	5.79	4.67	0.60	4.63	2.46	6.06	3.68	0.13	4.68	5.01	正态分布	4.67	4.18
MgO	31	0.58	0.62	0.70	0.77	0.82	0.85	0.97	0.76	0.12	0.75	1.25	1.02	0.51	0.15	0.77	0.75	正态分布	0.76	0.59
CaO	31	0.25	0.28	0.29	0.33	0.40	0.45	0.47	0.35	0.07	0.34	1.92	0.53	0.23	0.21	0.33	0.29	正态分布	0.35	0.26
Na₂O	31	0.46	0.51	0.54	0.65	0.69	0.78	0.80	0.63	0.11	0.62	1.39	0.83	0.38	0.18	0.65	0.65	正态分布	0.63	0.29
K₂O	60	2.09	2.52	2.73	3.19	3.66	3.99	4.20	3.21	0.65	3.14	1.98	4.90	1.65	0.20	3.19	3.08	正态分布	3.21	2.21
TC	31	3.02	3.13	3.76	4.36	5.07	6.38	6.55	4.58	1.27	4.42	2.44	8.41	2.73	0.28	4.36	4.69	正态分布	4.58	1.77
Corg	60	1.41	1.50	2.00	2.83	5.15	5.06	5.46	3.13	1.35	2.82	2.33	6.44	0.73	0.43	2.83	2.75	正态分布	3.13	1.34
pH	60	4.54	4.58	4.72	4.92	5.15	5.39	5.46	4.86	5.03	5.01	2.51	7.30	4.28	1.03	4.92	5.10	正态分布	4.86	5.34

注：氧化物、TC、Corg 单位为 %，N、P 单位为 g/kg，Au、Ag 单位为 μg/kg，pH 为无量纲，其他元素/指标单位为 mg/kg；后表单位相同。

的1.4倍以上,其中Br、N、Se、Na$_2$O、TC、Corg背景值均为湖州市背景值的2.0倍以上,I背景值最高,为湖州市背景值的9.31倍;其他元素/指标背景值则与湖州市背景值基本接近。

二、红壤土壤元素背景值

红壤土壤元素背景值数据经正态分布检验,结果表明,原始数据中Ga、I、Sc、Ti、Zr、SiO$_2$、Al$_2$O$_3$、TFe$_2$O$_3$共8项元素/指标符合正态分布,Au、Be、Br、Co、Ge、Li、Mn、N、Ni、Rb、S、Sn、Sr、Th、Tl、U、W、MgO、CaO、TC共20项元素/指标符合对数正态分布,Cl、F、La、Pb、V、Y剔除异常值后符合正态分布,As、Ba、Bi、Cd、Ce、Cu、Nb、P、Sb、Se剔除异常值后符合对数正态分布,其他元素/指标不符合正态分布或对数正态分布(表4-14)。

红壤土壤区表层土壤总体为弱酸性,土壤pH背景值为5.06,极大值为6.92,极小值为3.90,与湖州市背景值基本接近。

在红壤土壤区表层各元素/指标中,大多数元素/指标变异系数小于0.40,分布相对均匀;As、Au、Be、Br、Cd、Hg、I、Mn、Mo、Ni、Sn、Sr、MgO、CaO、Na$_2$O、K$_2$O、pH共17项元素/指标变异系数大于0.40,其中Au、CaO、pH变异系数大于0.80,空间变异性较大。

与湖州市土壤元素背景值相比,红壤区土壤元素背景值中Au、Cd、Co、Cu、Ni、V背景值略低于湖州市背景值,是湖州市背景值的60%～80%;Br、Mo、U、CaO背景值略高于湖州市背景值,是湖州市背景值的1.2～1.4倍;I、N背景值明显高于湖州市背景值,是湖州市背景值的1.4倍以上,其中I背景值最高,为湖州市背景值的4.525倍;其他元素/指标背景值则与湖州市背景值基本接近。

三、粗骨土土壤元素背景值

粗骨土土壤元素背景值数据经正态分布检验,结果表明,原始数据中B、Cl、F、Ga、I、La、Li、Rb、Sc、Th、Ti、Tl、Zr、SiO$_2$、Al$_2$O$_3$、TFe$_2$O$_3$共16项元素/指标符合正态分布,As、Au、Ba、Be、Bi、Br、Co、Ge、Hg、Mn、N、Ni、P、Pb、Se、Sn、Sr、U、W、MgO、CaO、Na$_2$O、K$_2$O、TC、pH共25项元素/指标符合对数正态分布,Ag、Ce、Cr、Nb、S、Y剔除异常值后符合正态分布,Cd、Cu、Mo、Sb、V、Zn剔除异常值后符合对数正态分布,Corg不符合正态分布或对数正态分布(表4-15)。

粗骨土土壤区表层土壤总体为酸性,土壤pH背景值为5.42,极大值为8.15,极小值为3.87,与湖州市背景值基本接近。

表层土壤各元素/指标中,约一半元素/指标变异系数小于0.40,分布相对均匀;Ag、As、Au、B、Ba、Be、Bi、Br、Cd、Cu、Hg、I、Mn、Mo、N、Ni、P、Pb、Sb、Se、Sn、U、W、MgO、CaO、Na$_2$O、TC、pH共28项元素/指标变异系数大于0.40,其中As、Ba、Cd、Hg、Mn、pH变异系数大于0.80,空间变异性较大。

与湖州市土壤元素背景值相比,粗骨土区土壤元素背景值中Au、Co、Cr、Cu、Ni、V、Zn背景值略低于湖州市背景值,是湖州市背景值的60%～80%;Ba、Bi、Cd、Sb、Tl、U、MgO、CaO背景值略高于湖州市背景值,是湖州市背景值的1.2～1.4倍;Ag、As、Br、I、Mo、N、Se、Na$_2$O背景值明显高于湖州市背景值,是湖州市背景值的1.4倍以上,其中I背景值最高,为湖州市背景值的5.66倍;其他元素/指标背景值则与湖州市背景值基本接近。

四、石灰岩土土壤元素背景值

石灰岩土土壤元素背景值数据经正态分布检验,结果表明,原始数据中Au、Be、Br、Cl、Co、Cr、F、Ga、I、La、Li、N、Nb、Rb、S、Sc、Sn、Sr、Th、Ti、Tl、Y、Zr、SiO$_2$、Al$_2$O$_3$、TFe$_2$O$_3$、MgO、Na$_2$O、TC共29项元素/指标符合正态分布,Ag、Bi、Ge、Hg、Mn、P、Sb、Se、U、V、W、CaO、K$_2$O、Corg共14项元素/指标符合对数正态分布,B、Ce剔除异常值后符合正态分布,As、Cd、Cu、Ni、Pb、Zn、pH剔除异常值后符合对数正态分布,其他

第四章 土壤元素背景值

表 4-14 红壤土壤元素背景参数统计表

元素/指标	N	$X_{5\%}$	$X_{10\%}$	$X_{25\%}$	$X_{50\%}$	$X_{75\%}$	$X_{90\%}$	$X_{95\%}$	$\bar{X}$	S	$\bar{X}_g$	S_g	X_{max}	X_{min}	CV	X_{me}	X_{mo}	分布类型	红壤背景值	湖州市背景值
Ag	492	52.0	60.0	70.0	94.0	126	160	180	103	38.48	96.4	14.51	210	40.00	0.37	94.0	70.0	其他分布	70.0	70.0
As	3301	2.59	3.51	5.18	7.40	10.14	12.88	14.62	7.87	3.60	6.99	3.45	18.92	0.98	0.46	7.40	10.30	剔除后对数分布	6.99	6.10
Au	525	0.87	0.98	1.24	1.71	2.51	3.91	5.22	2.51	4.25	1.89	2.00	77.4	0.60	1.69	1.71	1.70	对数后正态分布	1.89	2.46
B	3482	19.25	26.15	41.45	57.2	68.2	76.8	81.9	54.6	19.11	50.3	10.12	107	6.09	0.35	57.2	70.9	其他分布	70.9	61.0
Ba	492	282	304	358	432	563	749	838	480	174	452	35.80	989	130	0.36	432	369	剔除后对数分布	452	467
Be	525	1.20	1.32	1.63	2.07	2.55	3.10	3.91	2.23	0.96	2.08	1.81	8.00	0.84	0.43	2.07	1.29	剔除后正态分布	2.08	2.33
Bi	488	0.27	0.30	0.36	0.43	0.54	0.67	0.74	0.46	0.15	0.44	1.73	0.93	0.20	0.32	0.43	0.46	剔除后对数分布	0.44	0.43
Br	525	2.40	2.90	4.07	6.17	8.67	11.20	13.14	6.69	3.43	5.89	3.33	29.29	1.40	0.51	6.17	3.40	剔除后正态分布	5.89	4.59
Cd	2881	0.05	0.07	0.10	0.15	0.22	0.30	0.37	0.17	0.10	0.15	3.30	0.60	0.02	0.58	0.15	0.19	剔除后对数分布	0.15	0.19
Ce	504	62.4	66.6	72.3	78.1	86.3	94.9	100.0	79.6	10.91	78.9	12.65	110	53.7	0.14	78.1	78.4	其他分布	78.9	77.4
Cl	494	42.80	46.00	51.9	60.0	67.4	77.3	82.3	60.5	11.93	59.3	10.78	94.9	30.00	0.20	60.0	49.00	剔除后正态分布	60.5	61.5
Co	3493	5.05	5.88	7.75	10.40	13.10	15.84	17.90	10.73	4.01	9.99	4.02	47.04	1.94	0.37	10.40	10.40	对数后正态分布	9.99	13.30
Cr	3479	21.40	26.30	40.31	57.6	71.2	83.6	90.3	56.3	21.11	51.7	10.18	117	8.97	0.37	57.6	63.5	其他分布	63.5	78.2
Cu	3368	10.03	12.09	15.70	19.33	24.00	28.79	31.22	19.96	6.32	18.90	5.78	38.00	3.52	0.32	19.33	19.60	剔除后对数分布	18.90	27.30
F	512	250	292	354	454	568	674	752	470	150	446	36.45	888	171	0.32	454	274	剔除后正态分布	470	480
Ga	525	10.01	11.08	13.30	15.80	18.50	20.36	21.68	15.88	3.69	15.44	5.16	29.00	7.60	0.23	15.80	17.60	正态分布	15.88	15.72
Ge	3493	1.20	1.23	1.31	1.40	1.50	1.60	1.68	1.41	0.16	1.41	1.25	3.32	0.76	0.11	1.40	1.43	对数后正态分布	1.41	1.49
Hg	3302	0.04	0.05	0.06	0.09	0.13	0.17	0.19	0.10	0.05	0.09	3.93	0.25	0.01	0.47	0.09	0.09	偏峰分布	0.09	0.11
I	525	1.12	1.60	3.08	5.19	7.20	9.43	10.88	5.43	3.03	4.49	3.20	22.10	0.50	0.56	5.19	1.40	正态分布	5.43	1.20
La	509	32.85	34.61	37.70	40.70	44.20	48.00	49.76	41.01	5.04	40.70	8.64	54.3	28.88	0.12	40.70	39.60	剔除后正态分布	41.01	40.48
Li	525	24.92	26.15	29.50	34.40	40.50	46.50	53.8	36.05	9.98	34.96	8.07	121	21.10	0.28	34.40	36.90	剔除后正态分布	34.96	37.45
Mn	3493	165	193	265	382	582	794	945	452	260	390	33.31	2921	60.6	0.57	382	348	对数后正态分布	390	434
Mo	3300	0.36	0.41	0.53	0.72	0.96	1.25	1.44	0.78	0.32	0.71	1.57	1.77	0.17	0.42	0.72	0.77	偏峰分布	0.77	0.58
N	3493	0.69	0.84	1.12	1.51	1.97	2.44	2.73	1.58	0.64	1.45	1.70	6.98	0*	0.40	1.51	1.51	对数后正态分布	1.45	1.02
Nb	517	12.95	14.28	17.30	19.50	23.10	26.14	27.72	20.02	4.34	19.54	5.86	31.30	8.97	0.22	19.50	18.90	剔除后正态分布	19.54	18.09
Ni	3493	8.67	9.92	13.60	18.51	24.52	30.30	34.70	19.68	8.25	18.05	5.68	107	3.20	0.42	18.51	18.40	对数后正态分布	18.05	30.00
P	3335	0.26	0.31	0.39	0.50	0.63	0.79	0.88	0.52	0.18	0.49	1.70	1.06	0.10	0.35	0.50	0.42	偏峰分布	0.49	0.61
Pb	3384	20.80	22.71	26.38	30.96	35.37	39.46	42.60	31.04	6.49	30.35	7.40	49.40	13.95	0.21	30.96	32.00	剔除后正态分布	31.04	30.00

续表 4-14

元素/指标	N	$X_{5\%}$	$X_{10\%}$	$X_{25\%}$	$X_{50\%}$	$X_{75\%}$	$X_{90\%}$	$X_{95\%}$	$\bar{X}$	S	$\bar{X}_g$	S_g	X_{max}	X_{min}	CV	X_{me}	X_{mo}	分布类型	红壤背景值	湖州市背景值
Rb	525	61.2	69.0	85.0	111	146	176	192	118	43.39	111	16.48	380	49.00	0.37	111	103	对数正态分布	111	113
S	525	211	223	251	282	329	374	416	296	68.3	289	26.47	802	165	0.23	282	277	对数正态分布	289	303
Sb	469	0.57	0.62	0.72	0.86	1.05	1.29	1.51	0.91	0.27	0.88	1.34	1.76	0.40	0.30	0.86	0.87	剔除后对数分布	0.88	0.80
Sc	525	6.50	6.87	7.90	8.80	10.00	10.99	11.54	8.91	1.56	8.78	3.57	16.00	4.80	0.17	8.80	8.90	正态分布	8.91	9.84
Se	3345	0.22	0.25	0.30	0.37	0.46	0.57	0.63	0.39	0.12	0.37	1.89	0.74	0.07	0.32	0.37	0.33	剔除后对数分布	0.37	0.32
Sn	525	2.79	3.14	3.88	4.99	6.72	9.13	11.20	5.93	3.79	5.27	2.91	45.80	0.64	0.64	4.99	4.01	对数正态分布	5.27	6.33
Sr	525	34.18	36.58	43.50	54.4	75.8	98.6	110	62.3	26.33	57.7	10.76	204	20.50	0.42	54.4	60.1	对数正态分布	57.7	52.0
Th	525	10.21	10.94	12.30	13.90	15.90	18.40	21.06	14.66	4.02	14.25	4.81	43.60	8.37	0.27	13.90	13.20	对数正态分布	14.25	13.57
Ti	525	2965	3322	3950	4631	5327	5800	6091	4608	947	4504	131	7282	1812	0.21	4631	4265	正态分布	4608	4462
Tl	663	0.41	0.46	0.54	0.69	0.89	1.06	1.13	0.73	0.25	0.69	1.46	2.42	0.22	0.34	0.69	0.60	剔除后正态分布	0.69	0.60
U	525	2.19	2.40	2.75	3.36	3.98	4.90	5.99	3.58	1.29	3.41	2.20	13.10	1.84	0.36	3.36	2.62	对数正态分布	3.41	2.65
V	3454	41.30	48.30	60.6	75.2	90.2	102	109	75.3	20.75	72.2	12.09	136	17.30	0.28	75.2	102	剔除后正态分布	75.3	102
W	525	1.53	1.68	1.97	2.27	2.70	3.23	3.84	2.44	0.78	2.34	1.79	7.65	1.16	0.32	2.27	2.70	对数正态分布	2.34	2.17
Y	500	16.28	17.94	21.78	24.55	27.50	30.00	31.90	24.40	4.60	23.94	6.52	37.10	13.13	0.19	24.55	24.20	剔除后正态分布	24.40	24.61
Zn	3409	37.92	42.32	51.2	66.4	83.0	98.2	108	68.6	21.63	65.2	11.67	134	18.32	0.32	66.4	102	其他分布	102	103
Zr	525	217	244	282	320	354	394	431	321	61.2	315	27.37	547	178	0.19	320	287	正态分布	321	293
SiO₂	525	63.5	66.5	69.5	72.8	76.4	79.6	81.2	72.7	5.14	72.5	11.74	85.0	55.5	0.07	72.8	79.6	正态分布	72.7	71.7
Al₂O₃	525	9.18	9.66	10.94	12.41	14.08	15.23	16.25	12.54	2.20	12.34	4.41	19.54	7.85	0.18	12.41	10.54	正态分布	12.54	10.54
TFe₂O₃	525	2.82	3.02	3.53	4.11	4.81	5.43	5.79	4.18	0.92	4.08	2.38	7.06	1.93	0.22	4.11	3.88	正态分布	4.18	4.18
MgO	525	0.42	0.46	0.53	0.63	0.83	1.03	1.22	0.72	0.35	0.67	1.48	5.13	0.33	0.48	0.63	0.53	对数正态分布	0.67	0.59
CaO	525	0.15	0.17	0.21	0.29	0.44	0.65	0.84	0.39	0.43	0.32	2.40	7.59	0.09	1.10	0.29	0.19	对数正态分布	0.32	0.26
Na₂O	517	0.21	0.24	0.31	0.51	0.74	0.97	1.10	0.55	0.29	0.48	1.96	1.41	0.15	0.52	0.51	0.29	偏峰分布	0.29	0.29
K₂O	3453	1.10	1.21	1.40	1.97	2.65	3.55	3.94	2.15	0.89	1.98	1.77	4.62	0.58	0.41	1.97	2.34	其他分布	2.34	2.21
TC	525	1.04	1.18	1.42	1.76	2.15	2.64	3.03	1.87	0.73	1.76	1.64	8.88	0.68	0.39	1.76	1.77	对数正态分布	1.76	1.77
Corg	3410	0.63	0.79	1.06	1.41	1.79	2.28	2.47	1.46	0.55	1.34	1.62	2.96	0.16	0.38	1.41	1.26	偏峰分布	1.26	1.34
pH	3315	4.51	4.66	4.93	5.25	5.63	6.16	6.42	5.03	4.93	5.32	2.64	6.92	3.90	0.98	5.25	5.06	其他分布	5.06	5.34

注:表中 N 的极小值标记为"0","实际取值为 0.000 1。

第四章 土壤元素背景值

表4-15 粗骨土土壤元素背景值参数统计表

元素/指标	N	$X_{5\%}$	$X_{10\%}$	$X_{25\%}$	$X_{50\%}$	$X_{75\%}$	$X_{90\%}$	$X_{95\%}$	$\bar{X}$	S	$\bar{X}_g$	S_g	X_{max}	X_{min}	CV	X_{me}	X_{mo}	分布类型	粗骨土背景值	湖州市背景值
Ag	113	58.8	66.2	80.0	111	150	179	214	119	48.50	110	15.78	270	40.00	0.41	111	80.0	剔除后正态分布	119	70.0
As	595	2.22	3.12	5.28	8.31	13.96	27.28	35.57	13.39	20.36	8.92	4.72	322	1.51	1.52	8.31	11.00	对数正态分布	8.92	6.10
Au	131	0.90	1.06	1.31	1.80	2.51	4.00	4.47	2.17	1.24	1.90	1.86	6.71	0.74	0.57	1.80	1.80	对数正态分布	1.90	2.46
B	595	18.61	23.25	34.55	51.8	67.1	81.2	91.1	52.5	23.36	46.89	9.96	163	5.35	0.44	51.8	53.9	正态分布	52.5	61.0
Ba	131	319	339	394	493	734	2008	2470	812	785	618	47.09	4549	244	0.97	493	677	对数正态分布	618	467
Be	131	1.32	1.41	1.67	2.09	2.60	3.17	4.34	2.29	0.94	2.14	1.82	6.80	1.10	0.41	2.09	1.57	正态分布	2.14	2.33
Bi	131	0.29	0.32	0.40	0.56	0.72	1.00	1.61	0.65	0.40	0.57	1.75	2.21	0.22	0.62	0.56	0.37	对数正态分布	0.57	0.43
Br	131	3.33	3.90	6.06	7.48	11.91	14.61	16.91	8.88	4.72	7.79	3.73	32.45	1.90	0.53	7.48	6.20	对数正态分布	7.79	4.59
Cd	463	0.06	0.08	0.13	0.22	0.43	1.01	1.78	0.48	0.84	0.25	3.42	6.15	0.03	1.76	0.22	0.13	剔除后对数正态分布	0.25	0.19
Ce	112	61.4	66.1	72.4	79.2	84.7	93.0	98.9	79.6	11.58	78.8	12.66	119	53.6	0.15	79.2	79.2	剔除后正态分布	79.6	77.4
Cl	131	42.20	47.00	55.1	65.5	77.8	90.3	98.6	68.3	20.23	65.7	11.66	174	30.00	0.30	65.5	67.0	正态分布	68.3	61.5
Co	595	5.15	5.89	7.22	10.09	13.40	16.22	18.22	10.69	4.26	9.89	4.05	31.10	3.35	0.40	10.09	10.30	对数正态分布	9.89	13.30
Cr	579	23.05	26.59	37.47	53.9	66.9	81.2	88.4	53.9	20.60	49.45	10.09	108	7.35	0.38	53.9	50.00	剔除后正态分布	53.9	78.2
Cu	555	10.77	12.18	15.51	19.51	28.01	37.94	43.58	22.69	10.00	20.70	6.25	53.3	5.15	0.44	19.51	19.10	剔除后对数正态分布	20.70	27.30
F	131	258	288	372	481	572	710	822	492	180	462	37.27	1171	198	0.37	481	574	正态分布	492	480
Ga	131	10.06	11.85	13.70	16.20	18.30	19.60	20.70	16.00	3.37	15.62	5.16	25.10	7.92	0.21	16.20	16.70	正态分布	16.00	15.72
Ge	595	1.13	1.17	1.26	1.37	1.48	1.60	1.66	1.39	0.20	1.37	1.25	3.71	0.83	0.15	1.37	1.35	正态分布	1.37	1.49
Hg	595	0.04	0.05	0.06	0.09	0.13	0.19	0.22	0.11	0.09	0.09	3.97	1.81	0.02	0.84	0.09	0.10	对数正态分布	0.09	0.11
I	131	2.09	2.50	4.17	6.20	8.87	11.30	12.75	6.79	3.85	5.79	3.31	26.40	0.83	0.57	6.20	10.40	正态分布	6.79	1.20
La	131	31.98	34.92	38.30	42.60	45.60	49.40	51.2	42.03	5.83	41.62	8.80	59.0	27.26	0.14	42.60	43.50	正态分布	42.03	40.48
Li	131	25.09	26.73	29.80	34.50	41.60	46.60	50.5	36.42	9.11	35.41	8.12	78.8	22.25	0.25	34.50	32.60	正态分布	36.42	37.45
Mn	595	148	169	236	396	650	855	1005	481	392	391	34.57	6460	87.2	0.81	396	297	对数正态分布	391	434
Mo	526	0.37	0.44	0.59	0.87	1.31	1.90	2.20	1.03	0.58	0.89	1.71	3.01	0.27	0.57	0.87	0.80	剔除后正态分布	0.89	0.58
N	595	0.70	0.93	1.23	1.62	2.10	2.63	3.11	1.73	0.75	1.58	1.70	5.50	0.29	0.43	1.62	1.73	对数正态分布	1.58	1.02
Nb	113	14.56	15.88	17.80	18.50	20.50	22.00	23.74	18.93	2.48	18.77	5.53	25.50	13.44	0.13	18.50	18.40	剔除后对数正态分布	18.93	18.09
Ni	595	9.49	10.67	14.37	20.20	27.81	40.06	49.21	23.52	14.13	20.42	6.35	114	4.10	0.60	20.20	21.10	对数正态分布	20.42	30.00
P	595	0.28	0.32	0.40	0.54	0.74	1.01	1.33	0.64	0.41	0.56	1.77	5.17	0.11	0.64	0.54	0.63	对数正态分布	0.56	0.61
Pb	595	22.36	24.00	28.05	32.67	39.82	49.14	56.8	36.08	20.45	33.94	7.99	438	14.50	0.57	32.67	28.00	对数正态分布	33.94	30.00

续表 4-15

元素/指标	N	$X_{5\%}$	$X_{10\%}$	$X_{25\%}$	$X_{50\%}$	$X_{75\%}$	$X_{90\%}$	$X_{95\%}$	$\bar{X}$	S	$\bar{X}_g$	S_g	X_{max}	X_{min}	CV	X_{me}	X_{mo}	分布类型	粗骨土背景值	湖州市背景值
Rb	131	65.5	76.0	88.5	111	144	166	189	119	38.48	113	16.43	227	52.0	0.32	111	99.0	正态分布	119	113
S	125	218	241	261	305	372	444	488	322	80.3	313	27.95	519	192	0.25	305	305	剔除后正态分布	322	303
Sb	116	0.62	0.64	0.73	0.91	1.21	1.80	2.16	1.06	0.48	0.97	1.48	2.49	0.39	0.45	0.91	0.76	剔除后对数分布	0.97	0.80
Sc	131	6.66	7.38	8.25	9.20	10.20	11.12	11.55	9.20	1.55	9.07	3.67	14.30	5.70	0.17	9.20	9.20	正态分布	9.20	9.84
Se	595	0.24	0.26	0.32	0.47	0.67	1.02	1.40	0.59	0.42	0.50	1.91	3.58	0.14	0.72	0.47	0.55	对数正态分布	0.50	0.32
Sn	131	2.89	3.14	3.87	4.76	7.37	10.30	12.90	6.14	4.07	5.35	3.00	35.50	1.77	0.66	4.76	4.46	对数正态分布	5.35	6.33
Sr	131	33.11	37.70	45.65	55.8	74.9	91.1	99.7	61.1	21.01	57.8	11.09	132	27.50	0.34	55.8	55.1	对数正态分布	57.8	52.0
Th	131	10.46	11.00	12.15	13.50	15.45	17.60	20.00	14.11	3.25	13.78	4.72	27.10	7.81	0.23	13.50	12.60	正态分布	14.11	13.57
Ti	131	2965	3408	4106	4787	5303	5812	6028	4669	911	4575	131	6990	2720	0.20	4787	5177	正态分布	4669	4462
Tl	160	0.46	0.50	0.61	0.81	0.99	1.19	1.30	0.82	0.27	0.78	1.42	1.63	0.34	0.32	0.81	0.60	正态分布	0.82	0.60
U	131	2.38	2.51	2.79	3.44	4.25	6.57	7.62	4.06	2.20	3.69	2.46	15.70	1.82	0.54	3.44	2.78	对数正态分布	3.69	2.65
V	556	40.81	46.57	57.6	73.4	96.6	117	129	78.5	27.70	73.8	12.49	166	21.30	0.35	73.4	102	剔除后对数分布	73.8	102
W	131	1.65	1.74	2.08	2.38	2.75	3.32	4.13	2.62	1.46	2.44	1.90	15.90	1.08	0.56	2.38	2.28	剔除后正态分布	2.44	2.17
Y	118	16.49	17.58	21.80	23.70	26.08	29.53	30.94	23.69	4.25	23.30	6.35	34.20	14.26	0.18	23.70	24.40	剔除后正态分布	23.69	24.61
Zn	541	43.72	48.51	59.4	76.3	93.8	116	134	79.8	26.96	75.5	12.67	163	29.03	0.34	76.3	79.8	对数正态分布	75.5	103
Zr	131	216	239	264	303	332	360	384	301	55.6	296	26.32	516	185	0.18	303	277	正态分布	301	293
SiO_2	131	63.7	64.8	69.0	72.0	74.9	76.9	78.2	71.7	4.55	71.5	11.60	81.8	61.3	0.06	72.0	72.9	正态分布	71.7	71.7
Al_2O_3	131	9.79	10.63	11.09	12.19	13.98	14.75	15.32	12.52	1.86	12.38	4.37	18.26	8.47	0.15	12.19	10.63	正态分布	12.52	10.54
TFe_2O_3	131	3.00	3.32	3.80	4.31	4.94	5.46	5.80	4.38	0.88	4.29	2.44	7.85	2.38	0.20	4.31	3.56	对数正态分布	4.38	4.18
MgO	131	0.44	0.51	0.58	0.74	0.97	1.28	1.92	0.91	0.64	0.80	1.59	4.60	0.35	0.71	0.74	0.70	对数正态分布	0.80	0.59
CaO	131	0.15	0.17	0.23	0.30	0.48	0.73	0.96	0.41	0.31	0.34	2.24	2.01	0.11	0.76	0.30	0.26	对数正态分布	0.34	0.26
Na_2O	131	0.24	0.26	0.31	0.41	0.66	0.88	1.05	0.51	0.28	0.45	1.90	1.77	0.16	0.55	0.41	0.29	对数正态分布	0.45	0.29
K_2O	595	1.20	1.40	1.71	2.42	3.17	3.85	4.09	2.50	0.92	2.33	1.85	4.83	0.76	0.37	2.42	1.65	对数正态分布	2.33	2.21
TC	131	1.08	1.23	1.42	1.96	2.76	4.16	4.93	2.36	1.30	2.09	1.99	7.46	0.74	0.55	1.96	2.03	对数正态分布	2.09	1.77
Corg	561	0.72	0.93	1.24	1.48	1.88	2.39	2.61	1.57	0.55	1.47	1.59	3.11	0.28	0.35	1.48	1.58	其他分布	1.58	1.34
pH	595	4.54	4.68	4.88	5.25	5.81	6.36	6.88	5.04	4.93	5.42	2.66	8.15	3.87	0.98	5.25	4.80	对数正态分布	5.42	5.34

元素/指标背景值不符合正态分布或对数正态分布(表 4-16)。

石灰岩土土壤区表层土壤总体为酸性,土壤 pH 背景值为 5.71,极大值为 7.51,极小值为 4.14,基本接近湖州市背景值。

表层土壤各元素/指标中,大多数元素/指标变异系数小于 0.40,分布相对均匀;Ag、Au、Ba、Bi、Br、Cd、F、Hg、I、Mn、Mo、Sb、Se、Sr、U、V、W、Zn、MgO、CaO、Na_2O、K_2O、Corg、pH 共 24 项元素/指标变异系数大于 0.40,其中 Ag、Ba、Bi、Cd、CaO、pH 变异系数大于 0.80,空间变异性较大。

与湖州市土壤元素背景值相比,石灰岩土区土壤元素背景值中 Ni、Zn 背景值略低于湖州市背景值,是湖州市背景值的 60%~80%;Au、Cd、Ce、Tl、I 背景值略高于湖州市背景值,是湖州市背景值的 1.2~1.4 倍;Ag、As、Ba、Bi、U、N、Sb、Se、Sr、MgO、CaO、Na_2O 背景值明显高于湖州市背景值,是湖州市背景值的 1.4 倍以上;其他元素/指标背景值则与湖州市背景值基本接近。

五、紫色土土壤元素背景值

紫色土土壤元素背景值数据经正态分布检验,结果表明,原始数据中 As、Co、Cr、Mo、Tl、V、Corg 共 7 项元素/指标符合正态分布,Ge、Hg、N、Ni、P、Zn、pH 共 7 项元素/指标符合对数正态分布,Cd、Cu、Pb、Se 剔除异常值后符合正态分布,Mn、K_2O 剔除异常值后符合对数正态分布,B 不符合正态分布或对数正态分布,其他元素/指标样本数量太少,不统计分布类型(表 4-17)。

紫色土土壤区表层土壤总体为酸性,土壤 pH 背景值为 5.31,极大值为 7.49,极小值为 4.22,基本接近湖州市背景值。

表层土壤各元素/指标中,绝大多数元素/指标变异系数小于 0.40,分布相对均匀;Au、Br、Hg、I、Mn、P、CaO、pH 共 8 项元素/指标变异系数大于 0.40,其中 pH 变异系数大于 0.80,空间变异性较大。

与湖州市土壤元素背景值相比,紫色土区土壤元素背景值中 Au、Cd、Hg、Ni、Zn 背景值明显低于湖州市背景值,不足湖州市背景值的 60%;Ba、Be、Bi、Br、Cl、Cu、F、Ga、Mn、P、Rb、Sn、V、Y、K_2O、TC、Corg 背景值略低于湖州市背景值,是湖州市背景值的 60%~80%;Mo、Sb、Zr 背景值略高于湖州市背景值,是湖州市背景值的 1.2~1.4 倍;As、I、Na_2O 背景值明显高于湖州市背景值,是湖州市背景值的 1.4 倍以上;其他元素/指标背景值则与湖州市背景值基本接近。

六、水稻土土壤元素背景值

水稻土土壤元素背景值数据经正态分布检验,结果表明,原始数据中 Ga、Li、Sc、TFe_2O_3、TC 共 6 项元素/指标符合正态分布,Au、Br、Cl、La、Nb、S、Sn、Th、Tl、U、W、Y、SiO_2 共 13 项元素/指标背景值符合对数正态分布,Ba、Ce、Ti 背景值剔除异常值后符合正态分布,Ag、Bi、Cu、I、Sb 剔除异常值后符合对数正态分布,其他元素/指标不符合正态分布或对数正态分布(表 4-18)。

水稻土土壤区表层土壤总体为酸性,土壤 pH 背景值为 5.34,极大值为 8.43,极小值为 3.73,等于湖州市背景值。

表层土壤各元素/指标中,大多数元素/指标变异系数小于 0.40,分布相对均匀;Au、Hg、Sn、pH 共 4 项元素/指标变异系数大于 0.40,其中 pH 变异系数大于 0.80,空间变异性较大。

与湖州市土壤元素背景值相比,水稻土区土壤元素背景值中 Corg 背景值略低于湖州市背景值,是湖州市背景值的 67%;Au、Hg、I、Sn、Al_2O_3 背景值略高于湖州市背景值,是湖州市背景值的 1.2~1.4 倍;Ag、Sr、MgO、CaO、Na_2O 背景值明显偏高,是湖州市背景值的 1.4 倍以上;其他元素/指标背景值则与湖州市背景值基本接近。

七、潮土土壤元素背景值

潮土土壤元素背景值数据经正态分布检验,结果表明,原始数据中 B、Be、Ce、Cl、F、Ga、La、Nb、Rb、S、

表 4-16 石灰岩土元素背景值参数统计表

元素/指标	N	$X_{5\%}$	$X_{10\%}$	$X_{25\%}$	$X_{50\%}$	$X_{75\%}$	$X_{90\%}$	$X_{95\%}$	$\overline{X}$	S	$\overline{X}_g$	S_g	X_{max}	X_{min}	CV	X_{me}	X_{mo}	分布类型	石灰岩土背景值	湖州市背景值
Ag	37	61.6	72.0	84.0	125	230	396	544	214	282	148	20.89	1700	53.0	1.32	125	180	对数正态分布	148	70.0
As	431	4.36	5.49	7.02	9.06	11.55	15.07	15.94	9.56	3.69	8.87	3.72	20.77	2.12	0.39	9.06	9.70	剔除后正对数分布	8.87	6.10
Au	37	1.45	1.58	1.93	2.35	4.29	6.65	6.96	3.43	2.48	2.88	2.26	14.00	1.30	0.72	2.35	1.70	正态分布	3.43	2.46
B	432	37.98	43.45	56.4	65.0	72.2	81.5	85.5	63.9	13.74	62.2	10.91	98.0	30.52	0.22	65.0	63.1	剔除后正态分布	63.9	61.0
Ba	34	285	301	332	432	1296	1885	2141	814	692	605	49.21	2740	241	0.85	432	851	其他分布	851	467
Be	37	1.32	1.45	1.67	2.06	2.40	2.61	2.65	2.03	0.46	1.98	1.63	2.83	1.11	0.23	2.06	2.18	正态分布	2.03	2.33
Bi	37	0.32	0.33	0.42	0.57	0.67	1.82	3.25	1.05	1.86	0.65	2.19	11.10	0.27	1.77	0.57	0.51	对数正态分布	0.65	0.43
Br	37	1.88	2.10	3.40	4.63	6.05	7.97	8.53	4.87	2.25	4.37	2.71	11.43	1.80	0.46	4.63	2.60	正态分布	4.87	4.59
Cd	399	0.07	0.09	0.12	0.19	0.43	0.78	1.00	0.33	0.30	0.23	3.10	1.47	0.04	0.92	0.19	0.10	剔除后对数正态分布	0.23	0.19
Ce	34	65.5	69.4	76.8	85.4	112	136	151	95.8	27.93	92.3	14.22	170	61.5	0.29	85.4	95.5	剔除后正态分布	95.8	77.4
Cl	37	39.00	43.00	46.00	56.3	63.0	74.2	81.8	57.3	13.74	55.8	10.39	98.4	33.00	0.24	56.3	57.0	正态分布	57.3	61.5
Co	468	6.18	6.96	9.53	12.18	14.50	16.42	17.33	11.99	3.59	11.40	4.20	24.15	3.90	0.30	12.18	11.55	正态分布	11.99	13.30
Cr	468	38.20	42.85	54.4	66.3	76.2	87.1	99.3	66.3	18.40	63.6	11.14	139	12.23	0.28	66.3	73.7	正态分布	66.3	78.2
Cu	438	15.60	16.64	18.34	21.90	26.78	34.30	36.91	23.43	6.82	22.53	6.28	45.02	8.88	0.29	21.90	17.09	剔除后正对数分布	22.53	27.30
F	37	248	280	322	455	685	815	838	511	209	470	37.46	897	233	0.41	455	308	正态分布	511	480
Ga	37	10.03	10.58	12.50	14.85	17.70	18.86	19.55	14.94	3.13	14.60	4.86	20.30	9.18	0.21	14.85	15.70	正态分布	14.94	15.72
Ge	468	1.19	1.22	1.29	1.39	1.49	1.58	1.66	1.40	0.18	1.39	1.25	3.05	0.94	0.13	1.39	1.44	对数正态分布	1.39	1.49
Hg	468	0.04	0.05	0.07	0.09	0.12	0.17	0.23	0.11	0.07	0.10	3.83	0.87	0.02	0.68	0.09	0.11	对数正态分布	0.10	0.11
I	37	0.58	0.78	1.80	3.40	5.09	5.79	6.98	3.44	2.17	2.66	2.70	8.93	0.40	0.63	3.40	2.80	正态分布	3.44	1.20
La	37	32.04	34.61	38.56	41.19	43.73	45.71	46.01	40.62	4.16	40.40	8.46	47.07	30.74	0.10	41.19	42.00	正态分布	40.62	40.48
Li	37	25.55	27.15	30.90	35.80	41.40	46.20	51.0	36.91	8.54	36.02	7.97	64.3	24.50	0.23	35.80	30.90	正态分布	36.91	37.45
Mn	468	166	198	249	351	515	687	819	405	216	358	30.66	1836	73.4	0.53	351	275	对数正态分布	358	434
Mo	413	0.38	0.48	0.58	0.69	1.04	1.54	1.80	0.86	0.44	0.77	1.63	2.46	0.24	0.51	0.69	0.59	其他分布	0.59	0.58
N	468	0.70	0.89	1.28	1.65	2.01	2.40	2.65	1.66	0.59	1.55	1.63	4.03	0.43	0.35	1.65	1.20	正态分布	1.66	1.02
Nb	37	12.55	13.70	15.88	16.80	18.30	19.16	20.82	16.81	2.40	16.63	5.12	22.54	11.48	0.14	16.80	17.40	正态分布	16.81	18.09
Ni	456	13.99	15.02	17.19	22.23	28.71	35.09	37.51	23.63	7.86	22.37	6.27	45.83	5.48	0.33	22.23	16.41	剔除后对数正态分布	22.37	30.00
P	468	0.32	0.34	0.40	0.50	0.63	0.81	0.90	0.55	0.22	0.51	1.66	1.82	0.15	0.39	0.50	0.55	对数正态分布	0.51	0.61
Pb	446	23.60	25.29	27.42	31.39	38.17	45.18	48.90	33.31	7.87	32.44	7.69	56.5	16.52	0.24	31.39	36.02	剔除后对数分布	32.44	30.00

续表 4-16

元素/指标	N	$X_{5\%}$	$X_{10\%}$	$X_{25\%}$	$X_{50\%}$	$X_{75\%}$	$X_{90\%}$	$X_{95\%}$	$\overline{X}$	S	$\overline{X}_g$	S_g	X_{max}	X_{min}	CV	X_{me}	X_{mo}	分布类型	石灰岩土背景值	湖州市背景值
Rb	37	60.6	65.6	72.0	94.0	113	125	132	95.3	25.85	91.9	14.19	171	54.0	0.27	94.0	94.0	正态分布	95.3	113
S	37	232	240	269	313	360	425	477	335	119	320	27.44	862	148	0.36	313	313	正态分布	335	303
Sb	37	0.82	0.89	1.09	1.35	2.20	3.58	4.73	1.88	1.33	1.58	1.85	6.89	0.78	0.71	1.35	1.92	对数正态分布	1.58	0.80
Sc	37	7.41	7.79	8.90	10.10	10.76	11.96	12.43	9.92	1.60	9.80	3.76	13.62	6.76	0.16	10.10	10.40	对数正态分布	9.92	9.84
Se	468	0.25	0.27	0.33	0.43	0.61	0.91	1.28	0.54	0.36	0.46	1.92	3.10	0.14	0.68	0.43	0.65	对数正态分布	0.46	0.32
Sn	37	3.69	4.08	4.93	5.45	7.05	9.50	10.57	6.31	2.52	5.92	2.99	14.80	2.86	0.40	5.45	6.22	正态分布	6.31	6.33
Sr	37	39.62	42.20	52.7	62.0	83.1	121	135	72.9	32.30	67.2	11.89	173	31.90	0.44	62.0	62.0	正态分布	72.9	52.0
Th	37	11.52	11.63	12.59	13.91	15.40	16.56	17.47	14.08	2.03	13.94	4.62	19.00	10.00	0.14	13.91	14.50	正态分布	14.08	13.57
Ti	37	3743	3861	4431	4773	5380	5710	5823	4843	705	4794	133	6631	3602	0.15	4773	4877	正态分布	4843	4462
Tl	73	0.44	0.47	0.54	0.68	0.90	1.01	1.12	0.72	0.22	0.69	1.43	1.26	0.40	0.31	0.68	0.71	对数正态分布	0.72	0.60
U	37	2.67	2.73	3.02	3.45	4.20	6.41	7.23	3.95	1.63	3.71	2.37	8.78	2.19	0.41	3.45	3.47	对数正态分布	3.71	2.65
V	468	57.5	62.4	72.7	86.0	108	134	164	95.6	40.16	90.0	13.71	524	34.69	0.42	86.0	81.9	对数正态分布	90.0	102
W	37	1.64	1.67	1.90	2.20	2.59	2.99	3.99	2.58	1.80	2.33	1.89	12.30	1.51	0.70	2.20	1.92	对数正态分布	2.33	2.17
Y	37	16.65	16.85	19.41	24.30	25.41	27.44	29.50	23.03	4.31	22.62	6.17	33.38	13.27	0.19	24.30	25.10	正态分布	23.03	24.61
Zn	439	37.45	39.69	47.33	66.1	88.5	114	131	72.0	30.23	66.3	11.99	170	22.47	0.42	66.1	68.2	剔除后对数分布	66.3	103
Zr	37	196	203	221	300	341	370	389	291	68.1	283	24.68	454	178	0.23	300	218	正态分布	291	293
SiO_2	37	66.0	68.2	70.1	73.2	76.2	79.8	81.2	73.5	4.70	73.3	11.69	82.7	63.1	0.06	73.2	73.2	正态分布	73.5	71.7
Al_2O_3	37	9.14	9.90	10.80	11.76	12.74	14.07	14.30	11.86	1.66	11.74	4.14	16.17	8.62	0.14	11.76	12.02	正态分布	11.86	10.54
TFe_2O_3	37	3.04	3.20	3.62	4.24	5.01	5.68	6.19	4.33	0.97	4.23	2.42	6.37	2.72	0.22	4.24	4.43	正态分布	4.33	4.18
MgO	37	0.42	0.45	0.51	0.74	1.31	1.99	2.31	1.08	0.76	0.89	1.83	3.99	0.39	0.71	0.74	0.82	正态分布	1.08	0.59
CaO	37	0.22	0.26	0.36	0.44	0.97	1.51	1.68	0.89	1.42	0.57	2.43	8.83	0.08	1.60	0.44	0.37	对数正态分布	0.57	0.26
Na_2O	37	0.24	0.25	0.28	0.43	0.59	0.75	0.86	0.48	0.24	0.44	1.92	1.23	0.20	0.50	0.43	0.75	正态分布	0.48	0.29
K_2O	468	1.15	1.20	1.37	1.68	2.36	3.31	3.79	1.97	0.82	1.83	1.67	4.74	0.80	0.42	1.68	1.93	对数正态分布	1.97	2.21
TC	37	1.21	1.40	1.63	1.80	2.17	2.82	3.25	1.96	0.65	1.86	1.67	3.95	0.70	0.33	1.80	1.86	正态分布	1.96	1.77
Corg	468	0.69	0.85	1.25	1.51	2.06	2.45	2.70	1.65	0.68	1.51	1.68	6.50	0.29	0.42	1.51	1.50	对数正态分布	1.51	1.34
pH	439	4.90	5.01	5.26	5.54	6.04	6.77	7.19	5.34	5.14	5.71	2.75	7.51	4.14	0.96	5.54	5.20	剔除后对数分布	5.71	5.34

表 4-17 紫色土土壤元素背景值参数统计表

元素/指标	N	$X_{5\%}$	$X_{10\%}$	$X_{25\%}$	$X_{50\%}$	$X_{75\%}$	$X_{90\%}$	$X_{95\%}$	$\overline{X}$	S	$\overline{X}_g$	S_g	X_{max}	X_{min}	CV	X_{me}	X_{mo}	分布类型	紫色土背景值	湖州市背景值
Ag	28	50.00	50.00	53.8	62.0	70.5	85.3	88.6	65.6	14.99	64.2	10.71	113	47.00	0.23	62.0	60.0	—	62	70.0
As	495	5.57	6.84	8.70	10.37	12.06	13.48	14.41	10.31	2.67	9.92	3.80	21.81	2.66	0.26	10.37	11.40	正态分布	10.31	6.10
Au	28	1.00	1.07	1.30	1.45	1.92	3.18	3.94	1.83	0.94	1.67	1.66	4.70	1.00	0.51	1.45	1.40	偏峰分布	1.45	2.46
B	483	41.59	46.50	56.4	65.9	72.8	79.1	83.6	64.3	12.46	62.9	11.15	94.1	31.47	0.19	65.9	64.0	—	64	61.0
Ba	28	274	281	324	370	390	430	438	363	51.8	360	29.67	449	266	0.14	370	382	—	370	467
Be	28	1.13	1.20	1.40	1.60	1.70	1.86	1.97	1.56	0.25	1.54	1.38	2.11	1.10	0.16	1.60	1.60	—	1.60	2.33
Bi	28	0.29	0.30	0.31	0.34	0.37	0.43	0.44	0.35	0.07	0.35	1.84	0.62	0.28	0.19	0.34	0.30	—	0.34	0.43
Br	28	1.44	1.57	2.20	2.90	3.75	4.57	5.26	3.06	1.24	2.82	2.09	5.96	1.20	0.41	2.90	2.20	—	2.90	4.59
Cd	452	0.04	0.05	0.07	0.10	0.12	0.14	0.17	0.10	0.04	0.09	4.05	0.21	0.02	0.38	0.10	0.09	剔除后正态分布	0.10	0.19
Ce	28	64.3	66.2	70.5	73.3	79.9	93.6	101	77.0	11.96	76.2	12.02	113	63.0	0.16	73.3	77.6	—	73.3	77.4
Cl	28	32.05	34.70	37.00	46.00	51.0	56.6	64.0	45.40	9.67	44.43	8.93	66.0	30.00	0.21	46.00	51.0	—	46.00	61.5
Co	495	6.23	7.27	9.12	11.87	14.64	17.33	18.74	12.16	4.05	11.51	4.21	42.52	4.18	0.33	11.87	11.97	正态分布	12.16	13.30
Cr	495	43.67	46.94	55.0	64.6	74.7	81.4	86.8	65.1	14.62	63.4	11.04	141	21.40	0.22	64.6	62.8	正态分布	65.1	78.2
Cu	477	14.15	14.92	16.43	18.00	19.63	21.21	22.24	18.05	2.39	17.89	5.34	24.50	12.10	0.13	18.00	18.24	剔除后正态分布	18.05	27.30
F	28	212	226	297	322	358	411	447	331	94.9	320	28.27	682	180	0.29	322	322	—	322	480
Ga	28	9.29	10.14	11.38	12.46	14.11	15.87	17.81	13.05	3.37	12.72	4.48	25.83	8.69	0.26	12.46	15.40	—	12.46	15.72
Ge	495	1.24	1.27	1.32	1.40	1.48	1.57	1.63	1.41	0.14	1.41	1.23	2.79	1.10	0.10	1.40	1.43	对数正态分布	1.41	1.49
Hg	495	0.03	0.03	0.05	0.06	0.09	0.12	0.16	0.07	0.05	0.06	4.80	0.52	0.01	0.68	0.06	0.06	对数正态分布	0.06	0.11
I	28	0.67	0.87	1.27	1.70	2.90	4.46	5.01	2.36	1.79	1.89	2.15	8.77	0.60	0.76	1.70	1.70	—	1.70	1.20
La	28	34.20	34.56	35.21	38.66	42.06	48.87	52.3	39.88	6.34	39.45	8.22	59.6	33.53	0.16	38.66	39.80	—	38.66	40.48
Li	28	25.48	26.45	30.53	31.61	34.45	35.56	35.98	31.70	3.50	31.50	7.38	37.20	23.49	0.11	31.61	31.70	—	31.61	37.45
Mn	473	167	200	259	349	462	609	684	374	154	344	29.48	814	113	0.41	349	381	剔除后对数分布	344	434
Mo	495	0.34	0.43	0.58	0.70	0.86	1.02	1.13	0.72	0.23	0.68	1.53	1.63	0.20	0.31	0.70	0.68	正态分布	0.72	0.58
N	495	0.56	0.66	0.87	1.12	1.38	1.72	1.91	1.16	0.42	1.08	1.49	2.87	0.21	0.36	1.12	1.03	对数正态分布	1.08	1.02
Nb	28	12.59	13.84	15.88	17.39	19.40	23.16	24.24	17.89	3.60	17.54	5.33	25.52	10.83	0.20	17.39	17.63	—	17.39	18.09
Ni	495	12.03	13.54	15.50	17.63	20.10	22.50	24.44	18.03	4.64	17.57	5.26	79.6	7.60	0.26	17.63	17.50	对数正态分布	17.57	30.00
P	495	0.23	0.28	0.35	0.44	0.56	0.69	0.79	0.47	0.20	0.44	1.76	2.02	0.16	0.42	0.44	0.48	对数正态分布	0.44	0.61
Pb	485	20.93	22.27	24.31	26.99	29.48	31.57	33.01	26.93	3.65	26.68	6.73	36.70	16.88	0.14	26.99	25.00	剔除后正态分布	26.93	30.00

续表 4-17

元素/指标	N	$X_{5\%}$	$X_{10\%}$	$X_{25\%}$	$X_{50\%}$	$X_{75\%}$	$X_{90\%}$	$X_{95\%}$	$\overline{X}$	S	$\overline{X}_g$	S_g	X_{max}	X_{min}	CV	X_{me}	X_{mo}	分布类型	紫色土背景值	湖州市背景值
Rb	28	54.4	57.7	70.2	78.0	84.2	87.0	87.7	76.1	11.17	75.3	12.27	96.0	51.0	0.15	78.0	87.0	—	78.0	113
S	28	216	225	240	260	272	281	288	256	24.94	254	23.98	291	196	0.10	260	279	—	260	303
Sb	28	0.75	0.80	0.92	0.97	1.06	1.17	1.20	0.97	0.15	0.96	1.18	1.23	0.58	0.16	0.97	0.99	—	0.97	0.80
Sc	28	7.14	7.43	7.81	8.54	9.86	11.93	14.45	9.44	2.64	9.16	3.68	18.97	7.00	0.28	8.54	7.44	—	8.54	9.84
Se	468	0.22	0.24	0.27	0.32	0.35	0.41	0.44	0.32	0.07	0.31	2.04	0.50	0.14	0.21	0.32	0.32	剔除后正态分布	0.32	0.32
Sn	28	2.89	3.21	3.57	4.03	4.81	5.96	7.15	4.36	1.28	4.21	2.41	7.76	2.74	0.29	4.03	3.58	—	4.03	6.33
Sr	28	40.52	42.76	45.34	51.0	57.4	59.6	69.0	52.8	11.83	51.8	9.66	98.8	38.00	0.22	51.0	52.0	—	51.0	52.0
Th	28	11.22	11.56	12.68	13.57	14.16	15.66	16.85	13.78	2.08	13.64	4.53	21.36	10.83	0.15	13.57	13.69	—	13.57	13.57
Ti	28	3361	3571	4296	4585	4969	5366	5733	4567	741	4505	128	6172	2812	0.16	4585	4507	—	4585	4462
Tl	54	0.36	0.42	0.48	0.51	0.56	0.61	0.68	0.52	0.10	0.51	1.53	0.93	0.30	0.19	0.51	0.49	正态分布	0.52	0.60
U	28	2.44	2.51	2.73	2.96	3.17	3.49	3.56	3.00	0.42	2.98	1.91	4.25	2.35	0.14	2.96	3.08	—	2.96	2.65
V	495	54.3	59.1	68.0	79.0	88.0	96.0	101	78.5	15.34	77.0	12.23	197	33.70	0.20	79.0	82.0	正态分布	78.5	102
W	28	1.59	1.62	1.75	2.02	2.21	2.41	2.56	2.02	0.35	1.99	1.55	3.08	1.46	0.18	2.02	2.04	—	2.02	2.17
Y	28	16.09	17.13	18.07	19.43	22.67	27.26	31.49	21.31	5.49	20.77	5.78	40.55	15.41	0.26	19.43	19.05	—	19.43	24.61
Zn	495	34.20	36.90	41.57	46.00	51.2	57.5	60.3	47.21	10.63	46.32	9.16	177	28.96	0.23	46.00	46.00	对数正态分布	46.32	103
Zr	28	333	336	364	379	392	402	407	375	27.91	374	29.71	437	305	0.07	379	374	—	379	293
SiO$_2$	28	74.0	75.0	77.7	78.7	80.2	82.8	83.6	78.8	2.75	78.8	12.09	84.2	73.6	0.03	78.7	78.8	—	78.7	71.7
Al$_2$O$_3$	28	8.21	8.54	9.58	10.36	10.92	11.66	11.92	10.27	1.16	10.21	3.88	12.58	7.83	0.11	10.36	10.26	—	10.36	10.54
TFe$_2$O$_3$	28	2.52	2.63	3.20	3.59	4.07	4.38	4.91	3.59	0.73	3.52	2.20	5.13	2.06	0.20	3.59	3.59	—	3.59	4.18
MgO	28	0.39	0.42	0.49	0.53	0.58	0.64	0.70	0.54	0.12	0.53	1.48	0.97	0.34	0.22	0.53	0.53	—	0.53	0.59
CaO	28	0.16	0.16	0.20	0.26	0.29	0.39	0.42	0.27	0.11	0.25	2.39	0.71	0.16	0.41	0.26	0.16	—	0.26	0.26
Na$_2$O	28	0.28	0.36	0.44	0.52	0.63	0.72	0.76	0.54	0.16	0.51	1.66	0.91	0.21	0.29	0.52	0.43	—	0.52	0.29
K$_2$O	28	1.13	1.19	1.31	1.45	1.59	1.82	1.89	1.47	0.23	1.45	1.29	2.15	0.90	0.16	1.45	1.43	剔除后对数分布	1.45	2.21
TC	28	1.06	1.09	1.25	1.35	1.46	1.56	1.71	1.35	0.21	1.33	1.27	1.87	0.84	0.16	1.35	1.38	—	1.35	1.77
Corg	495	0.51	0.62	0.83	1.03	1.28	1.51	1.69	1.06	0.37	1.00	1.47	2.50	0.16	0.34	1.03	0.86	正态分布	1.06	1.34
pH	495	4.68	4.80	5.01	5.27	5.54	5.87	6.10	5.12	5.11	5.31	2.63	7.49	4.22	1.00	5.27	5.35	对数正态分布	5.31	5.34

湖州市土壤元素背景值

表 4-18 水稻土土壤元素背景值参数统计表

元素/指标	N	$X_{5\%}$	$X_{10\%}$	$X_{25\%}$	$X_{50\%}$	$X_{75\%}$	$X_{90\%}$	$X_{95\%}$	$\overline{X}$	S	$\overline{X}_g$	S_g	X_{max}	X_{min}	CV	X_{me}	X_{mo}	分布类型	水稻土背景值	湖州市背景值
Ag	549	70.0	82.0	103	119	139	162	178	121	30.26	117	15.89	200	50.00	0.25	119	121	剔除后对数分布	117	70.0
As	11 068	4.32	4.97	5.94	7.09	8.57	10.10	11.05	7.32	1.99	7.04	3.19	12.95	1.83	0.27	7.09	6.10	其他分布	6.10	6.10
Au	582	1.60	1.90	2.50	3.30	4.40	6.30	7.60	3.90	2.67	3.40	2.36	37.40	0.74	0.68	3.30	3.20	对数正态分布	3.40	2.46
B	10 825	48.41	52.3	58.2	63.4	69.0	74.8	78.3	63.5	8.71	62.9	10.96	87.0	40.13	0.14	63.4	62.0	其他分布	62.0	61.0
Ba	531	373	396	439	475	509	554	586	475	60.9	471	35.28	637	327	0.13	475	467	剔除后正态分布	475	467
Be	556	1.70	1.81	2.08	2.31	2.50	2.70	2.83	2.29	0.33	2.26	1.66	3.14	1.44	0.14	2.31	2.33	其他分布	2.33	2.33
Bi	547	0.30	0.32	0.36	0.42	0.48	0.54	0.58	0.43	0.08	0.42	1.73	0.66	0.20	0.20	0.42	0.43	剔除后正态分布	0.42	0.43
Br	582	2.00	2.30	2.96	3.78	4.67	5.57	6.32	3.92	1.42	3.68	2.37	11.44	1.20	0.36	3.78	2.90	剔除后对数分布	3.68	4.59
Cd	10 525	0.09	0.11	0.14	0.19	0.24	0.29	0.33	0.20	0.07	0.18	2.77	0.42	0.02	0.37	0.19	0.20	其他分布	0.20	0.19
Ce	550	64.1	67.1	71.1	75.3	80.5	85.8	89.2	76.0	7.31	75.7	12.10	96.9	60.0	0.10	75.3	75.0	剔除后正态分布	76.0	77.4
Cl	582	43.00	48.00	55.4	64.7	77.2	94.5	114	69.8	23.76	66.7	11.36	222	28.00	0.34	64.7	61.0	对数正态分布	66.7	61.5
Co	11 310	8.51	9.55	11.30	13.10	14.80	16.17	17.06	12.99	2.59	12.71	4.42	20.20	5.81	0.20	13.10	13.90	偏峰分布	13.90	13.30
Cr	11 189	49.66	55.8	65.3	75.3	83.8	91.7	96.2	74.4	13.93	73.0	12.04	112	35.80	0.19	75.3	78.2	偏峰分布	78.2	78.2
Cu	11 060	16.99	18.90	22.56	26.30	29.90	33.80	36.20	26.33	5.69	25.69	6.74	42.10	11.00	0.22	26.30	27.30	剔除后对数分布	25.69	27.30
F	576	310	354	426	508	573	629	679	499	108	486	36.82	763	224	0.22	508	501	其他分布	501	480
Ga	582	11.01	11.81	13.70	15.64	17.23	19.00	20.53	15.62	2.92	15.35	4.94	28.89	8.71	0.19	15.64	16.00	正态分布	15.62	15.72
Ge	11 310	1.27	1.31	1.39	1.46	1.53	1.61	1.64	1.46	0.11	1.46	1.26	1.76	1.16	0.08	1.46	1.49	其他分布	1.49	1.49
Hg	10 688	0.06	0.07	0.10	0.14	0.20	0.26	0.31	0.16	0.07	0.14	3.13	0.39	0.01	0.48	0.14	0.15	其他分布	0.15	0.11
I	525	0.80	1.00	1.20	1.60	2.10	2.72	3.20	1.73	0.69	1.60	1.64	3.70	0.50	0.40	1.60	1.20	剔除后对数分布	1.60	1.20
La	582	31.64	33.00	36.10	40.09	43.28	47.99	50.9	40.28	5.92	39.86	8.35	64.0	26.00	0.15	40.09	39.00	对数正态分布	39.86	40.48
Li	582	28.61	31.10	35.45	41.38	46.90	51.2	53.7	41.39	7.95	40.61	8.74	77.9	20.20	0.19	41.38	44.30	正态分布	41.39	37.45
Mn	11 274	232	268	340	443	585	721	800	471	174	440	34.34	977	62.8	0.37	443	434	其他分布	434	434
Mo	10 867	0.38	0.42	0.49	0.59	0.70	0.83	0.91	0.61	0.16	0.59	1.48	1.07	0.20	0.26	0.59	0.58	其他分布	0.58	0.58
N	11 485	0.76	0.90	1.23	1.73	2.24	2.66	2.91	1.76	0.67	1.62	1.71	3.76	0.13	0.38	1.73	1.16	对数正态分布	1.16	1.02
Nb	582	12.96	13.65	14.85	16.44	18.62	21.70	23.85	17.23	3.91	16.88	5.20	51.7	10.11	0.23	16.44	14.85	对数正态分布	16.88	18.09
Ni	11 466	15.50	18.46	24.20	30.20	35.20	39.00	41.30	29.54	7.84	28.34	7.16	51.8	7.58	0.27	30.20	30.00	其他分布	30.00	30.00
P	10 769	0.36	0.41	0.50	0.60	0.73	0.88	0.97	0.62	0.18	0.60	1.50	1.15	0.14	0.29	0.60	0.61	其他分布	0.61	0.61
Pb	11 113	22.80	24.62	28.10	32.07	35.66	39.70	42.40	32.11	5.77	31.58	7.56	47.80	16.70	0.18	32.07	30.00	其他分布	30.00	30.00

续表 4-18

元素/指标	N	$X_{5\%}$	$X_{10\%}$	$X_{25\%}$	$X_{50\%}$	$X_{75\%}$	$X_{90\%}$	$X_{95\%}$	$\overline{X}$	S	$\overline{X}_g$	S_g	X_{max}	X_{min}	CV	X_{me}	X_{mo}	分布类型	水稻土背景值	湖州市背景值
Rb	566	73.2	79.0	94.0	107	117	128	137	106	18.50	104	15.08	149	61.0	0.18	107	113	偏峰分布	113	113
S	582	189	220	260	319	371	420	459	324	99.2	311	26.99	1164	120	0.31	319	342	对数正态分布	311	303
Sb	551	0.50	0.53	0.60	0.72	0.85	1.01	1.13	0.75	0.19	0.72	1.39	1.30	0.19	0.25	0.72	0.80	剔除后对数分布	0.72	0.80
Sc	582	8.00	8.50	9.70	11.23	12.50	13.73	14.97	11.28	2.31	11.06	4.04	21.92	5.96	0.20	11.23	9.60	正态分布	11.28	9.84
Se	11 096	0.17	0.21	0.27	0.33	0.38	0.44	0.47	0.33	0.09	0.31	2.05	0.57	0.09	0.27	0.33	0.36	其他分布	0.36	0.32
Sn	582	4.30	4.85	5.79	7.66	10.14	13.98	17.73	8.97	5.49	7.98	3.64	58.3	2.70	0.61	7.66	8.30	对数正态分布	7.98	6.33
Sr	576	53.0	62.0	82.8	101	113	120	124	96.5	22.23	93.4	14.07	152	37.54	0.23	101	97.8	偏峰分布	97.8	52.0
Th	582	10.32	10.98	11.98	13.50	15.10	16.70	17.90	13.78	2.52	13.56	4.54	25.00	7.50	0.18	13.50	13.50	对数正态分布	13.56	13.57
Ti	547	3704	3830	4034	4284	4489	4715	4931	4279	358	4264	125	5293	3328	0.08	4284	4164	剔除后正态分布	4279	4462
Tl	741	0.47	0.49	0.56	0.65	0.74	0.86	0.92	0.67	0.14	0.65	1.38	1.28	0.36	0.22	0.65	0.57	对数正态分布	0.65	0.60
U	582	2.18	2.27	2.45	2.80	3.37	3.87	4.20	3.00	0.78	2.92	1.92	7.62	1.82	0.26	2.80	2.45	对数正态分布	2.92	2.65
V	11 293	63.0	70.0	81.7	93.0	102	111	118	91.9	16.05	90.4	13.58	135	48.90	0.17	93.0	101	其他分布	101	102
W	582	1.45	1.56	1.72	1.96	2.27	2.60	2.89	2.04	0.49	1.99	1.57	5.66	1.04	0.24	1.96	1.87	对数正态分布	1.99	2.17
Y	582	19.82	20.84	22.86	25.31	28.13	31.10	33.27	25.82	4.31	25.48	6.54	43.16	15.73	0.17	25.31	27.00	对数正态分布	25.48	24.61
Zn	11 160	48.40	55.1	67.9	80.6	92.3	104	112	80.3	18.66	77.9	12.79	132	30.40	0.23	80.6	103	其他分布	103	103
Zr	576	226	233	244	263	302	337	354	275	39.64	272	25.20	392	200	0.14	263	244	其他分布	244	293
SiO$_2$	582	65.9	66.6	68.1	70.3	73.5	76.7	78.9	71.0	4.02	70.9	11.63	83.5	60.8	0.06	70.3	69.7	对数正态分布	70.9	71.7
Al$_2$O$_3$	571	10.54	11.12	12.38	13.58	14.34	15.21	15.60	13.35	1.54	13.26	4.51	17.16	9.40	0.12	13.58	13.43	偏峰分布	13.43	10.54
TFe$_2$O$_3$	582	3.05	3.29	3.69	4.15	4.56	4.88	5.09	4.12	0.63	4.07	2.31	6.35	2.33	0.15	4.15	4.16	正态分布	4.12	4.18
MgO	582	0.51	0.57	0.80	1.13	1.36	1.54	1.59	1.09	0.35	1.02	1.44	2.07	0.36	0.32	1.13	1.23	其他分布	1.23	0.59
CaO	565	0.26	0.35	0.59	0.86	1.02	1.12	1.22	0.80	0.30	0.73	1.66	1.67	0.14	0.38	0.86	1.23	其他分布	0.87	0.26
Na$_2$O	582	0.39	0.55	0.94	1.28	1.48	1.60	1.64	1.18	0.39	1.09	1.57	1.76	0.20	0.33	1.28	1.57	偏峰分布	1.57	0.29
K$_2$O	11 253	1.34	1.49	1.81	2.12	2.33	2.53	2.66	2.07	0.39	2.03	1.58	3.15	1.01	0.19	2.12	2.27	其他分布	2.27	2.21
TC	582	1.05	1.21	1.47	1.78	2.07	2.34	2.53	1.78	0.45	1.72	1.49	3.33	0.55	0.25	1.78	1.73	正态分布	1.78	1.77
Corg	11 437	0.72	0.85	1.16	1.63	2.21	2.65	2.92	1.71	0.69	1.56	1.72	3.78	0.13	0.40	1.63	0.90	其他分布	0.90	1.34
pH	11 488	4.85	5.07	5.41	6.00	6.62	7.19	7.58	5.44	5.07	6.06	2.84	8.43	3.73	0.93	6.00	5.34	其他分布	5.34	5.34

Sc、Sn、Th、Ti、Tl、U、Y、Zr、SiO_2、Al_2O_3、TFe_2O_3、CaO、TC 共 23 项元素/指标符合正态分布，Ag、Au、Bi、Br、I、Mn、N、P、Sb、Se、W、Corg 共 12 项元素/指标符合对数正态分布，Ba、Co、Cu、Pb、Zn 剔除异常值后符合正态分布，As、Cd、Hg、Mo 剔除异常值后符合对数正态分布，其他元素/指标不符合正态分布或对数正态分布（表 4-19）。

潮土土壤区表层土壤总体为弱酸性—中性，土壤 pH 背景值为 6.26，极大值为 8.41，极小值为 3.54，基本接近湖州市背景值。

潮土区表层各元素/指标中，大多数元素/指标变异系数小于 0.40，分布相对均匀；Ag、Au、Br、Hg、I、Mn、P、Sb、Se、Sn、Sr、MgO、CaO、Na_2O、Corg、pH 共 16 项元素/指标变异系数大于 0.40，其中 pH 变异系数大于 0.80，空间变异性较大。

与湖州市土壤元素背景值相比，潮土区土壤元素背景值中 As、Mn、N、Sn、Al_2O_3 背景值略高于湖州市背景值，是湖州市背景值的 1.2~1.4 倍；Ag、I、Li、Sr、CaO 背景值明显高于湖州市背景值，是湖州市背景值的 1.4 倍以上；其他元素/指标背景值则与湖州市背景值基本接近。

第四节　主要土地利用类型元素背景值

一、水田土壤元素背景值

水田土壤元素背景值数据经正态分布检验，结果表明，原始数据中 Br、Ga、Li、Rb、S、Sc、TFe_2O_3、MgO、TC 共 9 项元素/指标符合正态分布，Au、Bi、Ce、Cl、I、La、Nb、Sb、Sn、Th、Tl、U、W、Y、SiO_2 共 15 项元素/指标背景值符合对数正态分布，Ag、Ba、Be、F、Ti、CaO 剔除异常值后符合正态分布，P、Zr 剔除异常值后符合对数正态分布，其他元素/指标背景值不符合正态分布或对数正态分布（表 4-20）。

水田区表层土壤总体为弱酸性，土壤 pH 背景值为 5.34，极大值为 8.23，极小值为 3.80，与湖州市背景值相同。

水田区表层各元素/指标中，大多数元素/指标变异系数小于 0.4，分布相对均匀；Au、Hg、I、Sn、pH 共 5 项元素/指标变异系数大于 0.4，其中 pH 变异系数大于 0.8，空间变异性较大。

与湖州市土壤元素背景值相比，水田区土壤元素背景值中 Au、Hg、Sn、Al_2O_3 背景值略高于湖州市背景值，是湖州市背景值的 1.2~1.4 倍；Ag、I、Sr、MgO、CaO、Na_2O 背景值明显高于湖州市背景值，是湖州市背景值的 1.4 倍以上，Na_2O 背景值最高，为湖州市背景值的 4.55 倍，富集明显；其他元素/指标背景值则与湖州市背景值基本接近。

二、旱地土壤元素背景值

旱地土壤元素背景值数据经正态分布检验，结果表明，原始数据中 Tl 符合正态分布，Co、Mn、N、P、Corg 共 5 项元素/指标符合对数正态分布，Cr、Ge、V 剔除异常值后符合正态分布，As、Mo、Ni、Pb、Se 剔除异常值后符合对数正态分布，B、Cd、Cu、Hg、Zn、K_2O、pH 不符合正态分布或对数正态分布，其他元素/指标样本数量太少，不统计分布类型（表 4-21）。

旱地区表层土壤总体为酸性，土壤 pH 背景值为 5.00，极大值为 7.76，极小值为 3.87，基本接近湖州市背景值。

旱地区表层各元素/指标中，大部分元素/指标变异系数小于 0.40，分布相对均匀；Ag、Au、Ba、Cd、Ce、Hg、I、Mn、N、P、Sb、Sn、MgO、CaO、Na_2O、Corg、pH 共 17 项元素/指标变异系数大于 0.40，其中 Ba、pH 变

第四章 土壤元素背景值

表4-19 潮土壤元素背景参数统计表

元素/指标	N	$X_{5\%}$	$X_{10\%}$	$X_{25\%}$	$X_{50\%}$	$X_{75\%}$	$X_{90\%}$	$X_{95\%}$	$\overline{X}$	S	$\overline{X}_g$	S_g	X_{max}	X_{min}	CV	X_{me}	X_{mo}	分布类型	潮土背景值	湖州市背景值
Ag	89	68.2	76.6	99.0	122	150	173	233	131	54.4	123	16.88	420	58.0	0.41	122	150	对数正态分布	123	70.0
As	983	4.51	5.07	6.19	7.45	9.03	10.70	11.99	7.70	2.18	7.39	3.28	14.23	2.13	0.28	7.45	7.40	剔除后对数分布	7.39	6.10
Au	89	1.34	1.56	2.00	3.00	3.80	5.52	7.06	3.35	2.25	2.89	2.32	15.10	1.08	0.67	3.00	3.00	正态分布	2.89	2.46
B	89	42.70	47.42	54.3	61.1	68.4	74.7	78.6	61.0	11.24	59.8	10.72	104	10.20	0.18	61.1	61.0	剔除后正态分布	61.0	61.0
Ba	1051	307	316	360	471	512	570	576	448	92.6	438	34.80	610	289	0.21	471	460	正态分布	448	467
Be	86	1.35	1.39	1.55	2.37	2.65	2.99	3.12	2.20	0.63	2.11	1.78	3.58	1.15	0.29	2.37	2.65	剔除后正态分布	2.20	2.33
Bi	89	0.31	0.33	0.37	0.44	0.51	0.59	0.69	0.47	0.17	0.45	1.69	1.56	0.25	0.36	0.44	0.46	对数正态分布	0.45	0.43
Br	89	2.53	3.04	3.53	4.85	7.25	11.42	12.20	5.93	3.17	5.22	2.76	14.40	2.06	0.54	4.85	5.90	剔除后正态分布	5.22	4.59
Cd	920	0.08	0.10	0.13	0.17	0.21	0.27	0.31	0.18	0.07	0.16	2.92	0.40	0.03	0.38	0.17	0.14	对数正态分布	0.16	0.19
Ce	89	62.9	65.4	68.9	74.4	78.2	81.9	85.2	74.4	8.34	74.0	12.01	110	54.3	0.11	74.4	74.0	正态分布	74.4	77.4
Cl	89	41.90	44.25	51.5	58.5	68.7	80.6	84.0	60.7	13.64	59.3	10.64	99.0	37.00	0.22	58.5	55.0	剔除后正态分布	60.7	61.5
Co	1024	8.90	10.13	12.30	14.10	16.00	17.90	18.90	14.06	2.93	13.73	4.60	21.80	6.45	0.21	14.10	13.40	剔除后正态分布	14.06	13.30
Cr	1038	49.86	54.7	67.6	78.2	87.6	96.0	101	77.2	15.48	75.5	12.20	117	36.94	0.20	78.2	82.1	偏峰分布	82.1	78.2
Cu	1004	16.24	17.81	22.69	27.90	32.52	37.15	40.27	27.83	7.32	26.82	6.94	48.44	8.37	0.26	27.90	30.10	剔除后正态分布	27.83	27.30
F	89	229	248	306	491	615	660	686	464	162	433	36.50	720	180	0.35	491	524	正态分布	464	480
Ga	89	9.72	10.17	12.82	14.78	17.00	18.42	19.00	14.68	2.92	14.37	4.90	21.00	8.42	0.20	14.78	15.00	正态分布	14.68	15.72
Ge	1035	1.28	1.32	1.42	1.50	1.58	1.64	1.68	1.49	0.12	1.49	1.28	1.82	1.18	0.08	1.50	1.53	偏峰分布	1.53	1.49
Hg	992	0.05	0.06	0.09	0.12	0.16	0.21	0.24	0.13	0.06	0.12	3.42	0.29	0.01	0.43	0.12	0.10	剔除后对数分布	0.12	0.11
I	89	1.34	1.50	1.90	2.70	5.80	7.84	8.80	3.83	2.45	3.16	2.31	9.70	0.94	0.64	2.70	2.60	对数正态分布	3.16	1.20
La	89	31.15	32.86	35.15	37.89	41.23	43.97	45.72	38.15	4.55	37.89	8.22	50.00	27.27	0.12	37.89	38.50	正态分布	38.16	40.48
Li	89	25.37	26.76	29.26	42.40	50.6	54.4	55.1	40.16	11.05	38.60	8.86	60.5	23.09	0.28	42.40	54.4	其他分布	54.4	37.45
Mn	1051	246	304	401	520	720	901	1020	576	275	524	37.79	3904	101	0.48	520	485	对数正态分布	524	434
Mo	994	0.38	0.43	0.53	0.66	0.81	0.95	1.05	0.68	0.20	0.65	1.47	1.25	0.28	0.30	0.66	0.69	剔除后正态分布	0.65	0.58
N	1051	0.67	0.79	1.04	1.41	1.84	2.31	2.61	1.49	0.60	1.37	1.63	3.64	0.20	0.40	1.41	1.61	对数正态分布	1.37	1.02
Nb	89	12.00	12.65	13.88	15.54	17.36	18.86	19.56	15.74	2.50	15.55	5.00	22.90	10.17	0.16	15.54	16.83	正态分布	15.74	18.09
Ni	1044	15.86	18.03	25.77	32.95	37.50	42.00	44.30	31.62	8.72	30.22	7.35	54.2	8.10	0.28	32.95	32.10	其他分布	32.10	30.00
P	1051	0.35	0.40	0.50	0.63	0.79	1.04	1.24	0.70	0.45	0.64	1.58	10.99	0.18	0.64	0.63	0.64	对数正态分布	0.64	0.61
Pb	1017	22.74	24.35	27.40	30.90	34.90	38.00	40.15	31.17	5.35	30.71	7.42	46.60	16.50	0.17	30.90	30.00	剔除后正态分布	31.17	30.00

续表 4-19

元素/指标	N	$X_{5\%}$	$X_{10\%}$	$X_{25\%}$	$X_{50\%}$	$X_{75\%}$	$X_{90\%}$	$X_{95\%}$	$\bar{X}$	S	$\bar{X}_g$	S_g	X_{max}	X_{min}	CV	X_{me}	X_{mo}	分布类型	潮土背景值	湖州市背景值
Rb	89	62.0	67.8	79.0	107	124	138	143	104	26.62	100.0	15.22	152	57.0	0.26	107	116	正态分布	104	113
S	89	195	203	251	288	344	380	409	298	70.7	290	25.84	503	143	0.24	288	309	正态分布	298	303
Sb	89	0.56	0.59	0.68	0.78	1.06	1.69	1.80	1.03	0.80	0.91	1.56	7.45	0.43	0.78	0.78	0.74	对数正态分布	0.91	0.80
Sc	89	7.09	7.47	8.75	10.42	12.30	14.29	14.76	10.59	2.36	10.33	4.05	15.40	6.25	0.22	10.42	9.40	正态分布	10.59	9.84
Se	1051	0.17	0.20	0.26	0.33	0.42	0.51	0.60	0.36	0.16	0.33	2.07	2.12	0.04	0.45	0.33	0.26	对数正态分布	0.33	0.32
Sn	89	3.17	3.39	4.44	7.50	9.70	12.22	15.78	7.74	3.98	6.83	3.70	19.40	2.82	0.51	7.50	8.10	正态分布	7.74	6.33
Sr	89	33.17	35.56	41.72	78.2	103	111	116	74.2	30.78	67.2	12.92	130	27.75	0.41	78.2	74.1	其他分布	74.1	52.0
Th	89	10.51	10.93	11.89	13.00	14.07	15.04	15.81	13.01	1.63	12.91	4.43	16.80	8.73	0.13	13.00	13.00	正态分布	13.01	13.57
Ti	89	3163	3332	3739	4094	4399	4792	5118	4106	583	4065	122	5695	2810	0.14	4094	4105	正态分布	4106	4462
Tl	98	0.43	0.45	0.55	0.66	0.73	0.83	0.87	0.65	0.14	0.64	1.38	1.05	0.37	0.21	0.66	0.68	正态分布	0.65	0.60
U	89	2.23	2.32	2.50	2.76	3.11	3.52	3.80	2.88	0.57	2.83	1.88	5.15	2.09	0.20	2.76	2.50	正态分布	2.88	2.65
V	1037	62.5	69.3	84.5	97.5	108	118	125	96.0	18.59	94.0	13.86	145	48.48	0.19	97.5	103	偏峰分布	103	102
W	89	1.46	1.57	1.84	2.03	2.19	2.48	2.78	2.07	0.47	2.03	1.58	4.28	1.40	0.23	2.03	2.09	对数正态分布	2.03	2.17
Y	89	15.35	16.64	19.45	23.23	26.39	31.00	32.00	23.40	5.15	22.82	6.44	33.90	12.22	0.22	23.23	31.00	正态分布	23.40	24.61
Zn	1023	49.34	56.4	71.8	86.8	100.0	113	123	86.0	21.35	83.2	13.25	144	35.32	0.25	86.8	101	剔除后正态分布	86.0	103
Zr	89	213	216	233	274	317	341	349	275	48.66	271	24.53	400	193	0.18	274	274	正态分布	275	293
SiO_2	89	64.0	64.7	66.3	70.4	76.2	79.0	79.6	71.5	5.53	71.3	11.52	82.6	61.6	0.08	70.4	70.4	正态分布	71.5	71.7
Al_2O_3	89	9.86	10.27	11.45	13.16	15.12	15.94	16.35	13.20	2.24	13.01	4.56	16.72	8.32	0.17	13.16	12.45	正态分布	13.20	10.54
TFe_2O_3	89	2.99	3.16	3.57	4.16	4.71	5.16	5.41	4.14	0.77	4.07	2.37	5.85	2.54	0.19	4.16	4.16	正态分布	4.14	4.18
MgO	89	0.48	0.50	0.59	1.12	1.36	1.53	1.59	1.01	0.42	0.92	1.58	1.75	0.42	0.41	1.12	0.59	其他分布	0.59	0.59
CaO	89	0.12	0.15	0.22	0.68	1.01	1.15	1.52	0.68	0.51	0.49	2.45	2.50	0.10	0.75	0.68	0.18	正态分布	0.68	0.26
Na_2O	89	0.25	0.28	0.35	0.88	1.22	1.43	1.52	0.83	0.46	0.69	1.95	1.68	0.22	0.55	0.88	0.31	其他分布	0.31	0.29
K_2O	992	1.39	1.53	2.10	2.33	2.55	2.74	2.84	2.26	0.42	2.21	1.66	3.28	1.25	0.19	2.33	2.19	其他分布	2.19	2.21
TC	89	0.99	1.10	1.40	1.68	1.74	2.29	2.61	1.73	0.56	1.64	1.55	3.85	0.62	0.33	1.68	1.57	正态分布	1.73	1.77
Corg	1051	0.62	0.73	0.97	1.34	1.74	2.22	2.54	1.42	0.60	1.29	1.63	3.82	0.16	0.42	1.34	1.51	对数正态分布	1.29	1.34
pH	1051	4.68	4.94	5.38	6.23	6.80	7.45	7.86	5.32	4.82	6.18	2.87	8.41	3.54	0.91	6.23	6.26	其他分布	6.26	5.34

第四章 土壤元素背景值

表 4-20 水田土壤元素背景参数统计表

元素/指标	N	$X_{5\%}$	$X_{10\%}$	$X_{25\%}$	$X_{50\%}$	$X_{75\%}$	$X_{90\%}$	$X_{95\%}$	$\bar{X}$	S	$\bar{X}_g$	S_g	X_{max}	X_{min}	CV	X_{mc}	X_{mo}	分布类型	水田背景值	湖州市背景值
Ag	251	69.0	85.0	102	120	140	161	175	122	30.66	117	15.92	193	50.00	0.25	120	112	剔除后正态分布	122	70.0
As	12 203	3.64	4.61	5.85	7.18	8.80	10.46	11.50	7.36	2.30	6.96	3.25	13.83	1.20	0.31	7.18	6.32	其他分布	6.32	6.10
Au	262	1.38	1.70	2.40	3.20	4.10	5.49	6.74	3.53	2.02	3.15	2.24	22.00	0.69	0.57	3.20	2.90	对数正态分布	3.15	2.46
B	11 702	45.60	50.7	57.6	63.3	69.2	75.2	79.0	63.2	9.57	62.4	10.92	88.6	37.20	0.15	63.3	61.0	其他分布	61.0	61.0
Ba	226	395	415	451	480	510	552	586	482	53.9	479	35.52	637	352	0.11	480	463	剔除后正态分布	482	467
Be	243	1.76	1.88	2.16	2.33	2.52	2.73	2.91	2.33	0.32	2.31	1.68	3.12	1.60	0.14	2.33	2.24	剔除后正态分布	2.33	2.33
Bi	262	0.31	0.33	0.37	0.42	0.49	0.57	0.69	0.45	0.14	0.44	1.71	1.58	0.27	0.31	0.42	0.40	对数正态分布	0.44	0.43
Br	262	1.90	2.40	3.18	3.81	4.70	5.61	6.12	3.98	1.44	3.74	2.38	10.82	1.20	0.36	3.81	3.40	正态分布	3.98	4.59
Cd	11 976	0.09	0.10	0.14	0.19	0.24	0.29	0.32	0.19	0.07	0.18	2.80	0.41	0.02	0.37	0.19	0.20	其他分布	0.20	0.19
Ce	262	64.9	67.2	71.1	76.0	82.5	91.8	100.0	78.5	12.54	77.7	12.32	170	60.0	0.16	76.0	75.0	对数正态分布	77.7	77.4
Cl	262	43.18	47.33	54.7	63.9	77.7	92.8	123	69.5	23.43	66.3	11.30	173	36.00	0.34	63.9	64.0	剔除后正态分布	66.3	61.5
Co	12 587	6.78	8.11	10.49	12.68	14.52	16.00	16.96	12.39	3.04	11.97	4.36	20.72	4.28	0.25	12.68	13.30	其他分布	13.30	13.30
Cr	12 347	40.33	49.14	61.6	73.0	82.8	90.9	95.9	71.6	16.22	69.5	11.87	115	27.78	0.23	73.0	78.2	其他分布	78.2	78.2
Cu	12 262	15.10	16.99	20.63	25.25	29.32	33.40	36.20	25.22	6.38	24.37	6.65	43.40	7.35	0.25	25.25	27.30	其他分布	27.30	27.30
F	258	307	344	442	523	587	648	685	508	114	494	37.13	763	222	0.22	523	574	剔除后正态分布	508	480
Ga	262	11.10	11.81	13.75	15.59	17.31	19.23	20.98	15.70	2.98	15.43	4.95	28.30	9.77	0.19	15.59	17.00	正态分布	15.70	15.72
Ge	12 500	1.23	1.28	1.36	1.44	1.52	1.59	1.64	1.44	0.12	1.43	1.26	1.76	1.11	0.08	1.44	1.49	其他分布	1.49	1.49
Hg	11 804	0.05	0.06	0.09	0.13	0.18	0.23	0.27	0.14	0.07	0.12	3.30	0.34	0.01	0.47	0.13	0.15	对数分布	0.15	0.11
I	262	0.80	1.00	1.30	1.70	2.30	3.49	4.47	2.03	1.25	1.77	1.88	10.80	0.40	0.62	1.70	1.20	对数正态分布	1.77	1.20
La	262	31.59	32.79	35.67	39.48	42.69	48.48	50.7	40.13	6.81	39.64	8.32	91.0	27.20	0.17	39.48	39.50	对数正态分布	39.64	40.48
Li	262	27.34	30.34	34.90	42.22	47.60	52.0	53.8	41.56	8.33	40.69	8.75	62.4	21.93	0.20	42.22	49.00	正态分布	41.56	37.45
Mn	12 331	196	233	303	400	529	665	743	426	164	394	32.58	902	73.4	0.39	400	348	偏峰分布	348	434
Mo	11 881	0.36	0.41	0.49	0.59	0.72	0.85	0.94	0.61	0.17	0.59	1.50	1.13	0.17	0.28	0.59	0.58	偏峰分布	0.58	0.58
N	12 656	0.79	0.95	1.28	1.76	2.25	2.66	2.91	1.79	0.65	1.66	1.71	3.71	0.20	0.36	1.76	1.02	其他分布	1.02	1.02
Nb	262	13.09	13.82	14.85	16.34	18.50	21.01	23.77	17.07	3.60	16.76	5.16	43.10	10.87	0.21	16.34	14.85	对数正态分布	16.76	18.09
Ni	12 665	12.58	15.20	20.90	28.60	34.50	38.70	41.10	27.73	8.94	26.05	7.02	54.7	4.36	0.32	28.60	30.00	其他分布	30.00	30.00
P	12 037	0.34	0.38	0.47	0.57	0.69	0.82	0.91	0.59	0.17	0.57	1.52	1.08	0.12	0.29	0.57	0.61	剔除后对数分布	0.57	0.61
Pb	12 242	22.77	24.59	28.06	32.00	35.63	39.57	42.21	32.05	5.77	31.52	7.56	47.92	16.38	0.18	32.00	30.00	其他分布	30.00	30.00

续表 4-20

元素/指标	N	$X_{5\%}$	$X_{10\%}$	$X_{25\%}$	$X_{50\%}$	$X_{75\%}$	$X_{90\%}$	$X_{95\%}$	$\bar{X}$	S	$\bar{X}_g$	S_g	X_{max}	X_{min}	CV	X_{me}	X_{mo}	分布类型	水田背景值	湖州市背景值
Rb	262	74.0	81.0	97.0	109	122	136	142	109	22.72	107	15.39	225	57.0	0.21	109	113	正态分布	109	113
S	262	194	224	262	317	368	408	441	316	76.1	306	26.67	561	120	0.24	317	262	正态分布	316	303
Sb	262	0.50	0.53	0.59	0.72	0.85	1.04	1.25	0.78	0.30	0.74	1.42	2.66	0.44	0.39	0.72	0.82	对数正态分布	0.74	0.80
Sc	262	7.87	8.50	9.70	11.29	12.59	13.64	14.90	11.31	2.29	11.09	4.05	21.87	6.80	0.20	11.29	8.50	正态分布	11.31	9.84
Se	12 092	0.19	0.22	0.28	0.33	0.39	0.44	0.48	0.33	0.09	0.32	2.00	0.57	0.10	0.26	0.33	0.36	其他分布	0.36	0.32
Sn	262	4.24	5.00	5.97	7.46	9.97	12.89	15.09	8.56	4.50	7.76	3.57	38.50	0.64	0.53	7.46	8.10	对数正态分布	7.76	6.33
Sr	258	58.9	64.8	84.1	101	112	119	124	97.0	20.94	94.4	14.00	149	38.70	0.22	101	101	偏峰分布	101	52.0
Th	262	10.63	11.00	11.90	13.50	14.82	16.28	17.78	13.67	2.67	13.45	4.52	36.20	7.50	0.20	13.50	13.50	剔除后正态分布	13.45	13.57
Ti	251	3768	3862	4055	4262	4485	4795	5012	4301	358	4286	125	5248	3386	0.08	4262	4323	对数正态分布	4301	4462
Tl	592	0.45	0.48	0.55	0.64	0.77	0.91	0.97	0.67	0.17	0.65	1.41	1.40	0.29	0.25	0.64	0.56	对数正态分布	0.65	0.60
U	262	2.18	2.25	2.45	2.74	3.37	3.95	4.25	3.00	0.85	2.90	1.93	8.31	1.82	0.28	2.74	2.66	对数正态分布	2.90	2.65
V	12 457	55.5	63.6	77.4	91.3	102	112	118	89.4	18.47	87.3	13.50	139	39.63	0.21	91.3	101	其他分布	101	102
W	262	1.52	1.59	1.73	1.95	2.19	2.44	2.67	2.01	0.45	1.97	1.55	4.58	1.13	0.22	1.95	2.02	对数正态分布	1.97	2.17
Y	262	19.93	20.83	22.94	25.00	27.96	31.30	33.94	25.81	5.20	25.38	6.52	71.7	15.66	0.20	25.00	24.00	对数正态分布	25.38	24.61
Zn	12 351	42.70	48.72	63.3	78.0	90.4	103	111	77.1	20.17	74.3	12.57	133	24.61	0.26	78.0	103	其他分布	103	103
Zr	258	220	227	242	262	309	341	354	273	43.08	270	25.03	401	193	0.16	262	250	剔除后对数正态分布	270	293
SiO$_2$	262	65.1	66.0	67.6	70.0	73.4	77.0	78.5	70.6	4.22	70.5	11.58	81.7	55.5	0.06	70.0	69.0	对数正态分布	70.5	71.7
Al$_2$O$_3$	260	10.54	10.99	12.25	13.76	14.57	15.43	15.80	13.41	1.69	13.30	4.53	17.02	8.85	0.13	13.76	14.13	其他分布	14.13	10.54
TFe$_2$O$_3$	262	3.09	3.31	3.75	4.23	4.58	4.93	5.14	4.18	0.66	4.13	2.33	6.95	2.67	0.16	4.23	3.57	正态分布	4.18	4.18
MgO	262	0.53	0.59	0.84	1.15	1.36	1.55	1.59	1.11	0.34	1.05	1.43	2.01	0.43	0.31	1.15	1.23	正态分布	1.11	0.59
CaO	257	0.28	0.38	0.57	0.84	1.01	1.12	1.19	0.80	0.30	0.73	1.63	1.66	0.14	0.37	0.84	0.93	剔除后正态分布	0.80	0.26
Na$_2$O	262	0.51	0.62	0.95	1.28	1.46	1.58	1.63	1.18	0.36	1.11	1.51	1.80	0.19	0.31	1.28	1.32	偏峰分布	1.32	0.29
K$_2$O	12 159	1.24	1.36	1.71	2.09	2.34	2.58	2.76	2.03	0.46	1.98	1.60	3.34	0.77	0.23	2.09	2.18	其他分布	2.18	2.21
TC	262	1.04	1.22	1.51	1.78	2.12	2.37	2.54	1.80	0.47	1.74	1.50	3.95	0.81	0.26	1.78	1.73	正态分布	1.80	1.77
Corg	12 603	0.75	0.89	1.21	1.62	2.20	2.62	2.89	1.71	0.67	1.57	1.71	3.71	0.16	0.39	1.62	1.34	其他分布	1.34	1.34
pH	12 647	4.87	5.05	5.34	5.84	6.50	7.05	7.40	5.43	5.15	5.95	2.82	8.23	3.80	0.95	5.84	5.34	其他分布	5.34	5.34

注：二氧化物、TC、Corg 单位为 %，N、P 单位为 g/kg，Au、Ag 单位为 μg/kg，pH 为无量纲，其他元素/指标单位为 mg/kg；后表单位相同。

第四章 土壤元素背景值

表4-21 旱地土壤元素背景值参数统计表

元素/指标	N	$X_{5\%}$	$X_{10\%}$	$X_{25\%}$	$X_{50\%}$	$X_{75\%}$	$X_{90\%}$	$X_{95\%}$	$\bar{X}$	S	$\bar{X}_g$	S_g	X_{max}	X_{min}	CV	X_{me}	X_{mo}	分布类型	旱地背景值	湖州市背景值
Ag	23	52.8	66.0	106	130	170	221	284	143	69.2	128	15.98	330	40.00	0.48	130	120	—	130	70.0
As	1209	4.53	5.42	7.15	9.66	12.40	14.58	16.15	9.88	3.61	9.17	3.72	20.97	1.05	0.37	9.66	7.20	剔除后对数分布	9.17	6.10
Au	23	1.42	1.65	2.18	3.75	6.28	8.10	9.64	4.59	3.11	3.73	2.59	13.80	1.06	0.68	3.75	4.30	偏峰分布	3.75	2.46
B	1222	36.40	41.54	54.5	63.8	71.7	79.0	83.5	62.3	13.92	60.6	10.89	98.9	25.85	0.22	63.8	57.4	—	57.4	61.0
Ba	23	307	320	394	458	528	675	1059	648	791	511	38.76	4192	304	1.22	458	649	—	458	467
Be	23	1.45	1.60	1.79	2.36	2.54	2.61	3.14	2.30	0.66	2.22	1.72	4.51	1.43	0.29	2.36	2.40	—	2.36	2.33
Bi	23	0.31	0.32	0.38	0.47	0.62	0.72	0.73	0.52	0.21	0.49	1.73	1.24	0.28	0.40	0.47	0.47	—	0.47	0.43
Br	23	1.97	2.73	3.51	4.00	5.29	5.66	5.88	4.36	1.57	4.10	2.52	9.25	1.80	0.36	4.00	4.20	—	4.00	4.59
Cd	1188	0.04	0.05	0.07	0.12	0.19	0.26	0.30	0.14	0.08	0.12	3.68	0.39	0.02	0.59	0.12	0.15	偏峰分布	0.15	0.19
Ce	23	64.9	65.4	68.3	74.3	83.6	88.3	105	83.2	36.92	79.2	12.51	246	64.2	0.44	74.3	82.6	—	74.3	77.4
Cl	23	45.42	48.82	61.8	71.0	83.9	89.0	90.4	71.5	17.13	69.6	11.21	118	41.05	0.24	71.0	71.4	—	71.0	61.5
Co	1269	6.44	7.67	9.85	12.47	15.19	18.09	19.94	12.76	4.31	12.02	4.37	42.52	2.36	0.34	12.47	13.10	对数正态分布	12.02	13.30
Cr	1250	38.60	44.57	55.4	69.5	81.4	91.5	98.6	68.4	18.66	65.5	11.37	120	16.46	0.27	69.5	73.7	剔除后正态分布	68.4	78.2
Cu	1208	13.05	14.89	17.55	20.44	24.58	29.29	31.60	21.18	5.59	20.42	5.99	36.75	6.33	0.26	20.44	18.40	偏峰分布	18.4	27.30
F	23	302	319	408	455	597	647	654	486	138	467	35.45	807	255	0.28	455	477	—	455	480
Ga	23	10.80	11.62	13.05	15.21	17.65	17.88	18.49	15.11	2.82	14.85	4.82	21.10	10.09	0.19	15.21	17.70	—	15.21	15.72
Ge	1233	1.23	1.28	1.36	1.43	1.52	1.59	1.64	1.43	0.12	1.43	1.25	1.76	1.12	0.08	1.43	1.42	剔除后正态分布	1.43	1.49
Hg	1191	0.03	0.04	0.05	0.08	0.12	0.18	0.22	0.09	0.06	0.08	4.34	0.28	0.01	0.62	0.08	0.11	其他分布	0.11	0.11
I	23	0.90	0.98	1.65	2.10	3.87	4.17	5.29	2.72	1.62	2.30	2.29	7.37	0.70	0.60	2.10	1.70	—	2.10	1.20
La	23	32.74	32.92	36.10	38.64	42.55	44.45	46.81	39.08	4.54	38.83	8.10	47.60	31.98	0.12	38.64	38.64	对数正态分布	38.64	40.48
Li	23	25.89	28.58	31.50	42.54	44.60	50.4	50.8	39.14	9.02	38.11	8.10	55.9	24.40	0.23	42.54	37.00	对数正态分布	42.54	37.45
Mn	1269	198	247	360	521	710	908	1045	560	273	496	38.36	2535	60.6	0.49	521	415	剔除后对数分布	496	434
Mo	1198	0.40	0.44	0.54	0.69	0.88	1.08	1.20	0.73	0.24	0.69	1.51	1.50	0.26	0.33	0.69	0.54	对数正态分布	0.69	0.58
N	1269	0.53	0.64	0.82	1.05	1.39	1.83	2.19	1.16	0.51	1.07	1.55	3.67	0.20	0.44	1.05	0.62	对数正态分布	1.07	1.02
Nb	23	13.06	13.49	15.02	17.25	20.46	24.00	25.99	18.88	6.65	18.09	5.53	44.40	12.73	0.35	17.25	18.72	—	17.25	18.09
Ni	1215	11.20	13.60	17.30	20.90	25.70	32.10	35.29	21.82	6.98	20.65	6.05	40.60	4.10	0.32	20.90	20.40	剔除后对数分布	20.65	30.00
P	1269	0.25	0.29	0.40	0.56	0.78	1.16	1.44	0.66	0.43	0.57	1.80	4.28	0.13	0.64	0.56	0.69	对数正态分布	0.57	0.61
Pb	1213	20.31	22.52	25.62	29.01	33.05	37.32	40.55	29.55	5.81	28.98	7.19	46.00	13.72	0.20	29.01	30.60	剔除后对数分布	28.98	30.00

续表 4-21

元素/指标	N	$X_{5\%}$	$X_{10\%}$	$X_{25\%}$	$X_{50\%}$	$X_{75\%}$	$X_{90\%}$	$X_{95\%}$	$\bar{X}$	S	$\bar{X}_g$	S_g	X_{max}	X_{min}	CV	X_{me}	X_{mo}	分布类型	旱地背景值	湖州市背景值
Rb	23	65.1	75.4	79.5	105	116	143	151	106	35.27	101	14.69	221	57.0	0.33	105	80.0	—	105	113
S	23	223	226	257	291	368	456	536	339	133	320	26.67	806	222	0.39	291	339	—	291	303
Sb	23	0.58	0.61	0.73	0.83	1.18	2.16	2.39	1.08	0.60	0.96	1.57	2.48	0.57	0.55	0.83	0.78	—	0.83	0.80
Sc	23	7.76	7.90	8.46	9.90	11.55	13.08	13.57	10.12	1.95	9.94	3.73	13.73	7.70	0.19	9.90	8.30	—	9.90	9.84
Se	1220	0.19	0.22	0.28	0.34	0.43	0.50	0.56	0.36	0.11	0.34	2.04	0.68	0.07	0.31	0.34	0.22	剔除后对数分布	0.34	0.32
Sn	23	3.96	4.07	4.50	8.27	11.85	13.13	16.26	8.91	4.41	7.89	3.53	20.10	3.17	0.49	8.27	9.00	—	8.27	6.33
Sr	23	36.10	47.34	59.4	74.7	102	116	117	80.0	28.92	74.5	11.79	134	28.40	0.36	74.7	78.2	—	74.7	52.0
Th	23	10.93	11.02	12.00	13.36	15.59	16.42	17.49	14.00	3.12	13.72	4.54	24.60	9.61	0.22	13.36	12.80	—	13.36	13.57
Ti	23	3654	3839	4148	4373	4794	5445	5571	4515	647	4474	124	6299	3606	0.14	4373	4479	—	4373	4462
Tl	45	0.42	0.43	0.49	0.61	0.76	0.88	0.93	0.64	0.18	0.61	1.46	1.24	0.35	0.29	0.61	0.71	正态分布	0.64	0.60
U	23	2.40	2.45	2.58	3.18	3.71	4.58	4.83	3.30	0.94	3.19	2.07	5.92	2.32	0.28	3.18	2.45	—	3.18	2.65
V	1247	51.8	58.4	70.7	85.6	98.7	108	115	84.5	19.44	82.1	12.84	141	28.90	0.23	85.6	101	剔除后正态分布	84.5	102
W	23	1.56	1.67	1.79	2.08	2.57	2.87	3.23	2.28	0.74	2.19	1.72	4.83	1.37	0.32	2.08	2.37	—	2.08	2.17
Y	23	19.42	21.76	22.21	24.00	29.34	31.62	32.44	25.42	4.24	25.09	6.40	32.80	18.71	0.17	24.00	25.50	—	24.00	24.61
Zn	1221	37.60	41.80	48.50	58.1	77.6	95.9	105	64.1	21.09	60.9	11.39	128	18.32	0.33	58.1	48.50	其他分布	48.5	103
Zr	23	228	232	252	295	337	381	391	299	59.9	293	25.69	435	198	0.20	295	295	—	295	293
SiO$_2$	23	66.4	66.9	69.7	72.0	75.9	76.8	77.5	72.4	3.96	72.3	11.49	80.0	65.4	0.05	72.0	69.7	—	72	71.7
Al$_2$O$_3$	23	10.56	10.76	11.17	12.61	14.09	14.66	14.82	12.61	1.63	12.51	4.27	15.47	9.93	0.13	12.61	11.36	—	12.61	10.54
TFe$_2$O$_3$	23	3.27	3.50	3.62	4.05	4.30	4.74	5.06	4.09	0.62	4.05	2.29	5.81	3.11	0.15	4.05	4.16	—	4.05	4.18
MgO	23	0.49	0.50	0.58	0.85	1.19	1.51	1.76	0.95	0.49	0.85	1.60	2.40	0.42	0.52	0.85	0.52	—	0.85	0.59
CaO	23	0.16	0.26	0.53	0.62	0.98	1.04	1.58	0.78	0.49	0.64	2.11	2.33	0.14	0.63	0.62	0.89	—	0.62	0.26
Na$_2$O	23	0.23	0.27	0.40	0.81	1.27	1.49	1.51	0.87	0.47	0.72	2.01	1.57	0.19	0.54	0.81	1.23	—	0.81	0.29
K$_2$O	1217	1.12	1.22	1.37	1.61	2.04	2.49	2.70	1.73	0.50	1.66	1.51	3.24	0.58	0.29	1.61	1.68	其他分布	1.68	2.21
TC	23	1.20	1.25	1.43	1.73	2.08	2.62	2.69	1.82	0.50	1.75	1.50	2.94	1.20	0.28	1.73	1.20	—	1.73	1.77
Corg	1266	0.49	0.59	0.78	1.01	1.38	1.84	2.16	1.13	0.52	1.02	1.59	4.04	0.16	0.46	1.01	0.86	对数正态分布	1.02	1.34
pH	1222	4.54	4.65	4.88	5.26	5.94	6.76	7.08	5.04	4.92	5.48	2.71	7.76	3.87	0.98	5.26	5.00	其他分布	5.00	5.34

异系数大于0.80，空间变异性较大。

与湖州市土壤元素背景值相比，旱地区土壤元素背景值中Zn背景值明显偏低，为湖州市背景值的47%；Cd、Cu、Ni、K_2O、Corg背景值略低于湖州市背景值，是湖州市背景值的60%~80%；Sn、U、V背景值略高于湖州市背景值，是湖州市背景值的1.2~1.4倍；Ag、As、Au、I、Sr、MgO、CaO、Na_2O背景值明显高于湖州市背景值，是湖州市背景值的1.4倍以上，其中CaO、Na_2O背景值均为湖州市背景值的2.3倍以上；其他元素/指标背景值则与湖州市背景值基本接近。

三、园地土壤元素背景值

园地土壤元素背景值数据经正态分布检验，结果表明，原始数据中F、Ga、Rb、S、Sc、Ti、Zr、SiO_2、Al_2O_3、TFe_2O_3共10项元素/指标符合正态分布，Au、Be、Bi、Br、Cl、Hg、I、La、Li、N、Nb、P、Sb、Sn、Sr、Th、Tl、U、W、Y、MgO、CaO、Na_2O、TC、Corg共25项元素/指标符合对数正态分布，B、Ba、Ce、Mn、Pb、V、Zn剔除异常值后符合正态分布，As、Mo剔除异常值后符合对数正态分布，其他元素/指标不符合正态分布或对数正态分布（表4-22）。

园地区表层土壤总体为强酸性，土壤pH背景值为4.60，极大值为8.49，极小值为3.48，基本接近湖州市背景值。

园地区表层各元素/指标中，大部分元素/指标变异系数小于0.40，分布相对均匀；Au、Bi、Br、Cd、Hg、I、P、Sb、Sn、Sr、W、MgO、CaO、Na_2O、Corg、pH共16项元素/指标变异系数大于0.40，其中Au、Bi、Hg、pH变异系数大于0.80，空间变异性较大。

与湖州市土壤元素背景值相比，园地区土壤元素背景值中Hg、Mn、N、Sr、MgO背景值略高于湖州市背景值，是湖州市背景值的1.2~1.4倍；I、CaO、Na_2O背景值明显高于湖州市背景值，是湖州市背景值的1.4倍以上，Na_2O背景值为湖州市背景值的2.14倍；其他元素/指标背景值则与湖州市背景值基本接近。

四、林地土壤元素背景值

林地土壤元素背景值数据经正态分布检验，结果表明，原始数据中B、Co、Cr、Ga、Ge、I、Sc、Ti、Zr、SiO_2、Al_2O_3、TFe_2O_3符合正态分布，Au、Be、Bi、Br、Cl、Cu、F、La、Li、N、Ni、P、S、Se、Sn、Sr、Th、Tl、U、MgO、Na_2O、K_2O、TC、Corg符合对数正态分布，Ce、Nb、Pb、V、W、Y、Zn剔除异常值后符合正态分布，As、Ba、Cd、Mo、CaO、pH剔除异常值后符合对数正态分布，其他元素/指标不符合正态分布或对数正态分布（表4-23）。

林地区表层土壤总体为酸性，土壤pH背景值为5.02，极大值为6.19，极小值为4.15，基本接近湖州市背景值。

林地区表层各元素/指标中，大多数元素/指标变异系数小于0.40，分布相对均匀；As、Au、B、Bi、Br、Cd、Cr、Cu、I、Mn、Mo、N、Ni、P、Se、Sn、Sr、U、MgO、CaO、Na_2O、TC、Corg、pH共24项元素/指标变异系数大于0.40，其中Au、Bi、pH变异系数大于0.80，空间变异性较大。

与湖州市土壤元素背景值相比，林地区土壤元素背景值中Au、Cr、Cu、Ni、V、Zn背景值略低于湖州市背景值，是湖州市背景值的60%~80%；As、Bi、Mn、Tl、U、Al_2O_3、MgO、Corg背景值略高于湖州市背景值，是湖州市背景值的1.2~1.4倍；Br、I、Mo、N、Se、Na_2O背景值明显高于湖州市背景值，是湖州市背景值的1.4倍以上，其中I背景值为湖州市背景值的5.2倍；其他元素/指标背景值则与湖州市背景值基本接近。

表 4-22 园地土壤元素背景值参数统计表

元素/指标	N	$X_{5\%}$	$X_{10\%}$	$X_{25\%}$	$X_{50\%}$	$X_{75\%}$	$X_{90\%}$	$X_{95\%}$	$\overline{X}$	S	$\overline{X}_g$	S_g	X_{max}	X_{min}	CV	X_{me}	X_{mo}	分布类型	园地背景值	湖州市背景值
Ag	187	56.3	63.6	70.0	90.0	118	133	160	97.0	31.14	92.2	14.06	180	40.00	0.32	90.0	70.0	偏峰分布	70.0	70.0
As	1348	4.23	4.86	5.75	6.84	8.33	10.50	11.70	7.24	2.19	6.93	3.14	13.50	1.91	0.30	6.84	10.10	剔除后对数分布	6.93	6.10
Au	196	0.97	1.13	1.40	2.00	2.90	4.50	6.08	2.54	2.19	2.11	2.02	23.40	0.80	0.86	2.00	2.40	对数正态分布	2.11	2.46
B	1381	41.90	46.60	54.2	61.5	69.2	76.4	81.1	61.6	11.65	60.4	10.79	92.5	30.00	0.19	61.5	57.8	剔除后正态分布	61.6	61.0
Ba	181	284	316	358	417	485	550	582	425	91.1	415	33.48	666	238	0.21	417	412	剔除后正态分布	425	467
Be	196	1.16	1.29	1.52	1.90	2.37	2.66	3.07	2.02	0.77	1.91	1.69	6.37	0.84	0.38	1.90	2.43	对数正态分布	1.91	2.33
Bi	196	0.29	0.30	0.34	0.39	0.46	0.62	0.74	0.52	1.05	0.43	1.89	14.70	0.26	2.01	0.39	0.37	对数正态分布	0.43	0.43
Br	196	2.10	2.30	3.10	4.42	6.22	8.88	10.57	5.13	2.84	4.51	2.85	21.61	1.20	0.55	4.42	2.60	对数正态分布	4.51	4.59
Cd	1385	0.05	0.07	0.11	0.15	0.20	0.26	0.29	0.16	0.07	0.14	3.27	0.35	0.03	0.44	0.15	0.18	偏峰分布	0.18	0.19
Ce	177	62.6	64.5	70.7	74.7	78.9	83.3	88.1	74.9	7.35	74.6	12.05	95.0	60.3	0.10	74.7	78.0	剔除后正态分布	74.9	77.4
Cl	196	40.00	44.00	49.50	58.4	67.0	82.2	89.1	61.3	18.29	59.2	10.83	184	30.00	0.30	58.4	49.00	正态分布	59.2	61.5
Co	1428	6.78	8.32	11.00	13.20	15.14	16.80	17.80	12.89	3.25	12.42	4.45	21.10	4.47	0.25	13.20	13.50	偏峰分布	13.50	13.30
Cr	1403	42.01	49.00	61.7	74.0	83.0	91.7	96.4	72.1	16.43	69.9	11.72	116	27.30	0.23	74.0	76.4	偏峰分布	76.4	78.2
Cu	1399	13.36	15.60	20.60	25.80	29.91	34.00	37.00	25.34	7.05	24.24	6.61	44.93	6.50	0.28	25.80	26.10	偏峰分布	26.10	27.30
F	196	252	278	330	429	542	626	683	442	133	422	34.75	850	207	0.30	429	354	正态分布	442	480
Ga	196	9.45	10.70	12.49	14.71	16.80	18.75	20.90	14.80	3.41	14.42	4.90	29.00	8.30	0.23	14.71	14.90	正态分布	14.80	15.72
Ge	1413	1.27	1.34	1.41	1.49	1.56	1.63	1.67	1.48	0.11	1.48	1.27	1.78	1.19	0.08	1.49	1.48	偏峰分布	1.48	1.49
Hg	1461	0.05	0.06	0.09	0.14	0.22	0.36	0.49	0.19	0.20	0.14	3.39	3.62	0.02	1.06	0.14	0.14	对数正态分布	0.14	0.11
I	196	0.88	1.10	1.60	2.76	5.21	7.38	8.60	3.77	2.84	2.89	2.74	18.60	0.50	0.75	2.76	1.60	对数正态分布	2.89	1.20
La	196	31.51	33.10	35.98	39.50	42.78	48.30	50.3	40.20	6.92	39.70	8.45	92.9	26.00	0.17	39.50	37.10	剔除后正态分布	39.70	40.48
Li	196	24.79	26.36	29.38	34.14	44.35	49.85	52.9	36.71	9.56	35.56	8.19	74.3	20.20	0.26	34.14	33.80	剔除后正态分布	35.56	37.45
Mn	1445	201	270	406	549	696	830	913	552	212	505	38.47	1141	69.5	0.38	549	446	剔除后正态分布	552	434
Mo	1363	0.42	0.46	0.54	0.67	0.86	1.10	1.23	0.72	0.24	0.69	1.48	1.47	0.28	0.34	0.67	0.53	对数正态分布	0.69	0.58
N	1461	0.70	0.83	1.06	1.37	1.78	2.25	2.51	1.47	0.59	1.35	1.67	4.85	0.13	0.40	1.37	1.16	对数正态分布	1.35	1.02
Nb	196	12.61	13.94	15.82	17.48	19.85	23.48	25.50	18.28	4.71	17.81	5.49	57.4	10.83	0.26	17.48	16.83	对数正态分布	17.81	18.09
Ni	1458	11.39	14.66	20.09	28.50	34.30	38.40	41.00	27.37	9.20	25.47	6.92	54.8	3.20	0.34	28.50	33.40	其他分布	33.40	30.00
P	1461	0.30	0.38	0.51	0.70	0.96	1.29	1.56	0.79	0.42	0.70	1.68	4.15	0.10	0.53	0.70	0.74	对数分布	0.70	0.61
Pb	1417	21.04	22.80	26.10	30.60	34.80	39.08	42.12	30.76	6.28	30.11	7.36	48.30	13.96	0.20	30.60	33.10	剔除后正态分布	30.76	30.00

续表 4-22

元素/指标	N	$X_{5\%}$	$X_{10\%}$	$X_{25\%}$	$X_{50\%}$	$X_{75\%}$	$X_{90\%}$	$X_{95\%}$	$\bar{X}$	S	$\bar{X}_g$	S_g	X_{max}	X_{min}	CV	X_{me}	X_{mo}	分布类型	阿地背景值	湖州市背景值
Rb	196	60.8	66.5	76.0	99.0	117	138	158	101	31.54	96.6	14.93	207	50.00	0.31	99.0	71.0	正态分布	101	113
S	196	201	218	245	281	328	363	409	289	65.0	283	25.94	532	160	0.22	281	294	正态分布	289	303
Sb	196	0.52	0.56	0.67	0.82	1.00	1.29	1.48	0.92	0.51	0.85	1.46	5.02	0.47	0.56	0.82	0.80	对数正态分布	0.85	0.80
Sc	196	6.70	7.13	8.06	9.21	11.02	12.91	13.47	9.62	2.12	9.40	3.74	18.97	6.10	0.22	9.21	8.90	正态分布	9.62	9.84
Se	1409	0.17	0.20	0.25	0.32	0.42	0.52	0.58	0.34	0.12	0.32	2.16	0.70	0.04	0.37	0.32	0.31	其他分布	0.31	0.32
Sn	196	2.92	3.38	4.19	5.41	7.53	11.55	14.70	6.73	4.37	5.85	3.20	31.40	2.29	0.65	5.41	5.60	对数正态分布	5.85	6.33
Sr	196	36.27	39.86	45.46	60.2	97.3	118	123	70.9	29.89	65.0	11.79	160	27.10	0.42	60.2	52.0	对数正态分布	65.0	52.0
Th	196	10.15	10.65	11.80	13.10	14.85	16.25	17.86	13.61	3.12	13.33	4.53	34.40	8.87	0.23	13.10	12.30	对数正态分布	13.33	13.57
Ti	196	3262	3631	4100	4542	5021	5752	5994	4585	799	4515	131	6904	2785	0.17	4542	4164	正态分布	4585	4462
Tl	220	0.41	0.44	0.52	0.60	0.71	0.87	0.92	0.63	0.17	0.61	1.46	1.17	0.22	0.27	0.60	0.60	对数正态分布	0.61	0.60
U	196	2.19	2.30	2.53	2.84	3.38	4.00	4.80	3.11	1.03	2.99	1.99	8.98	1.89	0.33	2.84	2.65	对数正态分布	2.99	2.65
V	1424	57.4	63.7	75.7	88.0	99.7	111	117	87.5	17.93	85.6	13.16	137	38.70	0.20	88.0	102	剔除后正态分布	87.5	102
W	196	1.48	1.58	1.77	2.04	2.42	2.88	3.50	2.22	0.95	2.12	1.69	12.30	1.30	0.43	2.04	2.03	对数正态分布	2.12	2.17
Y	196	16.76	17.89	20.46	23.24	27.00	29.61	32.60	24.14	6.64	23.46	6.44	71.7	13.22	0.27	23.24	27.00	对数正态分布	23.46	24.61
Zn	1415	44.57	51.1	67.5	84.5	100.0	113	124	84.0	23.85	80.3	13.09	151	24.27	0.28	84.5	101	剔除后正态分布	84.0	103
Zr	196	235	242	271	318	352	388	410	316	58.5	311	27.04	488	196	0.19	318	307	正态分布	316	293
SiO_2	196	66.2	67.1	69.5	74.0	77.9	80.0	81.4	73.6	5.29	73.4	11.79	84.2	56.0	0.07	74.0	67.3	正态分布	73.6	71.7
Al_2O_3	196	8.91	9.48	10.53	11.84	13.82	14.96	15.46	12.14	2.17	11.95	4.33	19.06	7.83	0.18	11.84	10.94	正态分布	12.14	10.54
TFe_2O_3	196	2.60	3.03	3.54	4.07	4.63	4.95	5.24	4.06	0.81	3.97	2.35	6.59	2.06	0.20	4.07	3.88	正态分布	4.06	4.18
MgO	196	0.41	0.46	0.52	0.64	1.02	1.45	1.55	0.81	0.37	0.73	1.56	1.69	0.34	0.46	0.64	0.57	对数正态分布	0.73	0.59
CaO	196	0.16	0.17	0.23	0.34	0.73	1.07	1.16	0.49	0.34	0.39	2.34	1.55	0.09	0.70	0.34	0.16	对数正态分布	0.39	0.26
Na_2O	196	0.24	0.26	0.36	0.60	1.12	1.51	1.62	0.76	0.47	0.62	2.02	1.74	0.15	0.62	0.60	0.70	其他分布	0.62	0.29
K_2O	1414	1.25	1.40	1.78	2.17	2.41	2.65	2.80	2.10	0.47	2.04	1.63	3.37	0.93	0.22	2.17	2.21	正态分布	2.21	2.21
TC	196	1.09	1.21	1.37	1.60	1.87	2.26	2.62	1.69	0.55	1.62	1.51	4.34	0.55	0.32	1.60	1.42	对数正态分布	1.62	1.77
Corg	1449	0.69	0.80	1.00	1.32	1.69	2.18	2.51	1.42	0.59	1.30	1.58	4.56	0.22	0.42	1.32	0.90	对数正态分布	1.30	1.34
pH	1461	4.33	4.52	4.93	5.60	6.50	7.17	7.65	4.96	4.65	5.74	2.78	8.49	3.48	0.94	5.60	4.60	其他分布	4.60	5.34

表 4-23 林地土壤元素背景值参数统计表

元素/指标	N	$X_{5\%}$	$X_{10\%}$	$X_{25\%}$	$X_{50\%}$	$X_{75\%}$	$X_{90\%}$	$X_{95\%}$	$\bar{X}$	S	$\bar{X}_g$	S_g	X_{max}	X_{min}	CV	X_{me}	X_{mo}	分布类型	林地背景值	湖州市背景值
Ag	497	56.8	64.6	80.0	100.0	130	170	197	109	42.61	101	14.98	250	40.00	0.39	100.0	80.0	其他分布	80.0	70.0
As	563	4.22	4.79	6.00	7.86	10.32	13.88	17.91	8.74	3.92	7.98	3.54	21.40	1.01	0.45	7.86	10.30	剔除后对数分布	7.98	6.10
Au	551	0.87	0.98	1.24	1.78	2.52	4.00	5.20	2.37	2.70	1.89	1.96	37.40	0.60	1.14	1.78	1.80	对数正态分布	1.89	2.46
B	640	17.39	21.90	32.95	51.2	64.9	74.2	80.5	49.80	20.69	44.89	9.23	181	8.47	0.42	51.2	53.1	正态分布	49.80	61.0
Ba	503	289	312	364	440	563	744	846	485	173	458	36.20	1021	130	0.36	440	389	剔除后对数分布	458	467
Be	551	1.25	1.40	1.68	2.13	2.60	3.14	3.71	2.25	0.86	2.12	1.80	7.59	0.88	0.38	2.13	2.25	对数正态分布	2.12	2.33
Bi	551	0.28	0.31	0.37	0.48	0.66	0.95	1.49	0.63	0.63	0.53	1.84	11.10	0.20	1.01	0.48	0.43	对数正态分布	0.53	0.43
Br	551	2.63	3.20	5.00	7.28	10.34	14.05	15.42	8.06	4.40	6.97	3.69	32.45	1.40	0.55	7.28	3.40	对数正态分布	6.97	4.59
Cd	585	0.07	0.09	0.12	0.16	0.22	0.31	0.34	0.18	0.08	0.16	3.08	0.43	0.03	0.45	0.16	0.15	剔除后对数分布	0.16	0.19
Ce	513	62.5	66.3	72.8	79.4	87.5	96.3	101	80.5	11.54	79.7	12.77	115	53.6	0.14	79.4	76.8	剔除后对数正态分布	80.5	77.4
Cl	551	42.00	46.10	54.6	63.0	74.0	91.6	104	66.6	19.71	64.1	11.48	174	22.00	0.30	63.0	59.0	对数正态分布	64.1	61.5
Co	640	5.68	6.84	8.86	11.50	14.20	16.77	18.40	11.70	4.01	11.00	4.14	30.10	2.50	0.34	11.50	11.60	正态分布	11.70	13.30
Cr	640	21.50	24.80	34.68	51.0	63.7	76.0	83.6	51.1	21.47	46.85	9.42	208	11.00	0.42	51.0	56.7	正态分布	51.1	78.2
Cu	640	10.10	11.50	14.30	18.70	25.59	34.00	45.90	21.91	12.70	19.52	5.96	132	6.37	0.58	18.70	17.00	对数正态分布	19.52	27.30
F	551	250	283	370	470	596	743	840	497	186	465	37.61	1329	171	0.38	470	523	对数正态分布	465	480
Ga	551	10.05	11.29	13.66	16.40	18.70	20.30	21.55	16.18	3.60	15.75	5.21	27.80	7.64	0.22	16.40	17.60	正态分布	16.18	15.72
Ge	640	1.22	1.25	1.35	1.45	1.55	1.65	1.70	1.45	0.16	1.44	1.27	2.13	0.83	0.11	1.45	1.42	正态分布	1.45	1.49
Hg	596	0.05	0.06	0.08	0.10	0.12	0.16	0.18	0.10	0.04	0.10	3.92	0.21	0.03	0.36	0.10	0.09	其他分布	0.09	0.11
I	551	1.30	1.80	3.75	5.94	8.31	10.60	12.00	6.24	3.47	5.18	3.41	26.40	0.50	0.56	5.94	4.40	正态分布	6.24	1.20
La	551	32.50	34.44	37.91	41.60	45.30	49.20	51.9	41.97	6.56	41.50	8.79	91.6	27.26	0.16	41.60	42.00	对数正态分布	41.50	40.48
Li	551	25.59	26.80	30.20	35.00	41.15	46.60	54.0	36.69	9.73	35.64	8.15	121	22.39	0.27	35.00	35.00	对数正态分布	35.64	37.45
Mn	624	260	310	403	582	762	962	1076	606	251	553	40.91	1305	66.2	0.41	582	584	偏峰分布	584	434
Mo	578	0.46	0.52	0.65	0.91	1.23	1.61	1.92	1.00	0.44	0.91	1.54	2.47	0.29	0.44	0.91	0.59	剔除后对数分布	0.91	0.58
N	636	0.84	0.99	1.26	1.59	2.07	2.75	3.24	1.75	0.76	1.62	1.68	4.95	0.29	0.43	1.59	1.09	对数正态分布	1.62	1.02
Nb	540	12.71	13.77	17.06	19.16	22.40	25.50	27.40	19.63	4.29	19.14	5.78	30.20	9.55	0.22	19.16	18.50	剔除后正态分布	19.63	18.09
Ni	640	9.05	10.20	14.20	19.10	25.20	33.40	39.01	21.05	10.32	19.01	5.80	85.7	5.19	0.49	19.10	25.00	对数正态分布	19.01	30.00
P	640	0.27	0.32	0.40	0.50	0.63	0.79	0.94	0.54	0.24	0.50	1.73	2.42	0.11	0.44	0.50	0.48	对数正态分布	0.50	0.61
Pb	617	20.48	23.00	27.00	32.00	38.30	43.88	47.02	32.95	8.13	31.95	7.60	57.6	16.00	0.25	32.00	28.00	剔除后正态分布	32.95	30.00

第四章 土壤元素背景值

续表 4-23

元素/指标	N	$X_{5\%}$	$X_{10\%}$	$X_{25\%}$	$X_{50\%}$	$X_{75\%}$	$X_{90\%}$	$X_{95\%}$	$\overline{X}$	S	$\overline{X}_g$	S_g	X_{max}	X_{min}	CV	X_{me}	X_{mo}	分布类型	林地背景值	湖州市背景值
Rb	549	64.4	69.8	87.0	113	150	176	190	120	40.28	113	16.65	232	51.0	0.34	113	103	其他分布	103	113
S	551	215	232	258	300	354	423	482	318	92.2	308	27.74	1164	169	0.29	300	288	对数正态分布	308	303
Sb	482	0.59	0.65	0.74	0.87	1.09	1.47	1.68	0.96	0.33	0.91	1.38	2.07	0.39	0.34	0.87	0.87	其他分布	0.87	0.80
Sc	551	6.60	7.09	8.10	9.10	10.20	11.30	11.90	9.19	1.69	9.04	3.64	17.94	4.80	0.18	9.10	8.50	正态分布	9.19	9.84
Se	640	0.30	0.33	0.41	0.54	0.71	0.92	1.14	0.61	0.31	0.55	1.68	3.58	0.16	0.52	0.54	0.40	对数正态分布	0.55	0.32
Sn	551	2.89	3.21	3.85	4.78	6.59	8.99	11.06	5.78	3.66	5.17	2.87	45.80	1.77	0.63	4.78	4.55	对数正态分布	5.17	6.33
Sr	551	34.00	36.88	44.00	55.7	77.0	97.8	107	62.6	25.40	58.3	10.98	204	20.50	0.41	55.7	52.9	对数正态分布	58.3	52.0
Th	551	10.49	11.10	12.30	14.00	16.30	19.00	21.35	14.75	3.74	14.36	4.84	43.30	7.81	0.25	14.00	13.10	正态分布	14.36	13.57
Ti	551	2964	3328	3882	4595	5308	5779	6029	4565	944	4461	130	6990	1812	0.21	4595	4734	剔除后正态分布	4565	4462
Tl	556	0.44	0.50	0.59	0.77	0.96	1.12	1.24	0.79	0.26	0.75	1.42	2.42	0.32	0.33	0.77	0.59	对数正态分布	0.75	0.60
U	551	2.29	2.45	2.82	3.40	4.09	5.46	6.54	3.76	1.58	3.53	2.30	15.70	1.82	0.42	3.40	2.89	对数正态分布	3.53	2.65
V	598	42.48	49.90	61.3	72.4	85.3	97.2	105	73.2	18.43	70.7	11.81	129	28.10	0.25	72.4	72.0	剔除后正态分布	73.2	102
W	522	1.55	1.68	1.96	2.28	2.68	3.01	3.22	2.33	0.52	2.27	1.72	3.86	1.08	0.22	2.28	1.84	剔除后正态分布	2.33	2.17
Y	526	15.79	17.57	21.18	24.05	27.10	30.10	32.67	24.13	4.84	23.62	6.47	37.10	12.72	0.20	24.05	23.60	剔除后正态分布	24.13	24.61
Zn	606	43.13	47.70	59.6	74.3	87.1	99.7	110	74.5	20.51	71.6	12.33	134	30.77	0.28	74.3	45.18	剔除后正态分布	74.5	103
Zr	551	214	234	270	304	341	382	415	309	60.4	303	26.79	547	178	0.20	304	287	正态分布	309	293
SiO_2	551	63.2	64.9	68.3	72.0	75.4	78.9	80.4	71.9	5.09	71.7	11.65	83.8	56.4	0.07	72.0	72.1	正态分布	71.9	71.7
Al_2O_3	551	9.38	10.03	11.25	12.78	14.15	15.18	16.23	12.77	2.09	12.60	4.45	19.54	8.10	0.16	12.78	11.79	正态分布	12.77	10.54
TFe_2O_3	551	2.90	3.10	3.60	4.21	4.91	5.51	5.84	4.28	0.91	4.19	2.41	7.85	2.33	0.21	4.21	3.58	正态分布	4.28	4.18
MgO	551	0.43	0.47	0.56	0.70	0.87	1.14	1.50	0.80	0.49	0.72	1.53	5.13	0.35	0.61	0.70	0.59	对数正态分布	0.72	0.59
CaO	509	0.15	0.17	0.20	0.28	0.39	0.57	0.66	0.32	0.16	0.29	2.29	0.80	0.08	0.48	0.28	0.19	对数正态分布	0.29	0.26
Na_2O	551	0.22	0.25	0.31	0.48	0.70	1.01	1.20	0.56	0.31	0.48	1.94	1.69	0.15	0.56	0.48	0.29	对数正态分布	0.48	0.29
K_2O	640	1.29	1.43	1.73	2.32	2.97	3.54	3.71	2.39	0.79	2.26	1.85	5.13	0.69	0.33	2.32	1.48	对数正态分布	2.26	2.21
TC	551	1.06	1.20	1.46	1.89	2.48	3.58	4.73	2.18	1.13	1.97	1.86	8.88	0.62	0.52	1.89	1.77	对数正态分布	1.97	1.77
Corg	640	0.83	0.99	1.29	1.65	2.14	3.01	4.09	1.89	0.98	1.69	1.78	7.67	0.28	0.52	1.65	1.41	对数正态分布	1.69	1.34
pH	583	4.52	4.58	4.76	4.95	5.21	5.58	5.78	4.88	5.01	5.02	2.53	6.19	4.15	1.03	4.95	4.78	剔除后对数正态分布	5.02	5.34

第五章　土壤碳与特色土地资源评价

第一节　土壤碳储量估算

土壤是陆地生态系统的核心,是"地球关键带"研究中的重点内容之一。土壤碳库是地球陆地生态系统碳库的主要组成部分,在陆地水、大气、生物等不同系统中的碳循环研究中起着重要作用。

一、土壤碳与有机碳的区域分布

1. 深层土壤碳与有机碳的区域分布

如表5-1所示,湖州市深层土壤中总碳(TC)算术平均值为0.64%,极大值为1.47%,极小值为0.25%。TC基准值为0.49%,与浙江省基准值及中国基准值相比,基本接近于浙江省基准值,明显低于中国基准值。在区域分布上,受地形地貌及地质背景明显控制,平原区土壤中TC含量相对较高。低值区则主要分布于长兴县—安吉—德清莫干山一带,这些区域在地形地貌类型上属于低山丘陵区,风化剥蚀较强,而且低值区主要为砂岩、火山碎屑岩类,成土条件较差,土壤粗骨性较强。

湖州市深层土壤有机碳(TOC)算术平均值为0.44%,极大值为0.83%,极小值为0.10%。TOC基准值为0.44%,与浙江省基准值及中国基准值相比,基本接近于浙江省基准值,明显高于中国基准值。高值区主要分布于平原区,低值区主要分布于长兴县南部、安吉县北部、德清县莫干山低山丘陵区一带。

表5-1　湖州市深层土壤总碳与有机碳统计参数表

元素/指标	N/件	$\overline{X}$/%	$\overline{X}_g$/%	S/%	CV	X_{max}/%	X_{min}/%	X_{mo}/%	X_{me}/%	浙江省基准值/%	中国基准值/%
TC	351	0.67	0.64	0.28	0.43	1.47	0.25	0.49	0.52	0.43	0.90
TOC	334	0.49	0.44	0.14	0.31	0.83	0.10	0.30	0.43	0.42	0.30

注:浙江省基准值引自《浙江省土壤元素背景值》(黄春雷等,2023);中国基准值引自《全国地球化学基准网建立与土壤地球化学基准值特征》(王学求等,2016)。

2. 表层土壤碳与有机碳的区域分布

如表5-2所示,在湖州市表层土壤中,总碳(TC)算术平均值为1.77%,极大值为3.22%,极小值为0.54%。TC背景值为1.77%,与浙江省背景值及中国背景值相比,略高于浙江省背景值及中国背景值。高值区主要分布于安吉县南部、东部及与德清县西北交界丘陵区,以及吴兴区北部和南浔区南部部分地区。低值区主要分布于安吉县北部至长兴县西部及德清县东部一带。

表层土壤有机碳(TOC)算术平均值为1.61%,极大值为3.56%,极小值为0.13%。TOC背景值为1.34%,

与浙江省背景值及中国背景值相比,基本接近于浙江省背景值,明显高于中国背景值,是中国背景值的2.23倍。在区域分布上,TOC基本与TC相同,高值区主要分布于安吉县南部、东部及与德清县西北交界丘陵区,以及吴兴区北部和南浔区南部部分地区。低值区主要分布于安吉县北部至长兴县西部及德清县东部一带。

表5-2 湖州市表层土壤总碳与有机碳参数统计表

元素/指标	N/件	$\overline{X}$/%	X_g/%	S/%	CV	X_{max}/%	X_{min}/%	X_{mo}/%	X_{me}/%	浙江省背景值/%	中国背景值/%
TC	1356	1.92	1.77	0.49	0.28	3.22	0.54	1.29	1.74	1.43	1.30
TOC	17 582	1.64	1.61	0.66	0.41	3.56	0.13	1.34	1.51	1.31	0.60

注:浙江省背景值引自《浙江省土壤元素背景值》(黄春雷等,2023);中国背景值引自《全国地球化学基准网建立与土壤地球化学基准值特征》(王学求等,2016)。

二、单位土壤碳量与碳储量计算方法

依据奚小环等(2009)提出的碳储量计算方法,利用多目标区域地球化学调查数据,根据《多目标区域地球化学调查规范(1∶250 000)》(DZ/T 0258—2014)要求,计算单位土壤的碳量与碳储量。即以多目标区域地球化学调查确定的土壤表层样品分析单元为最小计算单位,土壤表层碳含量单元为4 km²,深层土壤样根据表深层土壤样的对应关系,利用ArcGIS对深层样测试分析结果进行空间插值,碳含量单元为4 km²,依据它不同的分布模式计算得到单位土壤碳量,通过对单位土壤碳量进行加和计算得到土壤碳储量。

研究表明,土壤碳含量由表层至深层存在两种分布模式,其中有机碳含量分布为指数模式,无机碳含量分布为直线模式。区域土壤容重利用《浙江土壤》(俞震豫等,1994)中的土壤容重统计结果进行计算(表5-3)。

表5-3 浙江省主要土壤类型土壤容重统计表　　　　　　　　　　　　　　　　单位:t/m³

土壤类型	红壤	黄壤	紫色土	石灰岩土	粗骨土	潮土	滨海盐土	水稻土
土壤容重	1.20	1.20	1.20	1.20	1.20	1.33	1.33	1.08

(一)有机碳(TOC)单位土壤碳量(USCA)计算

1. 深层土壤有机碳单位碳量计算

深层土壤有机碳单位碳量计算公式为:

$$USCA_{TOC,0-120cm} = TOC \times D \times 4 \times 10^4 \times \rho \tag{5-1}$$

式中:$USCA_{TOC,0-120cm}$为0~1.20 m深度(即0~120 cm)土壤有机碳单位碳量(t);TOC为有机碳含量(%);D为采样深度(1.20 m);4为表层土壤单位面积(4 km²);10^4为单位土壤面积换算系数;ρ为土壤容重(t/m³)。

式(5-1)中TOC的计算公式为:

$$TOC = \frac{(TOC_\text{表} - TOC_\text{深}) \times (d_1 - d_2)}{d_2(\ln d_1 - \ln d_2)} + TOC_\text{深} \tag{5-2}$$

式中:$TOC_\text{表}$为表层土壤有机碳含量(%);$TOC_\text{深}$为深层土壤有机碳含量(%);d_1取表样采样深度中间值0.1 m;d_2取深层样平均采样深度1.20 m(或实际采样深度)。

2. 中层土壤有机碳单位碳量计算

中层土壤(计算深度为1.00 m)有机碳单位碳量计算公式为:

$$USCA_{TOC,0-100cm} = TOC \times D \times 4 \times 10^4 \times \rho \qquad (5-3)$$

式中：$USCA_{TOC,0-100cm}$ 表示采样深度为 1.20m 以下时，计算 1.00m（100cm）深度有机碳含量（t）；d_3 为计算深度 1.00m；其他参数同前。式(5-3)中 TOC 的计算公式为：

$$TOC = \frac{(TOC_{表} - TOC_{深}) \times [(d_1 - d_3) + (\ln d_3 - \ln d_2)]}{d_3(\ln d_1 - \ln d_2)} + TOC_{深} \qquad (5-4)$$

3. 表层土壤有机碳单位碳量计算

表层土壤有机碳单位碳量计算公式为：

$$USCA_{TOC,0-20cm} = TOC \times D \times 4 \times 10^4 \times \rho \qquad (5-5)$$

式中：TOC 为表层土壤有机碳实测值（%）；D 为采样深度（0~0.2m）；其他参数同前。

（二）无机碳（TIC）单位土壤碳量（USCA）计算

1. 深层土壤无机碳单位碳量计算

深层土壤无机碳单位碳量计算公式为：

$$USCA_{TIC,0-120cm} = [(TIC_{表} + TIC_{深})/2] \times D \times 4 \times 10^4 \times \rho \qquad (5-6)$$

式中：$TIC_{表}$ 与 $TIC_{深}$ 分别由总碳实测数据减去有机碳数据取得（%）；其他参数同前。

2. 中层土壤无机碳单位碳量计算

中层土壤无机碳单位碳量计算公式为：

$$USCA_{TIC,0-100cm(深120cm)} = [(TIC_{表} + TIC_{100cm})/2] \times D \times 4 \times 10^4 \times \rho \qquad (5-7)$$

式中：$USCA_{TIC,0\sim100cm(深120cm)}$ 表示采样深度为 1.20m 时，计算 1.00m 深度（即 100cm）土壤无机碳单位碳量（t）；D 为 1.00m；TIC_{100cm} 采用内插法确定（%）；其他参数同前。

3. 表层土壤无机碳单位碳量计算

表层土壤无机碳单位碳量计算公式为：

$$USCA_{TIC,0-20cm} = TIC_{表} \times D \times 4 \times 10^4 \times \rho \qquad (5-8)$$

式中：$TIC_{表}$ 由总碳实测数据减去有机碳数据取得（%）；其他参数同前。

（三）总碳（TC）单位土壤碳量（USCA）计算

1. 深层土壤总碳单位碳量计算

深层土壤总碳单位碳量计算公式为：

$$USCA_{TC,0-120cm} = USCA_{TOC,0-120cm} + USCA_{TIC,0-120cm} \qquad (5-9)$$

当实际采样深度超过 1.20m（120cm）时，取实际采样深度值。

2. 中层土壤总碳单位碳量计算

中层土壤总碳单位碳量计算公式为：

$$USCA_{TC,0-100cm(深120cm)} = USCA_{TOC,0-100cm(深120cm)} + USCA_{TIC,0-100cm(深120cm)} \qquad (5-10)$$

3. 表层土壤总碳单位碳量计算

表层土壤总碳单位碳量计算公式为：

$$\text{USCA}_{TC,0-20cm} = \text{USCA}_{TOC,0-20cm} + \text{USCA}_{TIC,0-20cm} \tag{5-11}$$

（四）土壤碳储量（SCR）

土壤碳储量为研究区内所有单位碳量总和，其计算公式为：

$$\text{SCR} = \sum_{i=1}^{n} \text{USCA} \tag{5-12}$$

式中：SCR 为土壤碳储量(t)；USCA 为单位土壤碳量(t)；n 为土壤碳储量计算范围内单位土壤碳量的加和个数。

三、土壤碳密度分布特征

湖州市表层、中层、深层土壤碳密度空间分布特征如图 5-1～图 5-3 所示。

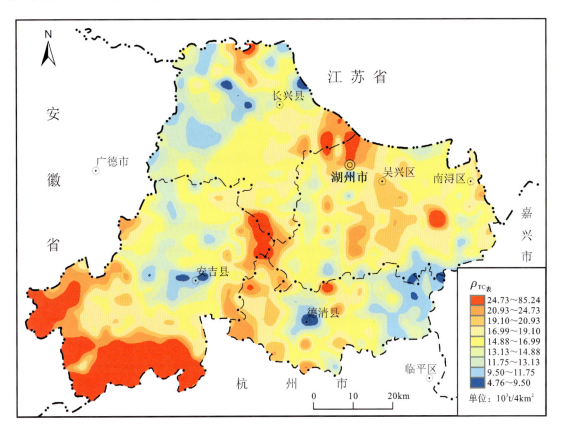

图 5-1 湖州市表层土壤 TC 碳密度分布图

由分布图可知，全市土壤碳密度由表层→中层→深层呈现出规律性变化特征，整体表现为中低山区高于低山丘陵区及平原区，碳酸盐岩类风化物土壤母质区高于碎屑岩、紫色碎屑岩类风化物土壤母质区，山地丘陵区高于盆地区，平原区随着土体深度的增加，土壤碳密度明显增加。

表层(0～0.2m)土壤碳密度高值区主要分布于安吉县南部、长兴县东南部与吴兴区及德清县交界处等低山丘陵区；低值区主要分布于长兴县西部—安吉县中部低山丘陵地带及德清县东部—南浔区南部一带平原区。碳密度极大值为 $85.24 \times 10^3 \text{t}/4\text{km}^2$，极小值为 $4.76 \times 10^3 \text{t}/4\text{km}^2$。

中层(0～1.0m)土壤碳密度高值区、低值区分布基本与表层土壤相同，不同之处在于，随着土体深度的增加，湖州东部一带的平原区土壤中碳密度逐渐增高。碳密度极大值为 $231.48 \times 10^3 \text{t}/4\text{km}^2$，极小值为 $20.28 \times 10^3 \text{t}/4\text{km}^2$。

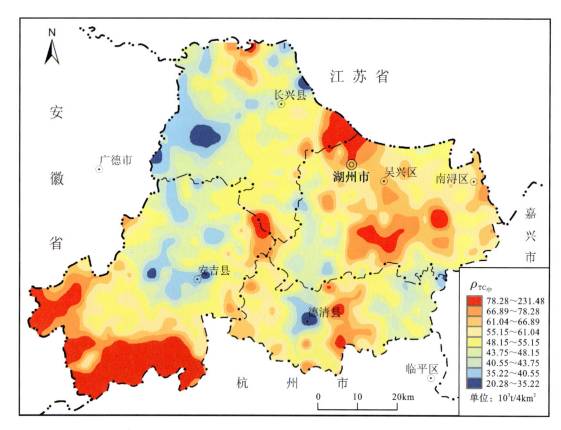

图 5-2 湖州市中层土壤 TC 碳密度分布图

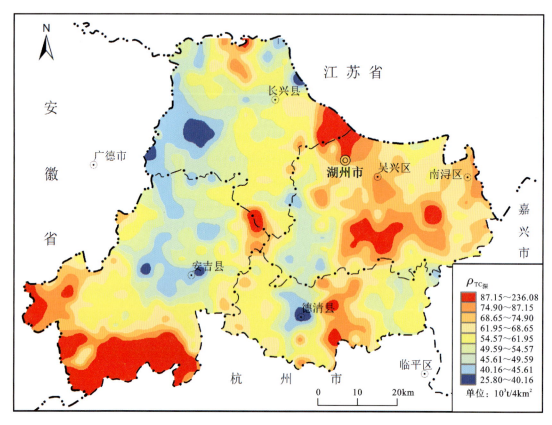

图 5-3 湖州市深层土壤 TC 碳密度分布图

与表层、中层相似,深层(0~1.2m)土壤碳密度低值区主要分布在长兴县西部—安吉西北部一带及德清县中部部分地区,高值区主要分布于安吉县西南部、德清县中部、吴兴区南部及北部与长兴县交界地带,平原高值区随着土体深度的增加,土壤中碳密度增加明显。碳密度极大值为 $236.08\times10^3t/4km^2$,极小值为 $25.80\times10^3t/4km^2$。

由以上分析可知,湖州市土壤碳密度分布主要与地形地貌、土壤母质类型、土壤深度有关。在地形地貌方面,中低山区土壤碳密度大于低山丘陵区、平原区;在土壤母岩母质方面,碳酸盐岩类风化物土壤母质区土壤碳密度大于碎屑岩类风化物土壤母质区、紫色碎屑岩类风化物土壤母质;在土壤深度方面,东部平原区随土壤深度的增加,土壤碳密度逐渐增大。

四、土壤碳储量分布特征

1. 土壤碳密度及碳储量

根据土壤碳密度及碳储量计算方法,湖州市不同深度土壤碳密度及碳储量统计结果如表 5-4 和图 5-4 所示。

表 5-4 湖州市不同深度土壤碳密度及碳储量统计表

土壤层	碳密度/$10^3t\cdot km^{-2}$			碳储量/10^6t			TOC 储量占比/%
	TOC	TIC	TC	TOC	TIC	TC	
表层	3.93	0.53	4.46	22.60	3.05	25.65	88.11
中层	11.80	2.51	14.31	67.81	14.41	82.22	82.47
深层	13.04	2.83	15.87	74.97	16.29	91.26	82.15

湖州市表层、中层、深层土壤中 TIC 密度分别为 $0.53\times10^3t/km^2$、$2.51\times10^3t/km^2$、$2.83\times10^3t/km^2$;TOC 密度分别为 $3.93\times10^3t/km^2$、$11.80\times10^3t/km^2$、$13.04\times10^3t/km^2$;TC 密度分别为 $4.46\times10^3t/km^2$、$14.31\times10^3t/km^2$、$15.87\times10^3t/km^2$。其中,表层 TC 密度略高于中国总碳密度($3.19\times10^3t/km^2$)(奚小环等,2010),中层 TC 密度略高于中国平均值($11.65\times10^3t/km^2$)。而全市土地利用类型、地形地貌类型齐全,代表了浙江省碳密度的客观现状,说明湖州市碳储量已接近"饱和"状态,固碳能力十分有限。

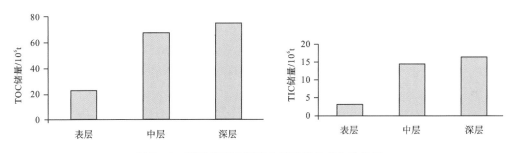

图 5-4 湖洲市不同深度土壤碳储量对比柱状图

从不同深度的土壤碳密度可以看出,随着土壤深度的增加,TOC、TIC、TC 均呈现出逐渐增加的趋势。在表层(0~0.2m)、中层(0~1.0m)、深层(0~1.2m)不同深度的土体中,TOC 密度之比为 1∶3.00∶3.32,TIC 密度之比为 1∶4.74∶5.34,TC 密度之比为 1∶3.21∶3.56。

全市土壤中(0~1.2m)碳储量为 91.26×10^6t,其中 TOC 储量为 74.97×10^6t,TIC 储量为 16.29×10^6t,

TOC储量与TIC储量之比约为4.6∶1(图5-4)。土壤中的碳以TOC为主,占TC的82.15%。随着土体深度的增加,TOC储量的比例有减少趋势,TIC储量的含量逐渐增加,但仍以TOC为主。

2. 主要土壤类型土壤碳密度及碳储量分布

湖州市共分布7种主要土壤类型,不同土壤类型土壤碳密度及碳储量统计结果如表5-5所示。

深层土壤中,TOC密度以黄壤为最高,达27.29×10^3t/km^2,其次为粗骨土、潮土、石灰岩土,最低为紫色土,仅为9.21×10^3t/km^2。TIC密度以潮土为最高,达4.24×10^3t/km^2,其次为黄壤,而最低则为红壤,仅为1.85×10^3t/km^2。

表5-5 湖州市不同土壤类型土壤碳密度及碳储量统计表

土壤类型	面积	深层(0~1.2m)			中层(0~1.0m)			表层(0~0.2m)		
		TOC密度	TIC密度	SCR	TOC密度	TIC密度	SCR	TOC密度	TIC密度	SCR
	km^2	10^3t/km^2		10^6t	10^3t/km^2		10^6t	10^3t/km^2		10^6t
潮土	5730	14.43	4.24	6.65	12.80	3.58	5.83	3.88	0.73	1.64
粗骨土	8321	15.95	2.39	9.69	14.56	2.49	9.01	5.07	0.60	2.99
红壤	28667	13.10	1.85	31.77	11.91	1.87	29.26	4.05	0.44	9.54
黄壤	1539	27.29	4.15	3.89	25.50	4.81	3.76	9.76	1.23	1.36
石灰岩土	2139	13.59	2.73	2.42	12.27	2.76	2.23	4.06	0.65	0.70
水稻土	38876	11.53	3.58	35.54	10.34	2.82	30.96	3.31	0.53	9.05
紫色土	1678	9.21	2.02	1.30	8.37	1.72	1.17	2.86	0.35	0.37

中层土壤中,TOC密度以黄壤为最高,达25.50×10^3t/km^2,其次为粗骨土、潮土、石灰岩土,最低为紫色土,仅为8.37×10^3t/km^2。TIC密度以黄壤为最高,达4.81×10^3t/km^2,其次为潮土、水稻土、石灰岩土等,而最低则为紫色土,仅为1.72×10^3t/km^2。

表层土壤中,TOC密度以黄壤为最高,达9.76×10^3t/km^2,其次为粗骨土、石灰岩土、红壤,最低为紫色土,仅为2.86×10^3t/km^2。TIC密度以黄壤为最高,为1.23×10^3t/km^2,其次为潮土、石灰岩土、粗骨土、水稻土等,而最低则为紫色土,仅为0.35×10^3t/km^2。

通过以上对比分析可以看出,土壤碳密度(TOC、TIC)的分布受地形地貌的影响较为明显。在分布于山地丘陵区的土壤类型中,TOC密度较高,如黄壤、红壤、石灰岩土等;而分布于平原区的土壤类型中,TOC密度相对较低,如水稻土、潮土等。TIC密度分布大致与之相反,平原区土壤水稻土、潮土中TIC密度较高,而山地丘陵区的紫色土、红壤、粗骨土中TIC密度则相对较低。

表层土壤碳储量(SCR)为25.65×10^6t,最高为红壤,碳储量为9.54×10^6t,占总表层碳储量的37.19%;其次为水稻土,碳储量为9.05×10^6t,占总表层碳储量的35.28%。最低为紫色土,为0.37×10^6t。表层土壤中整体碳储量从大到小依次为红壤、水稻土、粗骨土、潮土、黄壤、石灰岩土、紫色土。

中层土壤碳储量(SCR)为82.22×10^6t,储量从大到小依次为水稻土、红壤、粗骨土、潮土、黄壤、石灰岩土、紫色土。

深层土壤碳储量(SCR)为91.26×10^6t,碳储量从大到小依次为水稻土、红壤、粗骨土、潮土、黄壤、石灰岩土、紫色土。

湖州市深层、中层、表层土壤碳储量从大到小依次为水稻土、红壤、粗骨土、潮土、黄壤、石灰岩土、紫色土。

整体来看,土壤中碳储量的分布主要与不同土壤类型中 TOC 密度、分布面积、人为耕种影响(水稻土长期农业耕种)等因素有关。

3. 主要土壤母质类型土壤碳密度及碳储量分布

湖州市土壤母质类型主要分为古土壤风化物、紫色碎屑岩类风化物、松散岩类沉积物、碎屑岩类风化物、碳酸盐岩类风化物、中酸性火成岩类风化物六大类型。在分布面积上,以碎屑岩类风化物、中酸性火成岩类风化物、松散岩类沉积物 3 类为主,古土壤风化物、紫色碎屑岩类风化物、碳酸盐岩类风化物相对较少。

湖州市不同土壤母质类型土壤碳密度分布统计结果如表 5-6 所示。

表 5-6 湖州市不同土壤母质类型土壤碳密度统计表 单位:$10^3 t/km^2$

土壤母质类型	深层(0~1.2m)			中层(0~1.0m)			表层(0~0.2m)		
	TOC	TIC	TC	TOC	TIC	TC	TOC	TIC	TC
古土壤风化物	10.32	2.27	12.59	9.29	2.04	11.33	3.02	0.44	3.46
松散岩类沉积物风化物	11.98	3.77	15.75	10.74	2.98	13.72	3.43	0.56	3.99
碎屑岩类风化物	13.03	1.91	14.94	11.79	1.92	13.71	3.94	0.45	4.39
碳酸盐岩类风化物	14.83	3.24	18.07	13.40	3.53	16.93	4.45	0.87	5.32
中酸性火成岩类风化物	16.00	1.99	17.99	14.69	2.14	16.83	5.23	0.53	5.76
紫色碎屑岩类风化物	9.50	2.07	11.57	8.66	1.80	10.46	2.99	0.37	3.36

由表 5-6 可以看出,不同土壤母质 TOC 密度在深层、中层、表层土壤中分布规律相同,由高至低依次为中酸性火成岩类风化物、碳酸盐岩类风化物、碎屑岩类风化物、松散岩类沉积物、古土壤风化物、紫色碎屑岩类风化物。

TIC 密度在深层土壤中由高至低依次为松散岩类沉积物、碳酸盐岩类风化物、古土壤风化物、紫色碎屑岩类风化物、中酸性火成岩类风化物、碎屑岩类风化物;中层土壤中由高至低则依次为碳酸盐岩类风化物、松散岩类沉积物、中酸性火成岩类风化物、古土壤风化物、碎屑岩类风化物、紫色碎屑岩类风化物;表层土壤中由高至低则依次为碳酸盐岩类风化物、松散岩类沉积物、中酸性火成岩类风化物、碎屑岩类风化物、古土壤风化物、紫色碎屑岩类风化物。

土壤 TC 密度在深层、中层相同,由高至低依次为碳酸盐岩类风化物、中酸性火成岩类风化物、松散岩类沉积物、碎屑岩类风化物、古土壤风化物、紫色碎屑岩类风化物;表层中由高至低依次为中酸性火成岩类风化物、碳酸盐岩类风化物、碎屑岩类风化物、松散岩类沉积物区、古土壤风化物、紫色碎屑岩类风化物。

不同母岩母质碳储量统计结果如表 5-7 和表 5-8 所示。

湖州市 TC 储量以松散岩类沉积物区、碎屑岩类风化物、中酸性火成岩类风化物为主,三者之和占全市碳储量的 90% 以上。在深层和中层土壤中,TOC、TIC、TC 储量分布规律与表层土壤 TIC 相同,由高到低依次为松散岩类沉积物、碎屑岩类风化物、中酸性火成岩类风化物、碳酸盐岩类风化物、古土壤风化物、紫色碎屑岩类风化物;而表层土壤 TOC、TC 分布规律相同,碳储量由高到低依次为松散岩类沉积物区、中酸性火成岩类风化物、碎屑岩类风化物、碳酸盐岩类风化物、古土壤风化物、紫色碎屑岩类风化物。

表 5-7 湖州市不同土壤母质类型土壤碳储量统计表（一）　　　　　　　　　　　　　　　　　　　　单位：10^6 t

土壤母质类型	深层（0～1.2m）			中层（0～1.0m）			表层（0～0.2m）		
	TOC	TIC	TC	TOC	TIC	TC	TOC	TIC	TC
古土壤风化物	1.90	0.42	2.32	1.71	0.37	2.08	0.56	0.08	0.64
松散岩类沉积物	31.02	9.75	40.77	27.80	7.70	35.50	8.86	1.46	10.32
碎屑岩类风化物	19.18	2.82	22.00	17.36	2.83	20.19	5.81	0.66	6.47
碳酸盐岩类风化物	3.49	0.77	4.26	3.16	0.84	4.00	1.05	0.21	1.26
中酸性火成岩类风化物	18.05	2.24	20.29	16.57	2.42	18.99	5.90	0.59	6.49
紫色碎屑岩类风化物	1.33	0.29	1.62	1.21	0.25	1.46	0.42	0.05	0.47

表 5-8 湖州市不同土壤母质类型土壤碳储量统计表（二）

土壤母质类型	面积 km²	深层（0～1.2m）SCR 10^6 t	中层（0～1.0m）SCR 10^6 t	表层（0～0.2m）SCR 10^6 t	深层碳储量全市占比 %
古土壤风化物	184	2.32	2.08	0.64	2.54
松散岩类沉积物	2588	40.77	35.50	10.32	44.68
碎屑岩类风化物	1472	22.00	20.19	6.47	24.11
碳酸盐岩类风化物	236	4.26	4.00	1.26	4.67
中酸性火成岩类风化物	1128	20.29	18.99	6.49	22.23
紫色碎屑岩类风化物	140	1.62	1.46	0.47	1.78

4. 主要土地利用现状条件土壤碳密度及碳储量

土地利用对土壤碳储量的空间分布有较大影响。周涛和史培军（2006）研究认为，土地利用方式的改变，潜在改变了土壤的理化性状，进而改变了不同生态系统中的初级生产力及相应的土壤有机碳的输入。表 5-9～表 5-11 为湖州市不同土地利用现状条件土壤碳密度及碳储量统计结果。

由表 5-9～表 5-11 可以看出，有机碳、无机碳、总碳密度规律性不明显，但在不同深度的土体中有机碳密度均是林地相对最高；总碳密度均是林地最高，园地最低。就碳储量而言，湖州市不同深度土体中，有机碳、无机碳、总碳储量分布规律相同，从高到低依次为林地、建筑用地及其他用地、水田、园地、旱地；林地占全市总碳储量的 41.30%，是全市主要的"碳储库"。

表 5-9 湖州市不同土地利用类型土壤碳密度统计表　　　　　　　　　　　　　　　　　　　　　　　单位：10^3 t/km²

土地利用类型	深层（0～1.2m）			中层（0～1.0m）			表层（0～0.2m）		
	TOC	TIC	TC	TOC	TIC	TC	TOC	TIC	TC
水田	12.21	3.55	15.76	10.95	2.79	13.74	3.50	0.52	4.02
旱地	12.80	2.75	15.55	11.48	2.20	13.68	3.66	0.42	4.08
园地	11.70	2.34	14.04	10.59	0.40	10.99	3.55	0.40	3.95
林地	14.62	2.32	16.94	13.34	2.39	15.73	4.62	0.57	5.19
建筑用地及其他用地	12.06	3.32	15.38	10.82	2.76	13.58	3.46	0.55	4.01

表 5-10　湖州市主要土地利用类型土壤碳储量统计表（一）　　　　　　　　　单位：10^3 t/km²

土地利用类型	深层(0~1.2m)			中层(0~1.0m)			表层(0~0.2m)		
	TOC	TIC	TC	TOC	TIC	TC	TOC	TIC	TC
水田	12.99	3.79	16.78	11.65	2.97	14.62	3.72	0.56	4.28
旱地	1.18	0.25	1.43	1.06	0.20	1.26	0.34	0.04	0.38
园地	9.27	1.85	11.12	8.39	1.56	9.95	2.81	0.31	3.12
林地	32.52	5.17	37.69	29.67	5.33	35.00	10.28	1.27	11.55
建筑用地及其他用地	19.01	5.23	24.24	17.04	4.35	21.39	5.45	0.87	6.32

表 5-11　湖州市主要土地利用类型土壤碳储量统计表（二）

土地利用类型	面积 km²	深层(0~1.2m)SCR 10^6 t	中层(0~1.0m)SCR 10^6 t	表层(0~0.2m)SCR 10^6 t	深层碳储量全市占比 %
水田	1064	16.78	14.62	4.28	18.39
旱地	92	1.43	1.26	0.38	1.57
园地	792	11.12	9.95	3.12	12.18
林地	2224	37.69	35.00	11.55	41.30
建筑用地及其他用地	1576	24.24	21.39	6.32	26.56

第二节　特色土地资源评价

硒（Se）是地壳中的一种稀散元素，1988 年中国营养学会将硒列为 15 种人体必需微量元素之一。医学研究证明，硒对保证人体健康有重要作用，主要表现为提高人体免疫力和抗衰老，参与人体损伤肌体的修复，对铅、镉、汞、砷、铊等重金属的拮抗等方面。我国有 72%的地区属于缺硒或低硒地区，2/3 的人口存在不同程度的硒摄入不足问题。

锗（Ge）是一种分散性稀有元素，在地壳中含量较低。锗的化合物分无机锗和有机锗两种，无机锗毒性较大，有机锗如羧乙基锗倍半氧化物（简称 Ge-132），具有杀菌、消炎等功能。天然有机锗是许多药用植物成分之一。

土壤中含有一定量的天然硒或锗元素，且有害重金属元素含量小于农用地土壤污染风险筛选值要求的土地，可称为天然富硒或富锗土地。天然富硒和天然富锗土地是一种稀缺的土地资源，是生产天然富硒和富锗农产品的物质基础，是应予以优先进行保护的特色土地资源。

一、天然富硒土地资源评价

1. 土壤硒地球化学特征

湖州市表层土壤中 Se 含量变化区间为 0.08~0.61mg/kg，平均值为 0.32mg/kg，全市表层土壤中 Se 含量分布较均匀。

Se元素的地球化学空间分布明显受控于本市内岩石地层及地形地貌条件。表层土壤中Se含量高于0.51mg/kg的区域主要分布于长兴县西北部—吴兴区西北与长兴县交界的低山丘陵区、德清县西南部、西北部莫干山—长兴县南部边界一带、安吉县南部地区,此高值区的分布均与境内分布的中酸性火成岩类风化物、碎屑岩类风化物以及碳酸盐岩类风化物有关。而Se含量小于0.24mg/kg的低值区主要分布在德清县东部、南浔区南部地区以及南浔区与嘉兴市交界处部分地区,主要与区内的第四系松散岩类风化物有关(图5-5)。

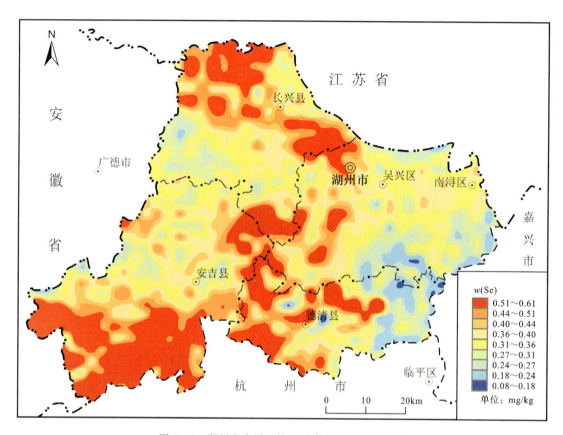

图5-5 湖州市表层土壤硒元素(Se)地球化学图

湖州市深层土壤中Se元素含量范围为0.02~1.95mg/kg,平均值为0.18mg/kg。深层土壤中的Se含量虽普遍低于表层土壤,但两者的空间分布特征基本一致,说明土壤中的Se含量除了受植被、气候、地貌等明显的表生作用影响外,还承袭了成土母质母岩中的硒含量特征(图5-6)。

2. 富硒土地评价

按照《土地质量地质调查规范》(DB33/T 2224—2019)中土壤硒的分级标准(表5-12),对表层土壤样点分析数据进行统计与评价,结果如图5-7所示。

如表5-13所示,湖州市达富硒标准的表层土壤样本有5102件,占比28.67%,主要分布在长兴县东部丘陵区、安吉县北部—南部丘陵一带、德清县中东部,富硒土壤的分布主要与表层土壤中有机质含量以及质地有关,丘陵山地区有机质含量较高,土质湿黏,有利于吸附Se元素,导致表层土壤硒的富集。硒含量处于适量等级的样本数最多,有11951件,占比67.16%,主要分布在南浔大部分地区、德清东部、长兴南部、安吉西北部。而边缘硒与缺乏硒土壤占比较少,仅为2.96%和1.21%,主要分布在南浔区、德清市东部等平原区,这些区域土壤养分含量低,质地以砂、粉砂为主,黏质少,总体保肥能力弱,土壤中的元素易迁移

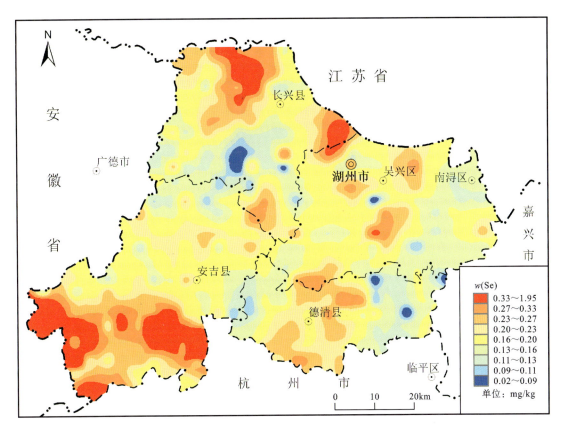

图 5-6 湖州市深层土壤硒元素(Se)地球化学图

流失;再者,该区母质以河湖相砂、粉砂为主,Se 含量本就偏低,故此区为明显的硒缺乏区。

表 5-12 土壤硒元素(Se)等级划分标准与图示　　　　　　　　　　　　　　单位:mg/kg

指标	缺乏	边缘	适量	高(富)	过剩
标准值	≤0.125	0.125~0.175	0.175~0.40	0.40~3.0	>3.0
颜色					
R:G:B	234:241:221	214:227:188	194:214:155	122:146:60	79:98:40

表 5-13 湖州市表层土壤硒评价结果统计表

评价结果	样本数	占比/%	主要分布区域
高(富)	5102	28.67	长兴县东部丘陵区、安吉县北部—南部丘陵一带、德清县中东部
适量	11 951	67.16	南浔区大部分地区、德清县东部、长兴县南部、安吉县西北部
边缘	527	2.96	南浔区、德清县东部
缺乏	215	1.21	南浔区、德清县东部

3. 天然富硒土地圈定

为满足对天然富硒土地资源利用与保护的需求,依据富硒土壤调查和耕地环境质量评价成果,按以下

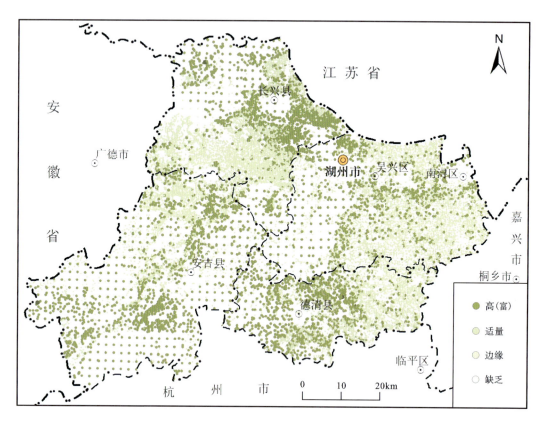

图 5-7 湖州市表层土壤硒元素(Se)评价图

条件对湖州市天然富硒土地进行圈定:①土壤中 Se 元素的含量大于等于 0.40 mg/kg(pH≤7.5)或土壤中 Se 元素的含量大于等于 0.30mg/kg(pH>7.5)(实测数据大于20条);②土壤中的重金属元素 Cd、Hg、As、Pb 及 Cr 含量小于农用地土壤污染风险筛选值;③土地地势较为平坦,集中连片程度较高。

根据上述条件,湖州市共圈定天然富硒土地14处(图5-8),为后续更好地开发利用富硒土壤,天然富硒土地的圈定倾向于地势较为平坦且集中程度高的耕地、园地区域,其中湖州市长兴县东北部、安吉县南部、德清县中部等区域面积较大。受调查程度的限制,圈定的范围仅是初步的评估,但在资源的利用方向上,已具有了明确的意义。随着调查研究程度的加深,评价将会更加科学。

天然富硒区土壤类型分布差异显著,长兴县东部、吴兴区、安吉县北部、德清县的富硒土壤主要为第四系覆盖区,如 FSe-3、FSe-4、FSe-5、FSe-6、FSe-10、FSe-14;安吉县南部的富硒土壤主要为碳酸盐岩类风化物及碎屑岩类风化物土壤汇聚型,如 FSe-11、FSe-12、FSe-13(表5-14)。

4. 天然富硒土地分级

依据土壤硒含量、土壤肥力质量、硒的生物效应及土地利用情况,将圈定的天然富硒土地划分为3级,其中以Ⅰ级为佳,可作为优先利用的选择。

Ⅰ级:土壤 Se 含量大于 0.55mg/kg,土壤养分中等及以上,集中连片程度高。

Ⅱ级:土壤 Se 含量大于 0.40mg/kg,土壤养分中等及以上。

Ⅲ级:土壤 Se 含量大于等于 0.40mg/kg(pH≤7.5)或土壤 Se 含量大于等于 0.30mg/kg(pH>7.5),土壤养分以较缺乏—缺乏为主。

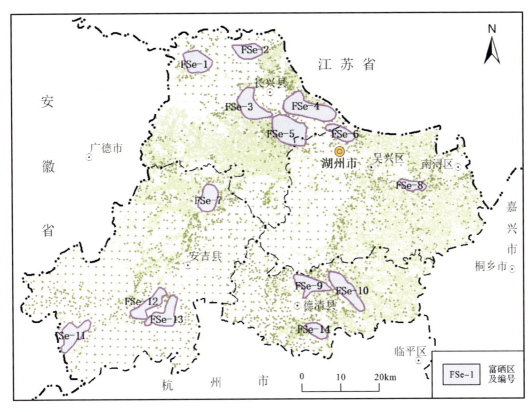

图 5-8 湖州市天然富硒区分布图

表 5-14 湖州市天然富硒区一览表

富硒区编号	区域面积/km²	土壤样本数/件			土壤 Se 含量/mg·kg⁻¹		备注
		采样点位	富硒点位	富硒率/%	范围	平均值	
FSe-1	31	88	70	79.55	0.14~3.10	0.61	
FSe-2	22	44	36	81.82	0.25~0.91	0.49	
FSe-3	37	190	136	71.58	0.16~2.12	0.46	
FSe-4	54	374	304	81.28	0.14~2.46	0.51	
FSe-5	52	288	222	77.08	0.12~1.70	0.50	
FSe-6	19	89	74	83.15	0.11~1.63	0.50	
FSe-7	26	100	75	75.00	0.20~1.61	0.47	
FSe-8	14	91	57	62.64	0.14~0.65	0.39	
FSe-9	27	120	85	70.83	0.13~2.86	0.50	
FSe-10	36	160	107	66.88	0.16~3.49	0.53	
FSe-11	31	79	62	78.48	0.20~2.38	0.67	
FSe-12	27	136	131	96.32	0.32~2.43	0.85	
FSe-13	31	96	87	90.63	0.22~2.19	0.76	
FSe-14	15	102	47	46.08	0.10~0.60	0.38	

根据上述条件,共划分出Ⅰ级天然富硒区5处,Ⅱ级天然富硒区5处,Ⅲ级天然富硒区5处(表5-15)。

表 5-15 湖州市天然富硒区分级一览表

富硒区等级	编号	面积	土壤富硒率/%	平均值	土壤养分
Ⅰ级	FSe-1	31	79.55	0.61	中等
	FSe-11	31	78.48	0.67	中等—较丰富
	FSe-12	27	96.32	0.85	中等—较丰富
	FSe-13	31	90.63	0.76	中等—较丰富
Ⅱ级	FSe-3	37	71.58	0.46	中等—较丰富
	FSe-4	54	81.28	0.51	中等—较丰富
	FSe-5	52	77.08	0.50	中等—较丰富
	FSe-6	19	83.15	0.50	中等—较丰富
	FSe-2	22	81.82	0.49	中等
	FSe-9	27	70.83	0.50	中等—较丰富
	FSe-10	36	66.88	0.53	中等—较丰富
	FSe-7	26	75.00	0.47	中等
Ⅲ级	FSe-8	14	62.64	0.39	中等—较丰富
	FSe-14	15	46.08	0.38	中等—较丰富

二、天然富锗土地资源评价

1. 土壤锗地球化学特征

湖州市表层土壤中 Ge 元素含量变化区间为 1.11~1.78mg/kg,全市土壤中锗含量变化总体不明显,平均值为 1.49mg/kg。表层土壤中高值区主要分布于湖州市城区周边—德清县中部一带平原区、安吉县西南部分低山区。低值区主要分布于安吉县东北部、中部以及西南部分地区,与区内泥页岩、粉砂质泥岩类地层分布有关(图 5-9)。

2. 富锗土地评价

依据表 5-16 所示的评价标准对全市耕地表层土壤进行锗评价和等级划分(表 5-16)。

评价结果表明,湖州市表层土壤锗总体处于丰富、较丰富、中等水平。其中,锗丰富土壤样本最多,达 5813 件,占比 32.60%,大面积分布于吴兴区东部、南浔区、德清东部等平原地区以及长兴县东部、南部;样本数分别为 5600 件、4152 件,占比分别为 31.47%、23.33%;较缺乏、缺乏样本数分别为 1737 件、493 件,占比分别为 9.70%、2.70%,主要分布于长兴县北部、中部,安吉县大部分地区以及德清县西部少部分区域(图 5-10)。

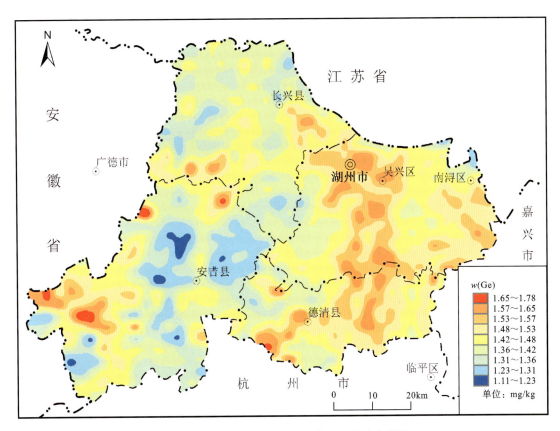

图 5-9 湖州市表层土壤锗元素(Ge)地球化学图

表 5-16 土壤锗元素(Ge)等级划分标准与图示　　　　　　　　　　　　　　　　　　　　单位:mg/kg

指标	丰富	较丰富	中等	较缺乏	缺乏
标准值	>1.5	1.4～1.5	1.3～1.4	1.2～1.3	≤1.2
颜色					
R:G:B	0:176:80	146:208:80	255:255:0	255:192:0	255:0:0

3. 天然富锗土地圈定

为满足对天然富锗土地资源利用与保护的需要,依据富锗土壤调查和耕地环境质量评价成果,按以下条件对湖州市具有开发价值的天然富锗土地进行圈定:①土壤中锗元素的含量大于 1.5 mg/kg(实测数据大于 20 条);②土壤中的重金属元素 Cd、Hg、As、Pb 及 Cr 含量小于农用地土壤污染风险筛选值;③土地地势较为平坦,集中连片程度较高。

依据以上条件,在湖州市农用地中共圈定具有开发价值的天然富锗土地 11 处(图 5-11)。从区域分布上看,天然富锗土地总体位于湖州东部,具有开发价值的天然富锗土地主要位于地势较为平坦的东部杭嘉湖平原一带(表 5-17)。

依据富锗土壤产出的地质背景,可将圈出的天然富锗土壤划分成碳酸盐岩型(FGe-11)、碎屑岩类型(FGe-9)和表生沉积型(FGe-1,FGe-2,FGe-3,FGe-4,FGe-5,FGe-6,FGe-7,FGe-8)3 类。

天然富锗土壤区地质分布差异显著,湖州东部一带主要为第四系松散沉积物覆盖区,该地区锗易于积累。

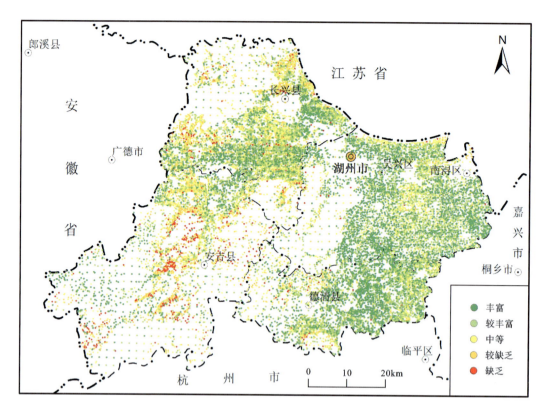

图 5-10 湖州市表层土壤锗元素(Ge)评价图

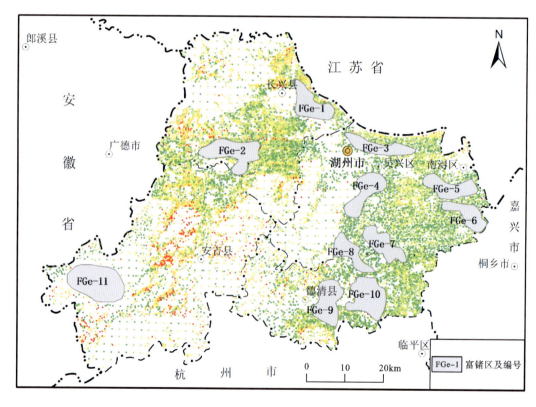

图 5-11 湖州市天然富锗区分布图

表 5-17 湖州市天然富锗区一览表

区块编号	区域面积/km²	土壤样本数/件			土壤 Ge 含量/mg·kg⁻¹	
		采样点位	富锗点位	富锗率/%	范围	平均值
FGe-1	60.17	420	218	51.90	1.20~1.90	1.51
FGe-2	82.42	540	261	48.33	1.13~2.13	1.50
FGe-3	50.30	266	183	68.80	1.29~1.91	1.55
FGe-4	59.92	290	192	66.21	1.23~1.80	1.53
FGe-5	55.38	285	171	60.00	1.27~1.90	1.53
FGe-6	44.65	253	165	65.22	1.22~1.91	1.54
FGe-7	53.65	312	225	72.12	1.12~1.94	1.57
FGe-8	45.15	222	161	72.52	1.30~2.05	1.56
FGe-9	66.46	273	152	55.68	1.24~2.14	1.52
FGe-10	80.14	515	390	75.73	1.22~1.83	1.56
FGe-11	114.05	126	87	69.05	1.33~2.13	1.58

第六章 结 语

土壤来自岩石，土壤中元素的组成及含量继承了岩石的地球化学特征。组成地壳的岩石分布具有原生不均匀性的分布特征，这种不均匀性决定了地壳不同部位化学元素的地域分异。在岩土体中，元素的绝对含量水平对生态环境具有决定性作用。大量研究表明，现代土壤中元素的含量及分布与成土作用、生物作用、土壤理化性状（土壤质地、土壤酸碱性、土壤有机质等）及人类活动关系密切。

20世纪70年代，地质工作者便开展了土壤元素背景值的调查，目的是通过对土壤元素地球化学背景的研究，发现存在于区域内的地球化学异常，进而为地质找矿指出方向，这一找矿方法成效显著，我国的勘查地球化学也因此得到快速发展，并在这一领域走在了世界的前列。随着分析测试技术的进步和社会经济发展的需要，自20世纪90年代开始，土壤背景值的调查研究按下了快进键，尤其是"浙江省土地质量地质调查行动计划"的实施，使背景值的调查精度和研究深度有了质的提升，湖州市土壤元素背景值研究就建立在这一基础之上。

土壤元素背景值在自然资源评价、生态环境保护、土壤环境监测、土壤环境标准制定及土壤环境科学研究（如土壤环境容量、土壤环境生态效应等）等方面，都具有重要的科学价值。《湖州市土壤元素背景值》的出版，也是浙江省地质工作者为湖州市生态文明建设所做出的一份贡献。

主要参考文献

陈永宁,邢润华,贾十军,等,2014.合肥市土壤地球化学基准值与背景值及其应用研究[M].北京:地质出版社.

代杰瑞,庞绪贵,2019.山东省县(区)级土壤地球化学基准值与背景值[M].北京:海洋出版社.

黄春雷,林钟扬,魏迎春,等,2023.浙江省土壤元素背景值[M].武汉:中国地质大学出版社.

苗国文,马瑛,姬丙艳,等,2020.青海东部土壤地球化学背景值[M].武汉:中国地质大学出版社.

王学求,周建,徐善法,等,2016.全国地球化学基准网建立与土壤地球化学基准值特征[J].中国地质,43(5):1469-1480.

奚小环,杨忠芳,廖启林,等,2010.中国典型地区土壤碳储量研究[J].第四纪研究,30(3):573-583.

奚小环,杨忠芳,夏学齐,等,2009.基于多目标区域地球化学调查的中国土壤碳储量计算方法研究[J].地学前缘,16(1):194-205.

俞震豫,严学芝,魏孝孚,等,1994.浙江土壤[M].杭州:浙江科学技术出版社.

张伟,刘子宁,贾磊,等,2021.广东省韶关市土壤环境背景值[M].武汉:中国地质大学出版社.

周涛,史培军,2006.土地利用变化对中国土壤碳储量变化的间接影响[J].地球科学进展,21(2):138-143.